(倍角・半角の公式)

$$\sin 2x = 2\sin x\cos x, \quad \cos 2x = \cos^2 x - \sin^2 x$$

$$\cos^2\frac{x}{2} = \frac{1+\cos x}{2}, \quad \sin^2\frac{x}{2} = \frac{1-\cos x}{2}$$

(三角関数の合成)

$$a\sin x + b\cos x = \sqrt{a^2+b^2}\,\sin(x+\alpha),$$

ただし　$\cos\alpha = \dfrac{a}{\sqrt{a^2+b^2}}, \quad \sin\alpha = \dfrac{b}{\sqrt{a^2+b^2}}$

逆三角関数

(y の取り得る値の範囲に注意)

$$y = \mathrm{Arcsin}\,x \iff x = \sin y \quad \left(-\frac{\pi}{2} \le y \le \frac{\pi}{2}\right)$$

$$y = \mathrm{Arccos}\,x \iff x = \cos y \quad (0 \le y \le \pi)$$

$$y = \mathrm{Arctan}\,x \iff x = \tan y \quad \left(-\frac{\pi}{2} < y < \frac{\pi}{2}\right)$$

初等関数の微分

$$(x^a)' = ax^{a-1}, \quad (\sin x)' = \cos x, \quad (\cos x)' = -\sin x, \quad (\tan x)' = \frac{1}{\cos^2 x}$$

$$(e^x)' = e^x, \quad (\log|x|)' = \frac{1}{x}, \quad (\mathrm{Arcsin}\,x)' = \frac{1}{\sqrt{1-x^2}}, \quad (\mathrm{Arctan}\,x)' = \frac{1}{1+x^2}$$

微分公式

1. 積の微分公式：$(f(x)g(x))' = f'(x)g(x) + f(x)g'(x)$

   (発展) ライプニッツ則：$(f(x)g(x))^{(n)} = \displaystyle\sum_{k=0}^{n}\binom{n}{k} f^{(n-k)}(x)g^{(k)}(x)$

2. 商の微分公式：$\left(\dfrac{f(x)}{g(x)}\right)' = \dfrac{f'(x)g(x) - f(x)g'(x)}{\{g(x)\}^2}, \quad \left(\dfrac{1}{g(x)}\right)' = -\dfrac{g'(x)}{\{g(x)\}^2}$

3. 合成関数の微分公式：$\{f(g(x))\}' = f'(g(x))g'(x)$

   特に　$(\log|g(x)|)' = \dfrac{g'(x)}{g(x)}$　(対数微分)

曲線 $y = f(x)$ の増減，凹凸と $f'(x)$, $f''(x)$ の正負との関係

	$f'(x) > 0$	$f'(x) < 0$
$f''(x) > 0$		
$f''(x) < 0$		

Key Point & Seminar ❷

Key Point & Seminar
工学基礎 微分積分

及川正行・永井 敦・矢嶋 徹　共著

サイエンス社

サイエンス社のホームページのご案内
http://www.saiensu.co.jp
ご意見・ご要望は　rikei@saiensu.co.jp　まで．

まえがき

本書は，理工系学部に入学した学生を対象とする微分積分学の演習を中心としたテキストである．

近年，各大学において学部学科の増設が頻繁に行われている．中でも従来の文系理系の枠にとらわれない新しい学部学科の増設が目立ち，理工系学部においても文系学生の入学が最近増えてきた．数学を必要とする分野の拡大という点では，これは良いことである．しかし同時に高校で習得すべき数学Ⅲを(中には数学Ⅱすら)履修せずに入学してきた学生も多く，教える立場としては教えにくいのが現状である．微分積分学はニュートン，ライプニッツ以来300年近くに渡り発展し続けてきた人類の叡智の結晶であり，自然科学や工学の分野ではもちろん，社会科学や経済学などの分野においても幅広く活用されている．高校時代習ったか習っていないかに関係なく，微分積分学は理工系の学生にとって完全にマスターすべき内容である．本書では，数学Ⅱ未履修者も問題なく入ることができるよう，また数学Ⅲまで学んだ学生にも新鮮な問題を提供できるよう，問題の選定を行ったつもりである．

本書は大きく第1〜6章の1変数関数の微分積分，第7, 8章の2変数関数の微分積分に分かれる．前半の内容は逆三角関数やテイラー展開などを除いて，数学Ⅲまで学んだ学生にとっては既知の内容であるが，理工学への応用に関する問題もあるので興味のある問題を選びながら解いてほしい．各節では最初の数ページで基本事項をまとめ，その後に例題とそれに関連した問題を配列した．基本事項に目を通したら，自分の手を動かして問題を解いてほしい．また $*$ のついた例題や問題はやや発展的な内容であるので飛ばしても構わない．また多くの大学で微分積分学の後に履修する常微分方程式，最近は学ぶことが少なくなったが，数学を学び応用する上で欠かせない ε-δ 法を軸とする数列や関数の極限に関する精密な定義については，それぞれ付録A, Bに例題付きで載せた．解答は例題と同じ方針で解ける問題については略解を，やや難しい問題についてはできるだけ丁寧な解答を付けた．

各節の内容と全体の流れを次ページのダイアグラムにまとめた．高校大学で学ぶ内容が完全に分離されているわけではないが，白い部分は高校までに履修すべき内容を多く含み，青い部分は大学で新たに学ぶ内容を多く含む．2重線の部分は発展的な内容を含む．自習するときの参考にしてほしい．

本シリーズは，当初はマイベルク・ファヘンアウア著「工科系の数学」の教科書に準拠した演習書として企画されたものである．しかし，近年の大学事情などを考慮して，独立した演習中心のテキストとして刊行されることになった．工科系シリーズの教科書では，より発展的な問題，および工学や自然科学の中からも豊富に問題を取り上げている．本書の問題を解いて，もっと色々な問題を解いてみたい，または微分積分学の幅広い応用を知りたいという読者は工科系シリーズの教科書も読まれることをおすすめする．

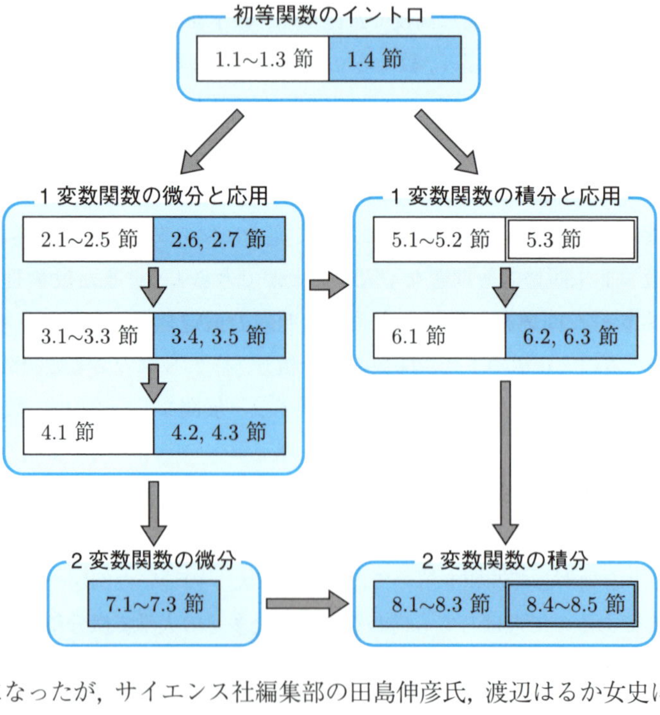

最後になったが，サイエンス社編集部の田島伸彦氏，渡辺はるか女史には，本書執筆を通してこれまで行ってきた微分積分学の講義を形にできたこと，そしてまた原稿を読みやすくするため数多くの貴重なアドバイスを頂いたことに対して，厚く感謝の意を表したい．

平成 21 年 10 月

及川正行・永井　敦・矢嶋　徹

目　　次

1 初等関数とその性質

1.1 関数のイントロ

はじめに微分積分学の主役となる関数とは何かについて説明する．入口と出口のついたブラックボックスを考える．数 x が入口から入り (入力)，箱の中で f という操作を行い出口から数 y が出る (出力)．このとき y は x の**関数 (函数)** であるといって $y = f(x)$ と書く．関数とはブラックボックスの中身，つまり入力 x から出力 y を作り出す仕組み f のことである．例えば 2 次関数 $y = x^2$ で，関数の本質は x や y ではなく，2 乗する操作，「 ^{2}」の部分にある．

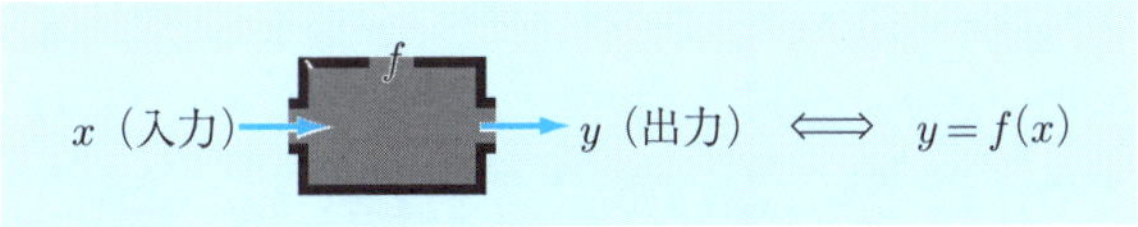

図 **1.1** 関数 $y = f(x)$

コメント 入力と出力は別の文字でもよい．例えば入力，出力をそれぞれ t, x とすると x は t の関数 $x = f(t)$ であるし，入力，出力が θ, r なら r は θ の関数 $r = f(\theta)$ である．

入力 x を**独立変数**，出力 y を**従属変数**という．関数 $y = f(x)$ において独立変数 x の取り得る値の範囲を**定義域**，x が定義域を動くとき従属変数 y の取り得る値の範囲を**値域**と呼ぶ．定義域が A のとき，$y = f(x)$ $(x \in A)$ または $f : A \longrightarrow \mathbb{R}$ とも書く．ここで $\mathbb{R}$ は実数全体の集合である．

本書前半では独立変数として x，従属変数として y を用いることが多いが，時々刻々と変化する量を表す際，独立変数として t (時間変数) を用いることもある．

関数 $y = f(x)$ が与えられたとき，関係式 $y = f(x)$ を満たす点 (x, y) の集合を xy

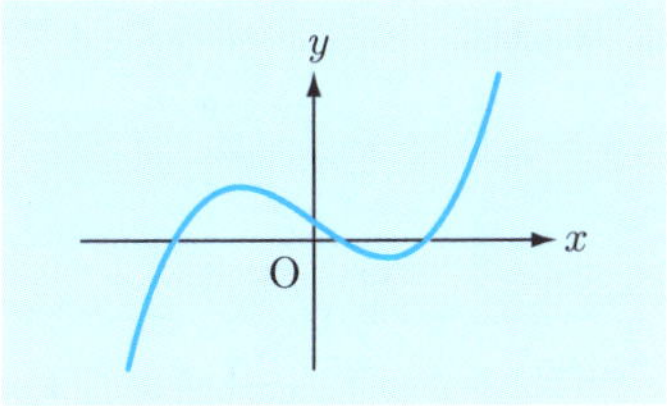

図 **1.2** 関数のグラフ

平面上に描いたものを $y = f(x)$ の**グラフ**という．グラフを描くと，関数の性質がビジュアルに分かるという利点がある．

次に区間についての記法を導入する．

$$[a,\ b] = \{x \in \mathbb{R} \mid a \leq x \leq b\} = a \leq x \leq b \text{ を満たす実数 } x \text{ 全体}$$

$$(a,\ b) = \{x \in \mathbb{R} \mid a < x < b\} = a < x < b \text{ を満たす実数 } x \text{ 全体}$$

$$(a,\ b] = \{x \in \mathbb{R} \mid a < x \leq b\} = a < x \leq b \text{ を満たす実数 } x \text{ 全体}$$

$$[a,\ b) = \{x \in \mathbb{R} \mid a \leq x < b\} = a \leq x < b \text{ を満たす実数 } x \text{ 全体}$$

両端点を含まない区間 (a,b) を**開区間**，両端点を含む区間 $[a,b]$ を**閉区間**と呼ぶ．また $a < x$ を満たす実数の集合を (a,∞)，$x \leq b$ を満たす実数の集合を $(-\infty,b]$ などと書く．実数全体の集合は $(-\infty,\infty)$ である．

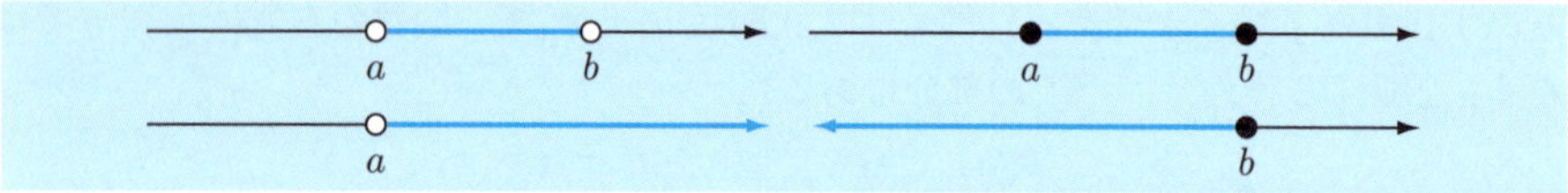

図 1.3　（左上）：(a,b)，（右上）：$[a,b]$，（左下）：(a,∞)，（右下）：$(-\infty,b]$

コメント　等号付き不等号は高校までは「≦, ≧」と書いたが，本書は「$\leq$, $\geq$」を用いる．

関数 $y = f(x)$ において，$f(x)$ の形が同じでも**定義域が異なれば，異なる関数と見なす**．例えば次の 3 つは，グラフからもわかるとおり，それぞれ異なる関数を表す．

(左)　$\mathbb{R} = (-\infty,\infty)$ を定義域とする関数　$y = x^2$　$(-\infty < x < \infty)$

(中)　$[-1,1]$ を定義域とする関数　$y = x^2$　$(-1 \leq x \leq 1)$

(右)　$[0,\infty)$ を定義域とする関数　$y = x^2$　$(0 \leq x)$

今後単に "$y = f(x)$" と書く場合, 定義域は $f(x)$ が意味をもつ最大の範囲である．例えば単に $y = x^2$ と書いたとき, これは $\mathbb{R}$ を定義域とする関数 $y = x^2$ $(-\infty < x < \infty)$ を表す．

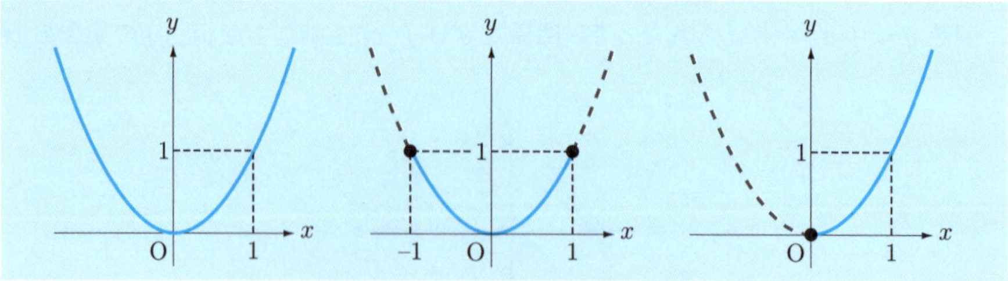

図 1.4　(左)：$y = x^2$，(中央)：$y = x^2$ $(-1 \leq x \leq 1)$，(右)：$y = x^2$ $(x \geq 0)$

基本的な関数

1. べき関数 x^a : a を実数として，$f(x) = x^a$ の形の関数を**べき関数**という．べき関数において x を**底**，a を**指数**という．

x^a の定義を復習する．$a = n$ (n は自然数) の場合は $x^n = \overbrace{x \times x \times \cdots \times x}^{n\text{ 個}}$ である．さらに指数が 0 以下の整数の場合には，次式で定義する．

$$x^0 = 1, \quad x^{-n} = \frac{1}{x^n} \quad (x > 0)$$

これは次の x^n の表で右に 1 つ動くと (指数 n が 1 増えると)「$\times x$」され，左に 1 つ動くと (指数 n が 1 減ると)「$\div x$」されることに注意すれば明らかであろう．

$$\cdots \underset{\div x}{\overset{\times x}{\rightleftarrows}} \underset{\frac{1}{x^2}}{\underset{\|}{x^{-2}}} \underset{\div x}{\overset{\times x}{\rightleftarrows}} \underset{\frac{1}{x}}{\underset{\|}{x^{-1}}} \underset{\div x}{\overset{\times x}{\rightleftarrows}} \underset{1}{\underset{\|}{x^{0}}} \underset{\div x}{\overset{\times x}{\rightleftarrows}} x^1 \underset{\div x}{\overset{\times x}{\rightleftarrows}} x^2 \underset{\div x}{\overset{\times x}{\rightleftarrows}} \cdots$$

次に指数が有理数の場合を考える．$x > 0$ として，例えば $x^{\frac{1}{3}}, x^{\frac{2}{3}}$ の場合は

$$x^0(=1) \xrightarrow{\times\square} x^{\frac{1}{3}} \xrightarrow{\times\square} x^{\frac{2}{3}} \xrightarrow{\times\square} x^1(=x)$$

において，$\square^3 = x \div 1 = x$ より，$\square = \sqrt[3]{x}$ とおけば都合がよい．つまり

$$x^{\frac{1}{3}} = \sqrt[3]{x}, \quad x^{\frac{2}{3}} = (\sqrt[3]{x})^2 = \sqrt[3]{x^2}$$

である．一般に指数が有理数 $\frac{m}{n}$ (m : 整数，n : 自然数) の場合は $\sqrt[n]{x}$ を x の n 乗根として次の通りである．

$$x^{\frac{1}{n}} = \sqrt[n]{x}, \quad x^{\frac{m}{n}} = (\sqrt[n]{x})^m = \sqrt[n]{x^m}$$

指数が無理数，例えば $\sqrt{2} = 1.41421356\cdots$ の場合は $x > 0$ を固定するごとに，$x^1, x^{\frac{14}{10}}, x^{\frac{141}{100}}, x^{\frac{1414}{1000}}, x^{\frac{14142}{10000}}, \cdots$ が近付く値を $x^{\sqrt{2}}$ と定める．

$y = x^a$ の定義域は下表に示す通りである．また図 1.5 は $y = x^a$ のグラフである ($a = -2, -1, -\frac{1}{2}, 0, \frac{1}{2}, 1, 2$).

コメント a が整数でないとき，$y = x^{\frac{1}{3}}$ のように定義域が実数全体の場合もあるが，さしあたり本書では，この表のように定義域を定める．

a の値	定義域
0 以上の整数	$\mathbb{R}$
負の整数	$\{x \in \mathbb{R} \mid x \neq 0\}$
正の実数 (非整数)	$\{x \in \mathbb{R} \mid x \geq 0\}$
負の実数 (非整数)	$\{x \in \mathbb{R} \mid x > 0\}$

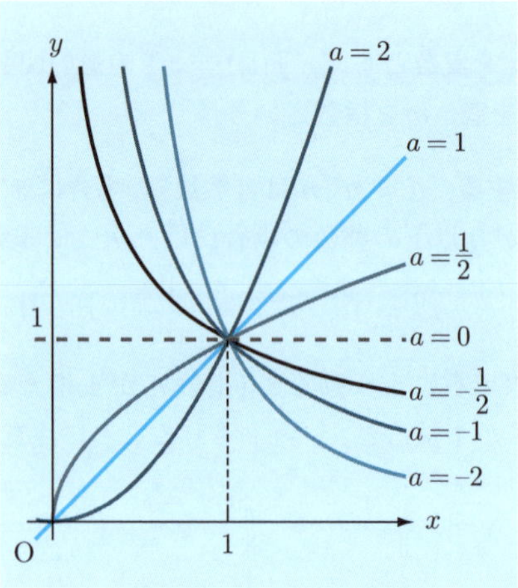

図 **1.5**　$y = x^a$ のグラフ

2.　多項式関数：$a_0, \cdots, a_n$ を定数，$a_0 \neq 0$ とするとき，

$$f(x) = a_0x^n + a_1x^{n-1} + \cdots + a_{n-1}x + a_n$$

の形の関数を**多項式関数**または $\boldsymbol{n}$ **次関数**という．定数関数も多項式関数と見なす．

3.　有理関数：$P(x)$, $Q(x)$ を互いに素な多項式関数とする．

$$f(x) = \frac{P(x)}{Q(x)}$$

の形の関数を**有理関数**と呼ぶ．定義域は $\{x \in \mathbb{R} \mid Q(x) \neq 0\}$ である．

4.　無理関数：$P(x)$ を多項式関数とするとき，

$$f(x) = \sqrt{P(x)}$$

のように加減乗除だけでなく平方根やべき根を含んだ関数を**無理関数**と呼ぶ．この無理関数の定義域は $\{x \in \mathbb{R} \mid P(x) \geq 0\}$ である．

関数の単調性　関数 $y = f(x)$ $(a \leq x \leq b)$ が $a \leq x_1 < x_2 \leq b$ を満たす任意の x_1, x_2 に対して

$f(x_1) < f(x_2)$ を満たすとき $f(x)$ は区間 $[a, b]$ で**単調増加**

$f(x_1) > f(x_2)$ を満たすとき $f(x)$ は区間 $[a, b]$ で**単調減少**

であるという．グラフを描くと単調増加関数は右上がり，単調減少関数は右下がりである．

合成関数　y が u の関数 $y=g(u)$，u が x の関数 $u=f(x)$ であって，さらに f の値域が g の定義域に含まれるとき，y は x の関数 $h(x)$ とも見なせ，これを

$$y=h(x)=g(f(x))=(g\circ f)(x)$$

と書く．$h=g\circ f$ を関数 g, f の**合成関数**と呼ぶ．一般に $f\circ g\neq g\circ f$ である．

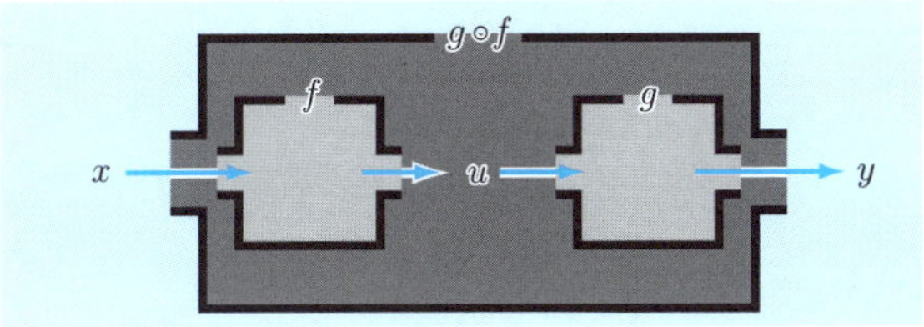

図 **1.6**　合成関数 $y=(g\circ f)(x)$

例 1.1　$f(x)=x-3,\ g(x)=x^2+2x$ のとき，

$$(f\circ g)(x)=f(g(x))=g(x)-3=x^2+2x-3$$
$$(g\circ f)(x)=g(f(x))=(f(x))^2+2f(x)=(x-3)^2+2(x-3)=x^2-4x+3$$

逆関数　定義域を A とする関数 $y=f(x)$ $(x\in A)$ が与えられている．値域 B 内の y を任意に定めると $f(x)=y$ なる $x\in A$ がただ 1 つ定まるとき，x は y の関数 $x=g(y)$ $(y\in B)$ と見なせる．次に x と y を入れ替えて $y=g(x)$ $(x\in B)$ としたものを，もとの関数 $y=f(x)$ $(x\in A)$ の**逆関数**と呼ぶ．$f(x)$ の逆関数を $f^{-1}(x)$ とも表す．$y=f(x)$ の逆関数 $y=g(x)$ は次の手順で求める．

1. $y=f(x)$ $(x\in A)$ を x について解き，$x=g(y)$ の形に変形する．
2. x と y を入れ替えて，$y=g(x)$ とする．

注意　$f^{-1}(x)$ は $\{f(x)\}^{-1}=\dfrac{1}{f(x)}$ とは異なることに注意する．

例 1.2　$y=2x-4$ $(x\in\mathbb{R})$：x について解いて $x=\dfrac{1}{2}y+2$，x と y を入れ替えて逆関数は $y=\dfrac{1}{2}x+2$ $(x\in\mathbb{R})$．

例 1.3　$y=x^2+1$ $(x\in\mathbb{R})$：$x=\pm\sqrt{y-1}$ より，逆関数は存在しない．

例 1.4　$y=x^2+1$ $(x\geq 0)$ の逆関数：$y=x^2+1$ を x (≥ 0) について解いて，$x=\sqrt{y-1}$．よって逆関数は $y=\sqrt{x-1}$ $(x\geq 1)$．同様に $y=x^2+1$ $(x\leq 0)$ の逆関数は $y=-\sqrt{x-1}$ $(x\geq 1)$．

重要 $y=f(x)$ が区間 I で単調であれば，$y=f(x)$ $(x \in I)$ の逆関数が存在する．また $y=f(x)$ と $y=f^{-1}(x)$ のグラフは直線 $y=x$ に関して線対称である．

発展 例 1.4 のように $x \geq 0$, $x \leq 0$ に分ければ，それぞれの範囲では y が単調になって，$y=x^2+1$ の逆関数が確定する．その意味で，$y=x^2+1$ $(x \in \mathbb{R})$ の逆関数は 2 つの**分枝**をもつ **2 価関数**と考えることもできる．詳しくは 1.4 節を参照されたい．

例題 1.1 　　　　関数 $\boldsymbol{y=f(x)}$

$f(x)=3x-2$, $g(x)=-2x^2+4x$ について，以下の問に答えよ．

(a) $f(-2)$, $f(a-1)$, $g(1)$, $g(-2a)$, $g(\sqrt{2}+1)$ の値を求めよ．

(b) 合成関数 $(f \circ g)(x)$, $(g \circ f)(x)$ を求めよ．

(c) $f(x)$ の逆関数 $f^{-1}(x)$ を求めよ．

(d) $g(x)$ $(x \geq 1)$ の逆関数 $g^{-1}(x)$ を求めよ．

【解　答】 (a) $f(-2)=3\cdot(-2)-2=-8$,

$f(a-1)=3(a-1)-2=3a-5$

$g(1)=-2\cdot1^2+4\cdot1=2$, $g(-2a)=-2\cdot(-2a)^2+4\cdot(-2a)=-8a^2-8a$,

$g(\sqrt{2}+1)=-2(\sqrt{2}+1)^2+4(\sqrt{2}+1)=-2(3+2\sqrt{2})+4\sqrt{2}+4=-2$

(b) $(f\circ g)(x)=f(g(x))=3g(x)-2=3(-2x^2+4x)-2=-6x^2+12x-2$

$$(g\circ f)(x)=g(f(x))=-2\{f(x)\}^2+4f(x)=-2(3x-2)^2+4(3x-2)$$
$$=-2(9x^2-12x+4)+12x-8=-18x^2+36x-16$$

(c) $y=3x-2$ を x について解いて，$x=\dfrac{1}{3}y+\dfrac{2}{3}$.

x と y を入れ替えて $y=\dfrac{1}{3}x+\dfrac{2}{3}$ 　　$\therefore$ $f^{-1}(x)=\dfrac{1}{3}x+\dfrac{2}{3}$

(d) $g(x)=-2(x-1)^2+2$ は $x \geq 1$ において単調減少なので逆関数が存在する．

$y=-2x^2+4x$ を x (≥ 1) について解いて $x=\dfrac{2+\sqrt{4-2y}}{2}$.

$$\therefore \quad g^{-1}(x)=\frac{2+\sqrt{4-2x}}{2}$$

問　題

1.1 $f(x)=\dfrac{x}{x+1}$, $g(x)=3x^2$ について

(a) $f(2)$, $f(\frac{1}{x})$, $g(-2)$, $g(-a+2)$ を求めよ．

(b) 合成関数 $(f\circ g)(x)$, $(g\circ f)(x)$ を求めよ．

(c) 逆関数 $f^{-1}(x)$ を求めよ．

1.2　指数関数，対数関数

指数関数　a を $a>0, a\neq 1$ なる定数として，$y=a^x$ を a を底とする**指数関数**と呼ぶ．定義域は $\mathbb{R}$ (実数全体)，値域は $\mathbb{R}_{>0}=(0,\infty)$ である．また $a>1$ のときは単調増加関数，$0<a<1$ の場合は単調減少関数である．

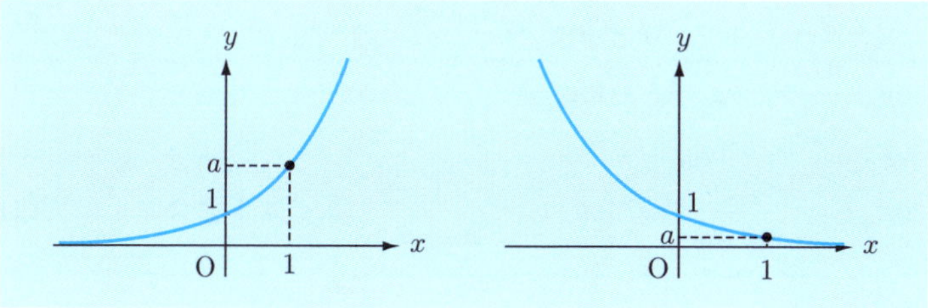

図 **1.7**　指数関数 $y=a^x$．(左)：$a>1$，(右)：$0<a<1$

注意　べき関数 $y=x^a$ との違いに注意する．べき関数は指数 a が定数で，底 x が (独立) 変数であった．これに対して，指数関数は底 a が定数で指数 x が独立変数である．

定理 1.1　$y=a^x$ $(a>0)$ について以下の**指数法則**が成立する．

1. $a^{x_1}\times a^{x_2}=a^{x_1+x_2}$, $a^{x_1}\div a^{x_2}=a^{x_1-x_2}$
2. $(a^{x_1})^{x_2}=a^{x_1\times x_2}$
3. $(a_1a_2)^x=a_1^x a_2^x$

対数関数　$a>0, a\neq 1$ とするとき，$y=a^x$ のグラフから分かるとおり，任意の正の実数 $M>0$ に対して $a^p=M$ を満たす実数 p がただ 1 つ定まる．この p の値を，a を底とする M の**対数**といって，$\log_a M$ と書く．また M をこの対数の**真数**という．

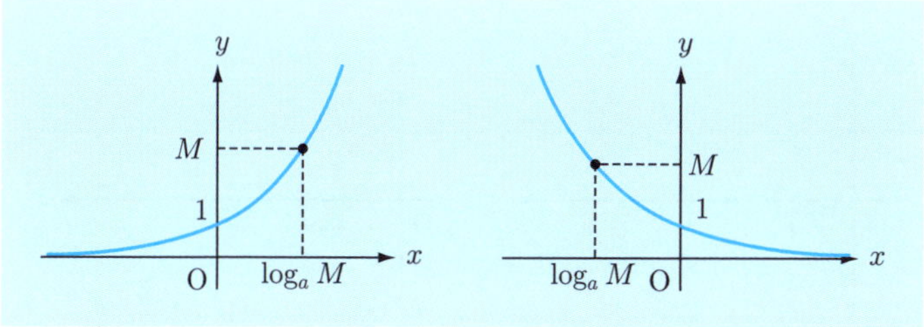

図 **1.8**　$\log_a M$ の値．(左)：$a>1$，(右)：$0<a<1$

例 1.5 $a^0 = 1,\ a^1 = a,\ a^{-1} = \dfrac{1}{a}$ なので，

$$\log_a 1 = 0, \quad \log_a a = 1, \quad \log_a \frac{1}{a} = -1$$

定理 1.2 $a > 0, a \neq 1, M > 0, N > 0$ のとき，以下の**対数法則**が成立する．

1. $\log_a MN = \log_a M + \log_a N$

2. $\log_a \dfrac{M}{N} = \log_a M - \log_a N$

3. $\log_a M^b = b \log_a M$

4. $\log_a b = \dfrac{\log_c b}{\log_c a}$ 特に $\log_a b = \dfrac{1}{\log_b a}$ （b, c は 1 でない正の実数）

【証　明】

1. $p = \log_a M,\ q = \log_a N$ とする．対数の定義より $M = a^p,\ N = a^q$．よって指数法則により $MN = a^p \times a^q = a^{p+q}$．これを対数の記号を使って書き直すと，$\log_a MN = p + q$，すなわち $\log_a MN = \log_a M + \log_a N$．$a^p \div a^q = a^{p-q}$ から **2.** も同様に導かれる．

3. $p = \log_a M$ とすると，$M = a^p$ である．両辺を b 乗して $M^b = (a^p)^b = a^{bp}$．対数記号を用いると，$bp = \log_a M^b$，すなわち $\log_a M^b = b \log_a M$．

4. $p = \log_a b$ とすると，$b = a^p$．c を底とする両辺の対数をとり，直前に示した **3.** を用いると $\log_c b = \log_c a^p = p \log_c a$ である．よって $p = \dfrac{\log_c b}{\log_c a}$ を得る．

$a > 0,\ a \neq 1$ のとき，関数 $y = \log_a x$ を底 a の**対数関数**という．$x > 0$ であって，これを**真数条件**と呼ぶ．対数関数 $y = \log_a x$ は指数関数 $y = a^x$ $(x \in \mathbb{R})$ の逆関数であり，それらのグラフは直線 $y = x$ に関して対称である．

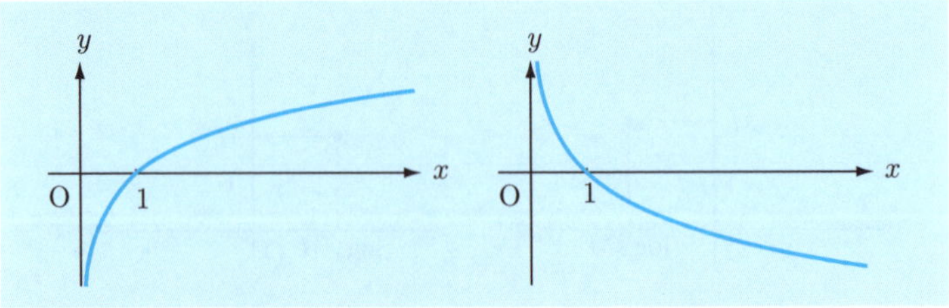

図 1.9 対数関数 $y = \log_a x$．（左）：$a > 1$，（右）：$0 < a < 1$

例題 1.2　　　**指数関数**

次の計算をせよ．a は正定数とする．

(a)　$a^4 \times a^3$　　　(b)　$(a^2)^5$

(c)　$3^5 \times 3^8 \div 81^3$　　　(d)　$-9^4 \times (-2)^5 \div (-6)^7$

(e)　$8^{\frac{1}{3}} \times 256^{\frac{3}{4}} \times 1024^{-\frac{2}{5}}$　　　(f)　$\left(\dfrac{9}{64}\right)^{-\frac{1}{3}} \times \sqrt[6]{3} \div \sqrt{27}$

【解　答】　指数法則を利用する．(a), (b) は

$$\textbf{(誤)}\quad a^4 \times a^3 = a^{4\times 3} = a^{12}, \quad (a^2)^5 = a^{2^5} = a^{32}$$

といった間違いをしないように注意する．

(a)　$a^4 \times a^3 = a^{4+3} = a^7$

(b)　$(a^2)^5 = a^{2\times 5} = a^{10}$

(c)　$3^5 \times 3^8 \div (3^4)^3 = 3^{5+8-4\times 3} = 3^1 = 3$

(d)　$-a^n = -(\underbrace{a \times a \times \cdots \times a}_{n})$,

$$(-a)^n = \underbrace{(-a) \times (-a) \times \cdots \times (-a)}_{n}$$

の違いに注意する．また − が 13 回掛けられているので，全体は −．

$$-(3^2)^4 \times 2^5 \div (2 \times 3)^7 = -\frac{3^8 \times 2^5}{2^7 \times 3^7} = -\frac{3}{4}$$

(e)　指数を用いると $8 = 2^3$，$256 = 2^8$，$1024 = 2^{10}$ なので，

$$(2^3)^{\frac{1}{3}} \times (2^8)^{\frac{3}{4}} \times (2^{10})^{-\frac{2}{5}} = 2^1 \times 2^6 \times 2^{-4} = 2^3 = 8$$

(f)　指数を用いると $\frac{9}{64} = 3^2 \times 2^{-6}$，$\sqrt[6]{3} = 3^{\frac{1}{6}}$，$\sqrt{27} = 3^{\frac{3}{2}}$ なので，

$$(3^2 \times 2^{-6})^{-\frac{1}{3}} \times 3^{\frac{1}{6}} \div 3^{\frac{3}{2}} = 3^{-\frac{2}{3}} \times 2^2 \times 3^{\frac{1}{6}} \div 3^{\frac{3}{2}} = 3^{-\frac{2}{3}+\frac{1}{6}-\frac{3}{2}} \times 2^2$$
$$= 3^{-2} \times 2^2 = \frac{4}{9}$$

問　題

2.1　次の値を簡単にせよ．$a, b > 0$ とする．

(a)　$14^4 \times 2^{-5} \div 343$　　　(b)　$\left(\dfrac{\sqrt{2}}{3\sqrt{3}}\right)^{\frac{1}{2}} \times 6^{\frac{3}{4}}$

(c)　$(9^{\frac{1}{4}} + 9^{-\frac{1}{4}})^2$　　　(d)　$(a^3b^2)^{\frac{1}{6}} \div (\sqrt{a})^5 \times \sqrt[3]{b^2}$

例題 1.3 対数関数

次の値を求めよ.

(a) $\log_2 32$　　(b) $\log_3 9\sqrt{3}$

(c) $\log_7 \dfrac{1}{343}$　　(d) $\log_2 \sqrt{2} + \frac{1}{2}\log_2 12 - \log_2 \sqrt{3}$

(e) $\log_{\frac{1}{3}} 9$　　(f) $\log_4 27 \cdot \log_9 25 \cdot \log_{\sqrt{5}} 32$

(g) $10^{\log_{10} 7}$　　(h) $625^{\log_5 3}$

【解　答】 (a) $32 = 2^5$ より $\log_2 32 = 5$.

(b) $9\sqrt{3} = 3^2 \times 3^{\frac{1}{2}} = 3^{\frac{5}{2}}$ より $\log_3 9\sqrt{3} = \dfrac{5}{2}$.

(c) $\dfrac{1}{343} = \dfrac{1}{7^3} = 7^{-3}$ より $\log_7 \dfrac{1}{343} = -3$.

(d)
$$\log_2 \sqrt{2} + \frac{1}{2}\log_2 12 - \log_2 \sqrt{3} = \frac{1}{2} + \frac{1}{2}\log_2 12 - \frac{1}{2}\log_2 3$$
$$= \frac{1}{2} + \frac{1}{2}\log_2 \frac{12}{3} = \frac{3}{2}$$

(c) $\log_{\frac{1}{3}} 9 = \dfrac{\log_3 9}{\log_3 \frac{1}{3}} = \dfrac{2}{-1} = 2$

(f)
$$\log_4 27 \cdot \log_9 25 \cdot \log_{\sqrt{5}} 32 = \frac{\log_2 27}{\log_2 4} \cdot \frac{\log_2 25}{\log_2 9} \cdot \frac{\log_2 32}{\log_2 \sqrt{5}}$$
$$= \frac{3\log_2 3}{2} \cdot \frac{2\log_2 5}{2\log_2 3} \cdot \frac{5}{\frac{1}{2}\log_2 5} = 15$$

(g) $x = 10^{\log_{10} 7}$ とおく．両辺の $\log_{10}$ をとって
$\log_{10} x = \log_{10} 10^{\log_{10} 7} = \log_{10} 7$，つまり $\log_{10} x = \log_{10} 7$.

$$\text{よって } x = 10^{\log_{10} 7} = 7$$

(h) $x = 625^{\log_5 3}$ とおく．両辺の $\log_5$ をとって
$\log_5 x = \log_5 625^{\log_5 3} = \log_5 3 \cdot \log_5 625 = 4\log_5 3 = \log_5 3^4 = \log_5 81$.

$$\text{よって } x = 81$$

問　題

3.1 次の値を求めよ.

(a) $\frac{1}{2}\log_5 15 + 3\log_5 \sqrt{2} - \log_5 \sqrt{120}$　　(b) $\log_{\sqrt{2}} 9 \cdot \log_{\sqrt{3}} 25 \cdot \log_{\sqrt[3]{5}} 64$

(c) $\log_2 3 \times (\log_3 4 + \log_9 2)$　　(d) $3^{\frac{2}{3}\log_3 8 - \log_{\sqrt{3}} 5}$

1.3 三角関数

本節では三角関数について解説するが，微分積分学においては角度の単位として「度 (°)」ではなく弧度法の「ラジアン (rad)」を採用するのが主流である．π rad $= 180°$ である．

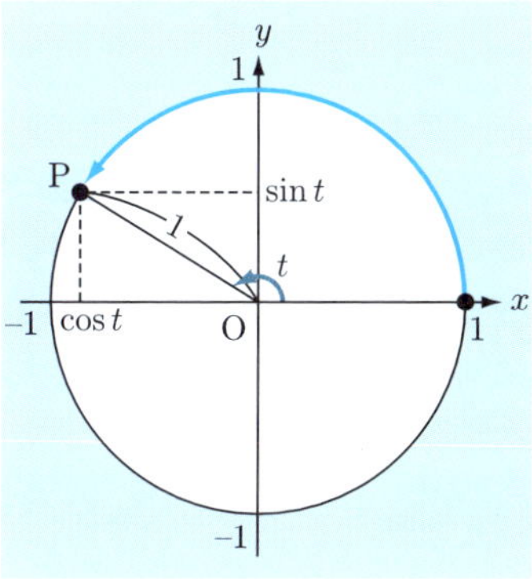

図 1.10　単位円と三角関数

原点を中心とする半径 1 の円（単位円）$x^2 + y^2 = 1$ を考える．x 軸の正の部分を始線にとり，これを原点 O を中心として反時計回りに t（ラジアン）回転した半直線を角度 t の**動径**という．$t < 0$ の場合は時計回りに $|t|$ ラジアン回転する．ここで，この動径と単位円との交点 P の x 座標は角度 t の関数である．これを

$$\cos t$$

と書き，**余弦関数**と呼ぶ．同様に P の y 座標も t の関数であり，これを

$$\sin t$$

と書き，**正弦関数**と呼ぶ．通常は $f(t)$, $g(t)$ のように $\cos(t)$ と書くべきところであるが，慣例により $\cos t$ と略記する．P $(\cos t, \sin t)$ は単位円 $x^2 + y^2 = 1$ の上の点であるので，

$$\cos^2 t + \sin^2 t = 1 \qquad \text{ただし}\quad (\cos t)^2 = \cos^2 t \text{ などと書く．} \tag{1.1}$$

さらに動径 OP の傾きも t の関数であり，これを $\tan t$ と書き，**正接関数**と呼ぶ．つまり

$$\tan t = \frac{\sin t}{\cos t} \tag{1.2}$$

である．$\cos t$, $\sin t$, $\tan t$ をまとめて**三角関数**または**円関数**と呼ぶ．(1.1) の両辺を

$\cos^2 t$ で割って (1.2) を用いると，次式を得る．

$$1 + \tan^2 t = \frac{1}{\cos^2 t} \tag{1.3}$$

コメント n が自然数のとき，$(\cos t)^n$ を $\cos^n t$ と略記するが，n が自然数でない場合は，このようには書かない．特に $n = -1$ のとき $(\cos t)^{-1}$ と $\cos^{-1} t$ はまったく別物である．前者は

$$(\cos t)^{-1} = \frac{1}{\cos t} = \sec t$$

と表す (本節問題 4.1 参照) のに対して，後者 $\cos^{-1} t$ は次節で述べる逆三角関数である．

動径 OP が円を 1 周するごとに，点 P の x 座標，y 座標は同じ値に戻るので，$\cos t$, $\sin t$ は 2π を**周期**とする**周期関数**である．また，動径 OP の傾きは OP が半周するごとに，同じ値をとるので，$\tan t$ は π を周期とする周期関数である．つまり $n = 0, \pm 1, \pm 2, \cdots$ として次式が成立する．

$$\cos(t + 2n\pi) = \cos t, \quad \sin(t + 2n\pi) = \sin t, \quad \tan(t + n\pi) = \tan t$$

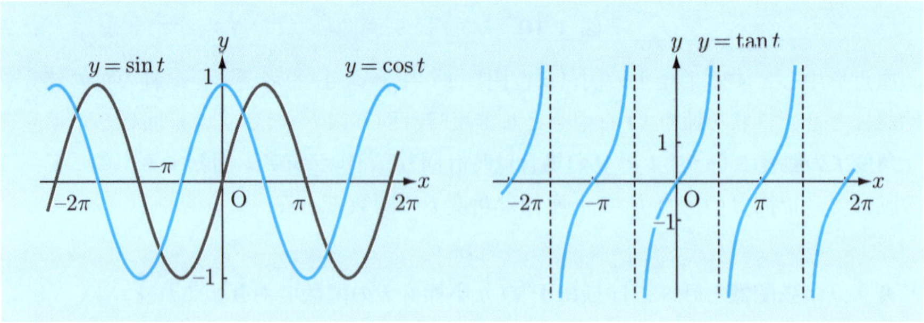

図 1.11 三角関数 $y = \cos x$ (左青線), $\sin x$ (左灰色線), $\tan x$ (右青線群) のグラフ

三角関数の性質 三角関数に関連して現れるいくつかの公式を列挙する．

(1) $\cos\left(\dfrac{\pi}{2} - t\right) = \sin t, \quad \sin\left(\dfrac{\pi}{2} - t\right) = \cos t, \quad \tan\left(\dfrac{\pi}{2} - t\right) = \dfrac{1}{\tan t}$

(2) $\cos\left(\dfrac{\pi}{2} + t\right) = -\sin t, \quad \sin\left(\dfrac{\pi}{2} + t\right) = \cos t, \quad \tan\left(\dfrac{\pi}{2} + t\right) = -\dfrac{1}{\tan t}$

(3) $\cos(\pi - t) = -\cos t, \quad \sin(\pi - t) = \sin t, \quad \tan(\pi - t) = -\tan t$

(4) $\cos(\pi + t) = -\cos t, \quad \sin(\pi + t) = -\sin t, \quad \tan(\pi + t) = \tan t$

(5) $\cos\left(\dfrac{3\pi}{2} - t\right) = -\sin t, \quad \sin\left(\dfrac{3\pi}{2} - t\right) = -\cos t, \quad \tan\left(\dfrac{3\pi}{2} - t\right) = \dfrac{1}{\tan t}$

(6) $\cos\left(\dfrac{3\pi}{2}+t\right)=\sin t,\ \sin\left(\dfrac{3\pi}{2}+t\right)=-\cos t,\ \tan\left(\dfrac{3\pi}{2}+t\right)=-\dfrac{1}{\tan t}$

(7) $\cos(-t)=\cos t,\quad \sin(-t)=-\sin t,\quad \tan(-t)=-\tan t$

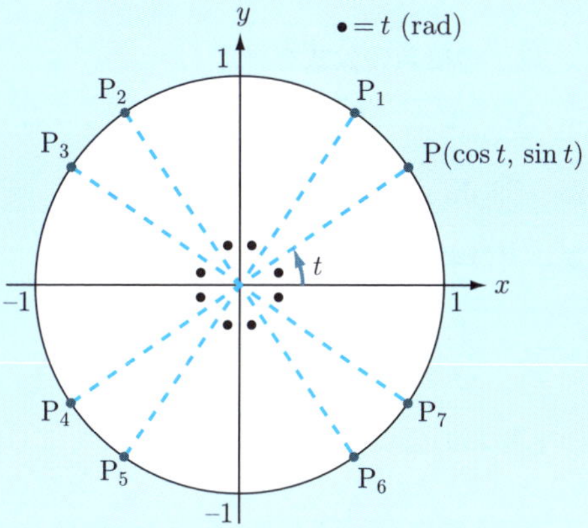

図 1.12

一見複雑な上の公式は単位円により導ける．簡単のため $0<t<\frac{\pi}{4}$ に限定し，上図で $\mathrm{P}(\cos t, \sin t)$ に注意すると，例えば (1), (4) は次のように示される．

(1) $\frac{\pi}{2}-t$ に対応する点 P_1 に着目する．

$$\cos\left(\frac{\pi}{2}-t\right)=(\mathrm{P}_1 \text{ の } x \text{ 座標})=(\mathrm{P} \text{ の } y \text{ 座標})=\sin t$$
$$\sin\left(\frac{\pi}{2}-t\right)=(\mathrm{P}_1 \text{ の } y \text{ 座標})=(\mathrm{P} \text{ の } x \text{ 座標})=\cos t$$
$$\tan\left(\frac{\pi}{2}-t\right)=\frac{\sin(\frac{\pi}{2}-t)}{\cos(\frac{\pi}{2}-t)}=\frac{\cos t}{\sin t}=\frac{1}{\tan t}$$

(4) $\pi+t$ に対応する点 P_4 に着目する．

$$\cos(\pi+t)=(\mathrm{P}_4 \text{ の } x \text{ 座標})=-(\mathrm{P} \text{ の } x \text{ 座標})=-\cos t$$
$$\sin(\pi+t)=(\mathrm{P}_4 \text{ の } y \text{ 座標})=-(\mathrm{P} \text{ の } y \text{ 座標})=-\sin t$$
$$\tan(\pi+t)=\frac{\sin(\pi+t)}{\cos(\pi+t)}=\frac{-\cos t}{-\sin t}=\tan t$$

その他の公式についても，単位円を用いて (公式 (n) は P_n に着目して) 導出できる．

加法定理と倍角の公式　次の**加法定理**は煩雑であるが，使いながら覚えていきたい．

$$\cos(x+y)=\cos x\cos y-\sin x\sin y,\quad \cos(x-y)=\cos x\cos y+\sin x\sin y,$$
$$\sin(x+y)=\sin x\cos y+\cos x\sin y,\quad \sin(x-y)=\sin x\cos y-\cos x\sin y,$$
$$\tan(x+y)=\frac{\tan x+\tan y}{1-\tan x\tan y},\quad \tan(x-y)=\frac{\tan x-\tan y}{1+\tan x\tan y}.$$

特に $x=y$ として，以下の**倍角の公式**を得る．

$$\cos 2x=\cos^2 x-\sin^2 x=2\cos^2 x-1=1-2\sin^2 x$$
$$\sin 2x=2\sin x\cos x$$

cos の倍角の公式より次の**半角の公式**を得る．

$$\cos^2 x=\frac{1}{2}(1+\cos 2x),\quad \sin^2 x=\frac{1}{2}(1-\cos 2x)$$

加法定理から導かれる**積和の公式**および**和積の公式**はしばしば用いる．

$$\sin x\cos y=\frac{1}{2}\{\sin(x+y)+\sin(x-y)\}$$
$$\cos x\cos y=\frac{1}{2}\{\cos(x+y)+\cos(x-y)\}$$
$$\sin x\sin y=\frac{1}{2}\{\cos(x-y)-\cos(x+y)\}$$

$$\sin x+\sin y=2\sin\frac{x+y}{2}\cos\frac{x-y}{2}$$
$$\sin x-\sin y=2\cos\frac{x+y}{2}\sin\frac{x-y}{2}$$
$$\cos x+\cos y=2\cos\frac{x+y}{2}\cos\frac{x-y}{2}$$
$$\cos x-\cos y=-2\sin\frac{x+y}{2}\sin\frac{x-y}{2}$$

三角関数の合成公式　$y=a\sin x+b\cos x$ は次の形に書くことができる．

$$y=\sqrt{a^2+b^2}\left(\sin x\cdot\frac{a}{\sqrt{a^2+b^2}}+\cos x\cdot\frac{b}{\sqrt{a^2+b^2}}\right)$$

ここで $\cos\alpha=\dfrac{a}{\sqrt{a^2+b^2}}$, $\sin\alpha=\dfrac{b}{\sqrt{a^2+b^2}}$ となる α をとることができるので，

$$a\sin x+b\cos x=\sqrt{a^2+b^2}\,(\sin x\cos\alpha+\cos x\sin\alpha)=\sqrt{a^2+b^2}\,\sin(x+\alpha)$$

例題 1.4　　**三角関数**

次の θ に対する $\cos\theta$, $\sin\theta$, $\tan\theta$ の値を求めよ．

(a)　$\theta = \dfrac{\pi}{3}$　　(b)　$\theta = \dfrac{3}{4}\pi$　　(c)　$\theta = -\dfrac{5}{6}\pi$

ヒント　cos は「x 座標」, sin は「y 座標」, tan は「傾き」を常に意識する．

【解　答】 (a)　単位円で $(1,0)$ から $\frac{\pi}{3} = 60°$ 回転した点 P に着目する．

$$\cos\frac{\pi}{3} = (\text{P の } x \text{ 座標}) = \frac{1}{2},$$

$$\sin\frac{\pi}{3} = (\text{P の } y \text{ 座標}) = \frac{\sqrt{3}}{2},$$

$$\tan\frac{\pi}{3} = (\text{OP の傾き}) = \frac{\sin\frac{\pi}{3}}{\cos\frac{\pi}{3}} = \sqrt{3}$$

(b)　$(1,0)$ から $\frac{3}{4}\pi = 135°$ 回転した点 Q に着目して，

$$\cos\frac{3}{4}\pi = (\text{Q の } x \text{ 座標}) = -\frac{1}{\sqrt{2}},$$

$$\sin\frac{3}{4}\pi = (\text{Q の } y \text{ 座標}) = \frac{1}{\sqrt{2}}, \quad \tan\frac{3}{4}\pi = (\text{OQ の傾き}) = -1.$$

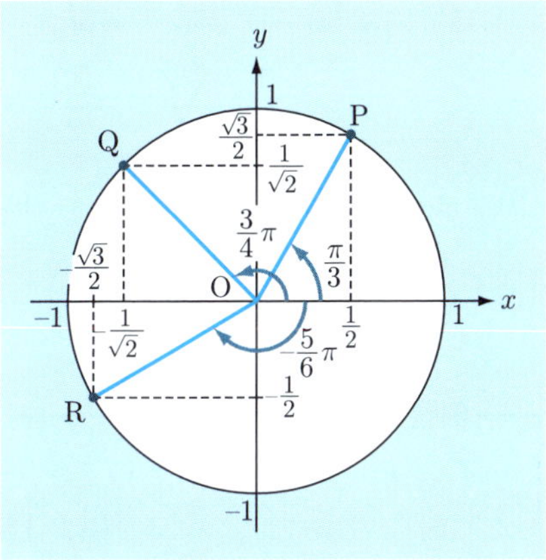

図 1.13

(c)　$(1,0)$ から $-\frac{5}{6}\pi = -150°$ (**時計回りに** $\frac{5}{6}\pi = 150°$) 回転した点 R に着目する．

$$\cos\left(-\frac{5}{6}\pi\right) = (\text{R の } x \text{ 座標}) = -\frac{\sqrt{3}}{2},$$

$$\sin\left(-\frac{5}{6}\pi\right) = (\text{R の } y \text{ 座標}) = -\frac{1}{2},$$

$$\tan\left(-\frac{5}{6}\pi\right) = (\text{OR の傾き}) = \frac{1}{\sqrt{3}}.$$

問　題

4.1　三角関数には $\cos\theta$, $\sin\theta$, $\tan\theta$ のほかに次の 3 つ

$$\sec\theta = \frac{1}{\cos\theta}, \quad \mathrm{cosec}\,\theta = \frac{1}{\sin\theta}, \quad \cot\theta = \frac{1}{\tan\theta} = \frac{\cos\theta}{\sin\theta}$$

があり，それぞれ「セカント」,「コセカント」,「コタンジェント」と読む．上例題の (a), (b), (c) についてそれぞれ $\sec\theta, \mathrm{cosec}\,\theta, \cot\theta$ の値を求めよ．

例題 1.5　　**加法定理**

次の三角関数の値を求めよ．

(a) $\cos\dfrac{7}{12}\pi$　　(b) $\sin\dfrac{\pi}{12}$　　(c) $\tan\dfrac{11}{12}\pi$

【解　答】 加法定理を利用する．

(a) $$\cos\frac{7}{12}\pi = \cos\left(\frac{\pi}{3}+\frac{\pi}{4}\right) = \cos\frac{\pi}{3}\cos\frac{\pi}{4} - \sin\frac{\pi}{3}\sin\frac{\pi}{4} = \frac{1}{2}\cdot\frac{\sqrt{2}}{2} - \frac{\sqrt{3}}{2}\cdot\frac{\sqrt{2}}{2} = \frac{\sqrt{2}-\sqrt{6}}{4}$$

(b) $$\sin\frac{\pi}{12} = \sin\left(\frac{\pi}{3}-\frac{\pi}{4}\right) = \sin\frac{\pi}{3}\cos\frac{\pi}{4} - \cos\frac{\pi}{3}\sin\frac{\pi}{4} = \frac{\sqrt{6}-\sqrt{2}}{4}$$

(c) $$\tan\frac{11}{12}\pi = \tan\left(\frac{\pi}{4}+\frac{2\pi}{3}\right) = \frac{\tan\frac{\pi}{4}+\tan\frac{2\pi}{3}}{1-\tan\frac{\pi}{4}\tan\frac{2\pi}{3}} = \frac{1-\sqrt{3}}{1+\sqrt{3}} = -2+\sqrt{3}$$

例題 1.6　　**倍角・半角の公式**

$\frac{\pi}{2}<\theta<\pi$, $\sin\theta=\frac{3}{5}$ のとき次の値を求めよ．

(a) $\cos\theta$　　(b) $\tan\theta$　　(c) $\cos 2\theta$

(d) $\sin 2\theta$　　(e) $\cos\dfrac{\theta}{2}$　　(f) $\sin\dfrac{\theta}{2}$

【解　答】 θ の範囲に注意．(c), (d) は倍角の公式，(e), (f) は半角の公式を用いる．

(a) $\cos^2\theta = 1-\sin^2\theta = \dfrac{16}{25}$．$\dfrac{\pi}{2}<\theta<\pi$ より $\cos\theta<0$ なので $\cos\theta = -\dfrac{4}{5}$．

(b) $\tan\theta = \dfrac{\sin\theta}{\cos\theta} = -\dfrac{3}{4}$

(c) $\cos 2\theta = \cos^2\theta - \sin^2\theta = \dfrac{7}{25}$　　(d) $\sin 2\theta = 2\sin\theta\cos\theta = -\dfrac{24}{25}$

(e) $\cos^2\dfrac{\theta}{2} = \dfrac{1+\cos\theta}{2} = \dfrac{1}{10}$．$\cos\dfrac{\theta}{2} = \pm\dfrac{1}{\sqrt{10}}$．

$\dfrac{\pi}{4}<\dfrac{\theta}{2}<\dfrac{\pi}{2}$ より $\cos\dfrac{\theta}{2}>0$ なので，$\cos\dfrac{\theta}{2} = \dfrac{1}{\sqrt{10}}$．

(f) $\sin^2\dfrac{\theta}{2} = \dfrac{1-\cos\theta}{2} = \dfrac{9}{10}$．$\dfrac{\pi}{4}<\dfrac{\theta}{2}<\dfrac{\pi}{2}$ より，$\sin\dfrac{\theta}{2} = \dfrac{3}{\sqrt{10}}$．

問　題

6.1 $\tan\dfrac{\theta}{2}=t$ のとき，$\sin\theta$，$\cos\theta$ を t を用いて表せ．

1.4 逆三角関数

本節では**逆三角関数** $y = \mathrm{Arcsin}\, x$, $\mathrm{Arccos}\, x$, $\mathrm{Arctan}\, x$ を定義する．これらは「アークサイン」,「アークコサイン」,「アークタンジェント」と読む．

逆正弦関数　$-1 \leq x \leq 1$ を与えたとき $x = \sin y$ を満たす y を

$$y = \arcsin x \quad \text{または} \quad y = \sin^{-1} x$$

と書いて**逆正弦関数**という．この関数は**多価関数**である．つまり 1 つの x の値に対して，出力される y の値が 1 つだけに定まらない．例えば

$$x = \frac{1}{2} \quad \text{のとき} \quad \arcsin x = (-1)^n \frac{\pi}{6} + n\pi$$

である．$\cdots$, $[-3\pi/2, -\pi/2]$, $[-\pi/2, \pi/2]$, $[\pi/2, 3\pi/2]$, $\cdots$ のように $\sin y$ が単調に変化する範囲に限定すれば，与えられた x に対して，y が一意に定まる．これらのそれぞれを $\arcsin x$ の**分枝**と呼ぶ．$\arcsin x$ はこのような無限個の分枝からなる多価関数である．特に，値域を $[-\pi/2, \pi/2]$ に制限した分枝を逆正弦関数の**主値**といい，

$$y = \mathrm{Arcsin}\, x \quad \text{または} \quad y = \mathrm{Sin}^{-1} x$$

と書く．本書では前者の記法を用いる．つまり，

$$y = \mathrm{Arcsin}\, x \quad (-1 \leq x \leq 1) \quad \Longleftrightarrow \quad x = \sin y \quad \left(-\frac{\pi}{2} \leq y \leq \frac{\pi}{2}\right)$$

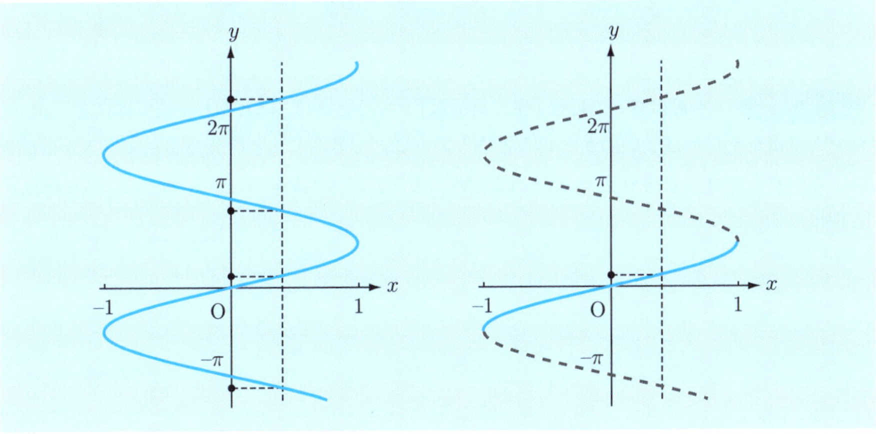

図 **1.14**　$y = \arcsin x$ (左) と $y = \mathrm{Arcsin}\, x$ (右) のグラフ

逆余弦関数 $-1 \leq x \leq 1$ を与えたとき $x = \cos y$ を満たす y を

$$y = \arccos x \quad \text{または} \quad y = \cos^{-1} x$$

と書いて**逆余弦関数**という．これも $\arcsin x$ 同様，多価関数である．そこで値域を $[0, \pi]$ に制限したときに定まる逆関数を

$$y = \mathrm{Arccos}\, x \quad \text{または} \quad y = \mathrm{Cos}^{-1} x$$

と書いて，逆余弦関数の主値という．つまり

$$y = \mathrm{Arccos}\, x \quad (-1 \leq x \leq 1) \iff x = \cos y \quad (0 \leq y \leq \pi)$$

逆正接関数 $x \in \mathbb{R}$ を与えたとき，$x = \tan y$ を満たす y を

$$y = \arctan x \quad \text{または} \quad y = \tan^{-1} x$$

と書いて**逆正接関数**という．これも多価関数である．値域を開区間 $(-\frac{\pi}{2}, \frac{\pi}{2})$ に制限したときに定まる逆関数を

$$y = \mathrm{Arctan}\, x \quad \text{または} \quad y = \mathrm{Tan}^{-1} x$$

と書いて，逆正接関数の主値という．つまり

$$y = \mathrm{Arctan}\, x \quad (x \in \mathbb{R}) \iff x = \tan y \quad \left(-\frac{\pi}{2} < y < \frac{\pi}{2}\right)$$

コメント 本書において以後「逆三角関数」というときは，ほとんど主値で間に合うが，いつでも主値をえらべばよいのかというとそういうことではなく，どの分枝を選ぶべきかは問題によるのだということを覚えておいてほしい．また，記法 “$\mathrm{Arcsin}\, x$, $\mathrm{Arccos}\, x$, $\mathrm{Arctan}\, x$” を採用する．

例題 1.7 逆正弦関数

次の値を求めよ．

(a) $\mathrm{Arcsin}\,\dfrac{1}{2}$　　(b) $\mathrm{Arcsin}\left(-\dfrac{1}{\sqrt{2}}\right)$

$\mathrm{Arcsin}\,x$ の値域に注意する．**答は度 (°) ではなく，ラジアンで答える．**

$$y = \mathrm{Arcsin}\,x \quad (-1 \leq x \leq 1) \quad \Longleftrightarrow \quad x = \sin y \quad \left(-\frac{\pi}{2} \leq y \leq \frac{\pi}{2}\right)$$

慣れないうちは，「$\mathrm{Arcsin}\,\alpha$ を求めよ」という問題では，次のようにすればよい．

1. 単位円の右半分 $\left(-\dfrac{\pi}{2} \leq \theta \leq \dfrac{\pi}{2}\text{の部分}\right)$ を書く．

2. 直線 $y = \alpha$ のグラフと単位円との交点を A とする．

3. 点 $(1, 0)$ から A まで反時計回りに測った角度 (時計回りの場合は負の値をとる) が求める $\mathrm{Arcsin}\,\alpha$ である．

【解 答】 (a) $y = \dfrac{1}{2}$ と単位円右半分との交点を A とすると，点 A に対応する角度 (点 $(1, 0)$ から A まで反時計回りに測った角度) は 30°，つまり $\dfrac{\pi}{6}$(rad) である．

$$\therefore \quad \mathrm{Arcsin}\,\frac{1}{2} = \frac{\pi}{6}$$

(b) $y = -\dfrac{1}{\sqrt{2}}$ と単位円右半分との交点を B とすると，点 B は点 $(1, 0)$ から時計回りに，つまり負の方向に $45° = \dfrac{\pi}{4}$ 動いた位置にある．

$$\therefore \quad \mathrm{Arcsin}\left(-\frac{1}{\sqrt{2}}\right) = -\frac{\pi}{4}$$

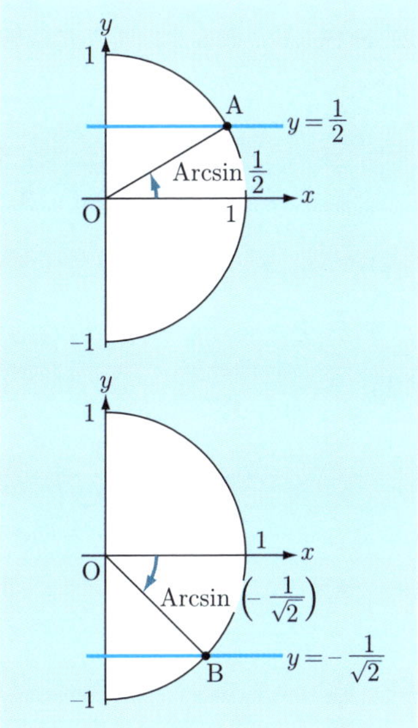

図 1.15

問 題

7.1 次の値を求めよ．

(a) $\mathrm{Arcsin}\,\dfrac{\sqrt{3}}{2}$　　(b) $\mathrm{Arcsin}\,0$　　(c) $\mathrm{Arcsin}\,(-1)$

例題 1.8　　**逆余弦関数**

次の値を求めよ．

(a)　$\mathrm{Arccos}\,\dfrac{1}{2}$　　(b)　$\mathrm{Arccos}\left(-\dfrac{1}{\sqrt{2}}\right)$

$\mathrm{Arccos}\,x$ の値域は $\mathrm{Arcsin}\,x$ とは異なることに注意する．

$$y = \mathrm{Arccos}\,x \quad (-1 \leq x \leq 1) \quad \Longleftrightarrow \quad x = \cos y \quad (0 \leq y \leq \pi)$$

慣れないうちは，「$\mathrm{Arccos}\,\alpha$ を求めよ」という問題では，次のようにすればよい．

1.　単位円の上半分 $(0 \leq \theta \leq \pi$ の部分) を書く．

2.　直線 $x = \alpha$ のグラフと単位円との交点を A とする．

3.　点 $(1,0)$ から A まで反時計回りに測った角度が求める $\mathrm{Arccos}\,\alpha$ である．

【解　答】 (a)　$x = \dfrac{1}{2}$ と単位円上半分との交点を A とすると，点 A に対応する角度は $60° = \dfrac{\pi}{3}$．

$$\therefore \quad \mathrm{Arccos}\,\frac{1}{2} = \frac{\pi}{3}$$

(b)　$x = -\dfrac{1}{\sqrt{2}}$ と単位円上半分との交点を B とすると，点 B に対応する角度は $135° = \dfrac{3\pi}{4}$．

$$\therefore \quad \mathrm{Arccos}\left(-\frac{1}{\sqrt{2}}\right) = \frac{3\pi}{4}$$

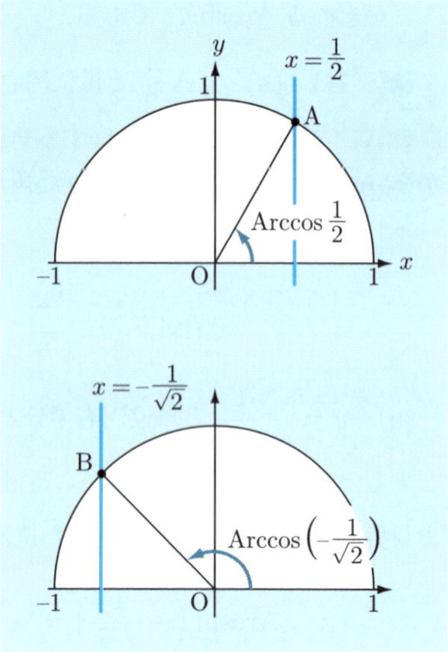

図 1.16

問　題

8.1　次の値を求めよ．

(a)　$\mathrm{Arccos}\,\dfrac{\sqrt{3}}{2}$　　(b)　$\mathrm{Arccos}\,0$　　(c)　$\mathrm{Arccos}\,(-1)$

8.2*　前ページの例題，および本ページの例題から $\mathrm{Arcsin}\,x + \mathrm{Arccos}\,x$ の値はどうなると予想されるか．またこの予想を証明せよ．

例題 1.9 **逆正接関数**

次の値を求めよ．

(a) $\mathrm{Arctan}\,1$　　(b) $\mathrm{Arctan}\left(-\dfrac{1}{\sqrt{3}}\right)$

$\mathrm{Arctan}\,x$ の値域は等号を除いて $\mathrm{Arcsin}\,x$ と同じである．

$$y = \mathrm{Arctan}\,x \quad (-\infty < x < \infty) \quad \Longleftrightarrow \quad x = \tan y \quad \left(-\frac{\pi}{2} < y < \frac{\pi}{2}\right)$$

慣れないうちは，「$\mathrm{Arctan}\,\alpha$ を求めよ」という問題では，次のようにすればよい．

1. 単位円の右半分 $\left(-\dfrac{\pi}{2} < \theta < \dfrac{\pi}{2}\text{ の部分}\right)$ を書く．

2. 原点を通る傾き α の直線 $y = \alpha x$ のグラフと単位円との交点を A とする．

3. 点 $(1, 0)$ から A まで反時計回りに測った角度 (時計回りの場合は負の値をとる) が求める $\mathrm{Arctan}\,\alpha$ である．

【解　答】 (a) $y = x$ と単位円右半分との交点を A とすると，点 A に対応する角度 (点 $(1, 0)$ から A まで反時計回りに測った角度) は $45° = \dfrac{\pi}{4}$(rad) である．

$$\therefore \quad \mathrm{Arctan}\,1 = \frac{\pi}{4}$$

(b) $y = -\dfrac{1}{\sqrt{3}}x$ と単位円右半分との交点を B とすると，点 B に対応する角度は時計回り (負の向き) に $30° = \dfrac{\pi}{6}$．

$$\therefore \quad \mathrm{Arctan}\left(-\frac{1}{\sqrt{3}}\right) = -\frac{\pi}{6}$$

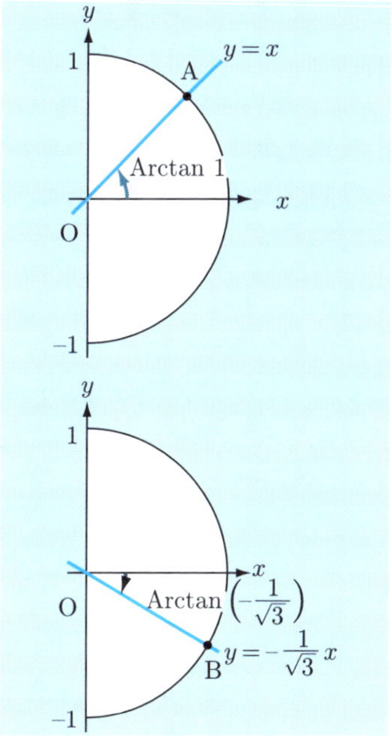

図 **1.17**

問　題

9.1 次の値を求めよ．

(a) $\mathrm{Arctan}\,\dfrac{1}{\sqrt{3}}$　　(b) $\mathrm{Arctan}\,0$　　(c) $\mathrm{Arctan}\,(-1)$

第1章演習問題

1. 次の式を簡単にせよ．

(a) $(2^{\frac{1}{2}} \times 3^{-\frac{3}{2}})^{\frac{1}{2}} \div 2^{-\frac{3}{4}} \times 3^{\frac{1}{4}}$　(b) $(3^{\frac{1}{3}} - 3^{-\frac{1}{3}})(9^{\frac{1}{3}} + 9^{-\frac{1}{3}} + 1)$

(c) $\log_2 48 - \log_4 36$　(d) $\log_3 8 \cdot \log_4 125 \cdot \log_{125} 81$

2. 次の問に答えよ．

(a) $0 \leq \theta \leq \pi$ が $\tan\theta = -\dfrac{11}{2}$ を満たすとき，次の値を求めよ．

(i) $\cos\theta$　(ii) $\sin\theta$　(iii) $\cos 2\theta$　(iv) $\sin 2\theta$

(b) $\mathrm{Arcsin}\,\dfrac{5}{13} = \mathrm{Arccos}\,x = \mathrm{Arctan}\,y$ を満たす実数 x, y を求めよ．

(c) $\cos\left(2\mathrm{Arccos}\left(-\dfrac{1}{5}\right)\right)$, $\sin\left(2\mathrm{Arccos}\left(-\dfrac{1}{5}\right)\right)$, $\cos\left(\dfrac{1}{2}\mathrm{Arccos}\left(-\dfrac{1}{5}\right)\right)$ の値を計算せよ．

3.* 次の関係式は常に成り立つか? 成り立つならば証明し，成り立たないならば反例を挙げよ．

(a) $-1 \leq x \leq 1$ のとき，$\sin(\mathrm{Arcsin}\,x) = x$

(b) $\mathrm{Arcsin}\,(\sin x) = x$

(c) $-1 \leq x \leq 1$ のとき，$\mathrm{Arcsin}\,x = \mathrm{Arccos}\,\sqrt{1-x^2}$

4.* 以下の問に答えよ．$i = \sqrt{-1}$ は虚数単位とする．

(a) $z_1 = \cos\alpha + i\sin\alpha$, $z_2 = \cos\beta + i\sin\beta$ とおく．次の式を示せ．

$$z_1 z_2 = \cos(\alpha+\beta) + i\sin(\alpha+\beta)$$
$$\frac{z_1}{z_2} = \cos(\alpha-\beta) + i\sin(\alpha-\beta)$$

(b) $\theta = \dfrac{\pi}{24}$ とするとき．以下の値を求めよ．

(i) $(\cos 5\theta + i\sin 5\theta)(\cos\theta + i\sin\theta)$

(ii) $\dfrac{\cos 9\theta + i\sin 9\theta}{\cos 5\theta + i\sin 5\theta}$

(iii) $(\cos\theta + i\sin\theta)^{12}$

5.* 次の式を簡単化して三角関数，逆三角関数を用いない形で答えよ．

(a) $\tan(\mathrm{Arctan}\,x_1 + \mathrm{Arctan}\,x_2)$　(b) $\cos(\mathrm{Arctan}\,x)$

2 初等関数の微分

2.1 関数の極限

関数の極限　関数 $f(x)$ において，変数 x が a と異なる値をとりながら a に限りなく近づくとき，それに応じて $f(x)$ の値が一定の値 b に限りなく近づく場合，次のように書く．

$$\lim_{x\to a} f(x) = b \quad \text{または} \quad f(x) \to b \ (x \to a)$$

b を $x \to a$ での $f(x)$ の**極限値**または**極限**という．また，$f(x)$ は $x \to a$ で b に**収束**するという．一方，x が a と異なる値をとりながら a に限りなく近づくとき，$f(x)$ の値が一定値に収束しないとき，$f(x)$ は $x \to a$ で**発散**するという．特に $f(x)$ の値が限りなく大きくなるとき，$f(x)$ は正の無限大に発散するといい，

$$\lim_{x\to a} f(x) = \infty \quad \text{または} \quad f(x) \to \infty \ (x \to a)$$

と書く．一方，$f(x)$ の値が負で，その絶対値が限りなく大きくなるとき，$f(x)$ は負の無限大に発散するといって，次のように書く．

$$\lim_{x\to a} f(x) = -\infty \quad \text{または} \quad f(x) \to -\infty \ (x \to a)$$

x が限りなく大きくなることを $x \to \infty$ で表す．$x \to \infty$ のとき関数 $f(x)$ がある一定の値 b に収束することを $\displaystyle\lim_{x\to\infty} f(x) = b$ と表す．$x \to -\infty$ についても同様である．

例 2.1　$\displaystyle\lim_{x\to 2}(x^2-3x) = 2^2-3\times 2 = -2,\quad \lim_{x\to 1}\frac{1}{(x-1)^2} = \infty,\quad \lim_{x\to\infty}\left(2-\frac{1}{x}\right) = 2$

極限の性質

定理 2.1　$\displaystyle\lim_{x\to a} f(x) = \alpha,\ \lim_{x\to a} g(x) = \beta$ のとき，次式が成り立つ．なお a は $\pm\infty$ で置き換えてもよい．

1.　$\displaystyle\lim_{x\to a}(p\,f(x) + q\,g(x)) = p\,\alpha + q\,\beta \quad (p, q \text{ は定数})$

2.　$\displaystyle\lim_{x\to a} f(x)g(x) = \alpha\beta$　　**3.**　$\displaystyle\lim_{x\to a}\frac{f(x)}{g(x)} = \frac{\alpha}{\beta} \quad (\beta \neq 0)$

関数の片側からの極限

例 2.2 関数 $f(x) = \dfrac{x^2 - x}{|x-1|}$ は

$$x > 1 \text{ のとき } f(x) = \frac{x^2 - x}{x - 1} = x$$

$$x < 1 \text{ のとき } f(x) = \frac{x^2 - x}{-x + 1} = -x$$

である．$x > 1$ の範囲で x が 1 に限りなく近づくとき，$f(x)$ の値は 1 に近づく．また $x < 1$ の範囲で x が 1 に限りなく近づくとき，$f(x)$ の値は -1 に限りなく近づく．

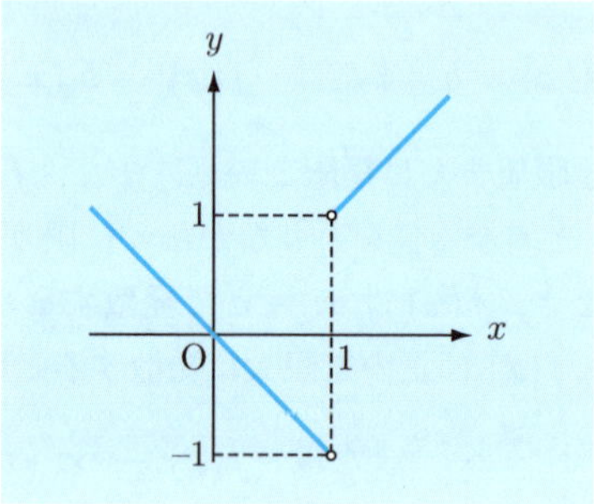

図 **2.1** $y = \dfrac{x^2 - x}{|x-1|}$ のグラフ

一般に，x が a より大きい値を取りながら a に限りなく近づくとき，$f(x)$ の値が α に限りなく近づくことを次のように書く．α を x が a に近づくときの**右側極限**という．

$$\lim_{x \to a+0} f(x) = \alpha$$

同様に，x が a より小さい値を取りながら a に限りなく近づくとき，$f(x)$ の値が β に限りなく近づくことを次のように書く．β を x が a に近づくときの**左側極限**という．

$$\lim_{x \to a-0} f(x) = \beta$$

例 2.2 の結果は次のように表される．

$$\lim_{x \to 1+0} \frac{x^2 - x}{|x-1|} = 1, \quad \lim_{x \to 1-0} \frac{x^2 - x}{|x-1|} = -1$$

$\displaystyle\lim_{x \to a+0} f(x)$ と $\displaystyle\lim_{x \to a-0} f(x)$ が存在し，それらが一致してはじめて，極限 $\displaystyle\lim_{x \to a} f(x)$ は存在する．例 2.2 では左右の極限が一致しないので，極限 $\displaystyle\lim_{x \to 1} \frac{x^2 - x}{|x-1|}$ は存在しない．

関数の連続性　関数 $f(x)$ が $x=a$ で定義され，極限値 $\lim_{x\to a} f(x)$ が存在し，さらに

$$\lim_{x\to a} f(x) = f(a)$$

が成り立つとき，関数 $f(x)$ は点 $x=a$ で**連続**であるといい，そうでないとき $f(x)$ は $x=a$ で**不連続**であるという．また $f(x)$ が区間 $I \subset \mathbb{R}$ のすべての点において連続であるとき，$f(x)$ は区間 I で連続であるという．

コメント　視覚的には $f(x)$ が区間 I で連続であるとは，$y=f(x)$ のグラフを描いたとき区間 I で「つながっている」ことをいう．また，操作上は関数記号と極限記号を入れ換えることができるということである．

さらに，例 2.2 の関数における $x=1$ や例 2.3 の 4. における $x=\cdots,-2,-1,0,1,2,\cdots$ などのように右側極限と左側極限を持つような不連続点を**第 1 種不連続点**という．

例 2.3　**1.**　$y=x^2$ や $y=2^x$ は $\mathbb{R}$ で連続である．

2.　$y=\sqrt{x}$ は区間 $[0,\infty)$ において連続である．

コメント　点 $x=a$ が $f(x)$ の定義域の左端点である場合には，右側極限 $\lim_{x\to a+0} f(x)$ が存在し，$f(a)$ に等しければ，$f(x)$ は $x=a$ において連続であるという．つまり $\sqrt{x}$ は $x=0$ で連続である．右端点のときは左側極限 $x \to a-0$ を考える．

3.　$y=\frac{1}{x}$ は $x=0$ で y の値が定義されない．つまり $x=0$ で不連続である．

4.　$y=[x]$ ($[x]$ は x を越えない最大の整数) は x の整数値で不連続である．

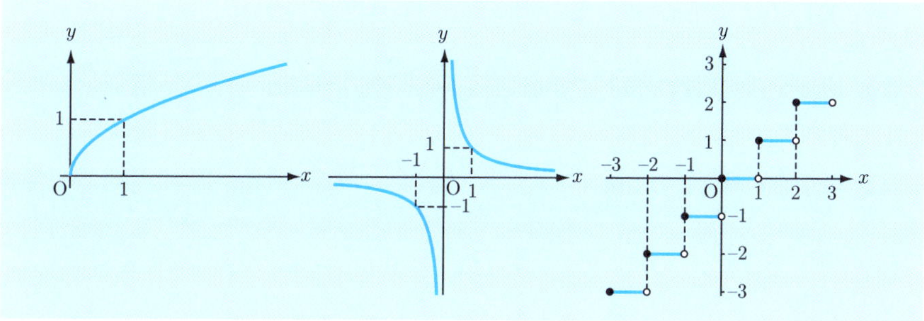

図 2.2　(左)：$y=\sqrt{x}$ ($[0,\infty)$ で連続)，(中央)：$y=\frac{1}{x}$ ($x=0$ で不連続)，(右)：$y=[x]$ ($x=\cdots,-2,-1,0,1,2,\cdots$ で不連続)

連続関数の諸性質　最後に連続関数に関する定理を以下に列挙する．

定理 2.2　連続関数 $f(x)$ がある点 c において正 (負) ならば，c を含むある開区間においても正 (負) である．

定理 2.3 **(中間値の定理)** 関数 $f(x)$ が区間 $[a,b]$ において連続であって，$f(a)f(b)<0$ ならば，ある c $(a<c<b)$ が存在して，$f(c)=0$ である．

定理 2.4 **(最大値の原理)** 閉区間 $[a,b]$ で連続な関数 $f(x)$ は必ず $[a,b]$ において最大値と最小値をとる．

発展 定理 2.2 は，「開区間」を「開集合」に，定理 2.4 は「閉区間 $[a,b]$」を「有界閉集合」に置き換えれば，多次元でも成り立つ．

例題 2.1 **関数の極限 (1)**

次の極限を求めよ．

(a) $\displaystyle\lim_{x\to-1}(x^2+2x+3)$ (b) $\displaystyle\lim_{x\to2}\frac{x^2-2x}{x^2+x-6}$

(c) $\displaystyle\lim_{x\to0}\frac{\sqrt{x+4}-2}{x}$ (d) $\displaystyle\lim_{x\to\infty}\frac{x^2-x+1}{3x^2-1}$

(b), (c) で $x=2,0$ をそれぞれ代入すると，$\frac{0}{0}$ となる．ここで安易に $\frac{0}{0}=1$ としないこと．$\frac{0}{0}$ の他，$\frac{\infty}{\infty}$，$\infty-\infty$ などは**不定形の極限**と呼ばれ，極限値が問題によって変化する．詳細は 3.4 節を参照．

【解 答】 (a) $\displaystyle\lim_{x\to-1}(x^2+2x+3)=(-1)^2+2\times(-1)+3=2$

(b) 分子分母を因数分解して $\displaystyle\lim_{x\to2}\frac{x(x-2)}{(x+3)(x-2)}=\lim_{x\to2}\frac{x}{x+3}=\frac{2}{5}$

(c) 分子を有理化して $\displaystyle\lim_{x\to0}\frac{\left(\sqrt{x+4}-2\right)\left(\sqrt{x+4}+2\right)}{x\left(\sqrt{x+4}+2\right)}=\lim_{x\to0}\frac{x}{x\left(\sqrt{x+4}+2\right)}=\frac{1}{4}$

(d) 分子分母を x^2 で割って，$1/x, 1/x^2\to0$ $(x\to\infty)$ であることを利用する．

$$\lim_{x\to\infty}\frac{x^2-x+1}{3x^2-1}=\lim_{x\to\infty}\frac{1-\frac{1}{x}+\frac{1}{x^2}}{3-\frac{1}{x^2}}=\frac{1}{3}$$

問 題

1.1 次の極限を求めよ．a,b は定数とする．

(a) $\displaystyle\lim_{x\to-1}\frac{x^2-2x-3}{x^2-5x-6}$ (b) $\displaystyle\lim_{x\to3}\frac{\sqrt{x+1}-2}{\sqrt{x-2}-1}$

(c) $\displaystyle\lim_{x\to\infty}\left(\sqrt{x^2+ax}-\sqrt{x^2+bx}\right)$ (d) $\displaystyle\lim_{x\to\infty}\frac{x}{\sqrt{x}+\sqrt{x-1}}$

例題 2.2 **関数の極限 (2)**

次の極限値が存在するとき，定数 a の値を定めよ．また，そのときの極限値を求めよ．

(a) $\displaystyle\lim_{x\to 1}\frac{x^2+ax-3}{x-1}$　　(b) $\displaystyle\lim_{x\to -2}\frac{\sqrt{ax+1}-3}{x+2}$

【解　答】 (a) 分母については $\displaystyle\lim_{x\to 1}(x-1)=0$ である．極限値が存在するためには，分子についても $\displaystyle\lim_{x\to 1}(x^2+ax-3)=0$ であることが必要である．実際，求める極限値を $\displaystyle\lim_{x\to 1}\frac{x^2+ax-3}{x-1}=\alpha$ とおくと，

$$\lim_{x\to 1}(x^2+ax-3)=\lim_{x\to 1}\left\{\frac{x^2+ax-3}{x-1}\times(x-1)\right\}=\alpha\times 0=0$$

である．すなわち

$$\lim_{x\to 1}(x^2+ax-3)=1+a-3=a-2=0$$

となるので，$a=2$．またこのとき求める極限値は

$$\lim_{x\to 1}\frac{x^2+2x-3}{x-1}=\lim_{x\to 1}\frac{(x-1)(x+3)}{x-1}=\lim_{x\to 1}(x+3)=4$$

(b) 分母については $\displaystyle\lim_{x\to -2}(x+2)=0$ であるので，(a) 同様，分子についても

$$\lim_{x\to -2}\left(\sqrt{ax+1}-3\right)=\lim_{x\to -2}\left\{\frac{\sqrt{ax+1}-3}{x+2}\times(x+2)\right\}=0$$

が成り立つ．すなわち

$$\lim_{x\to -2}\left(\sqrt{ax+1}-3\right)=\sqrt{-2a+1}-3=0$$

となるので，$-2a+1=9$，ゆえに $a=-4$．またこのとき求める極限値は

$$\lim_{x\to -2}\frac{\sqrt{ax+1}-3}{x+2}=\lim_{x\to -2}\frac{\left(\sqrt{-4x+1}-3\right)\left(\sqrt{-4x+1}+3\right)}{(x+2)\left(\sqrt{-4x+1}+3\right)}$$

$$=\lim_{x\to -2}\frac{-4x-8}{(x+2)\left(\sqrt{-4x+1}+3\right)}=\lim_{x\to -2}\frac{-4}{\sqrt{-4x+1}+3}=-\frac{2}{3}$$

問　題

2.1 次の等式が成り立つように，定数 a, b の値を定めよ．

(a) $\displaystyle\lim_{x\to 3}\frac{x^2+ax+b}{x^2-4x+3}=3$　　(b) $\displaystyle\lim_{x\to 0}\frac{a\sqrt{x+4}+b}{x}=1$

2.2 微分係数と導関数 – べき関数の微分

瞬間の速度　高い所からそっと離した小石は，x 秒後約 $5x^2$ (m) 下に落ちることが知られている．ここで x 秒後の小石の変位を y (m) とすると，関係式

$$y = 5x^2$$

が成り立つ．さて小石は

時刻 $x=0$ から時刻 $x=1$ までは 5 m 進む．　つまり平均の速度は 5 (m/s)

時刻 $x=1$ から時刻 $x=2$ までは 15 m 進む．　つまり平均の速度は 15 (m/s)

時刻 $x=2$ から時刻 $x=3$ までは 25 m 進む．　つまり平均の速度は 25 (m/s)

このように，落体の運動において，その速度は時々刻々と変化することがわかる．ここで次の問題を考えよう．

Q. 時刻 $x=2$ における瞬間の速度を求めよ．

今 $x=2$ から $x=2.1$ までの間に小石は $(5\times(2.1)^2-5\times 2^2)$ m 進むので，平均の速度は

$$\frac{5\times(2.1)^2-5\times 2^2}{2.1-2}=\frac{2.05}{0.1}=20.5 \text{ (m/s)}$$

次に $x=2$ から $x=2.01$ までの間の小石の平均の速度も同様に求めることができる．

$$\frac{5\times(2.01)^2-5\times 2^2}{2.01-2}=\frac{0.2005}{0.01}=20.05 \text{ (m/s)}$$

時間幅を $0.1, 0.01, 0.001, \cdots$ と細かくしていけば，$x=2$ 秒における瞬間の速度を求めることができる．つまり $x=2$ 秒から $x=2+h$ 秒までの小石の平均の速度は

$$\frac{5(2+h)^2-5\times 2^2}{(2+h)-2}=\frac{20h+5h^2}{h}=20+5h$$

である．ここで時間幅 h を 0 に限りなく近づけると，平均の速度は

$$\lim_{h\to 0}(20+5h)=20$$

に近づく．つまり時刻 $x=2$ における瞬間の速度は 20 (m/s) である．

微分係数と導関数　小石の落下の例において，$f(x) = 5x^2$ とすると，$x = 2$ での瞬間の速度を $f(x)$ の $x = 2$ における**微分係数**と呼んで，$f'(2)$ と表す．より一般には次の通りである．

$y = f(x)$ において，x の値が $x = a$ から $x = a + h$ に h だけ変化したとき，

$$\frac{(y\ \text{の変化分})}{(x\ \text{の変化分})} = \frac{f(a+h) - f(a)}{h}$$

を y の**平均変化率** (または**差分商**) と呼ぶ．上式の $h \to 0$ での極限が存在する場合，

$$f'(a) = \lim_{h \to 0} \frac{f(a+h) - f(a)}{h}$$

と書いて，$f(x)$ の $x = a$ における**微分係数**という．$f'(a)$ は「f プライム a」と読む．$f'(a)$ が存在するとき，$f(x)$ は $x = a$ で**微分可能**であるといい，開区間 $I \subset \mathbb{R}$ の任意の点で微分可能であれば，$f(x)$ は I で微分可能であるという．

$f(x)$ が I で微分可能であるとき，I の任意の点 x で微分係数

$$f'(x) = \lim_{h \to 0} \frac{f(x+h) - f(x)}{h}$$

を考えたとき，これは $x \in I$ の関数と見なせる．$f'(x)$ を**導関数**といい，$f(x)$ の導関数 $f'(x)$ を求めることを，$f(x)$ を**微分**するという．$f(x)$ が微分可能かつ $f'(x)$ が連続関数のとき，$f(x)$ は**連続微分可能**または $\boldsymbol{C^1}$ **級**であるという．また $y = f(x)$ の導関数を

$$y', \quad \frac{dy}{dx}, \quad (f(x))', \quad \frac{d}{dx}f(x)$$

のように書くことも多い．a を実定数として，次の公式が成り立つ．

$$(x^a)' = ax^{a-1}$$

また定数関数 C を微分すると 0 である．

$$C' = 0$$

コメント　変数が x, y 以外の文字で表されていても，導関数の計算は今までと同様である．例えば u が s の関数 $u = f(s)$ であれば，この導関数は次のように表される．

$$u', \quad f'(s), \quad \frac{du}{ds}, \quad \frac{d}{ds}f(s)$$

例 2.4　半径 r の球の表面積 S および体積 V はそれぞれ，r の関数 $S = 4\pi r^2$，$V = \dfrac{4}{3}\pi r^3$ であって，これらの導関数は次の通りである．

$$\frac{dS}{dr} = (4\pi r^2)' = 8\pi r, \quad \frac{dV}{dr} = \left(\frac{4}{3}\pi r^3\right)' = 4\pi r^2$$

例題 2.3　　**x^a の微分 (1)**

微分公式 $(x^a)' = ax^{a-1}$ を $a = 3, -1, \frac{1}{2}$ それぞれの場合について示せ.

【解　答】 導関数の定義式 $f'(x) = \lim_{h\to 0} \dfrac{f(x+h)-f(x)}{h}$ より,

(i) $a=3$ のとき $(x^3)' = \lim_{h\to 0} \dfrac{(x+h)^3 - x^3}{h} = \lim_{h\to 0}(3x^2+3xh+h^2) = 3x^2$

(ii) $a=-1$ のとき示すべき式は $(x^{-1})' = -x^{-2} \quad \Leftrightarrow \quad \left(\dfrac{1}{x}\right)' = -\dfrac{1}{x^2}$.

$$\left(\frac{1}{x}\right)' = \lim_{h\to 0}\frac{1}{h}\left(\frac{1}{x+h}-\frac{1}{x}\right) = \lim_{h\to 0}\frac{-h}{hx(x+h)} = -\frac{1}{x^2}$$

(iii) $a=\dfrac{1}{2}$ のとき, 示すべき式は $(x^{\frac{1}{2}})' = \dfrac{1}{2}x^{-\frac{1}{2}} \quad \Leftrightarrow \quad (\sqrt{x})' = \dfrac{1}{2\sqrt{x}}$.

$$(\sqrt{x})' = \lim_{h\to 0}\frac{\sqrt{x+h}-\sqrt{x}}{h} = \lim_{h\to 0}\frac{\left(\sqrt{x+h}-\sqrt{x}\right)\left(\sqrt{x+h}+\sqrt{x}\right)}{h\left(\sqrt{x+h}+\sqrt{x}\right)}$$

$$= \lim_{h\to 0}\frac{x+h-x}{h\left(\sqrt{x+h}+\sqrt{x}\right)} = \lim_{h\to 0}\frac{1}{\sqrt{x+h}+\sqrt{x}} = \frac{1}{2\sqrt{x}}$$

例題 2.4　　**x^a の微分 (2)**

$(x^a)' = ax^{a-1}$ がすべての実数 a について成り立つとして次の関数を微分せよ.

(a) $y = \dfrac{1}{x^4}$　　(b) $y = \sqrt[3]{x^4}\,\sqrt[6]{x^5}$　　(c) $y = \left(\dfrac{\sqrt[4]{x^3}}{\sqrt[3]{x}}\right)^6$

【解　答】 $y = x^a$ の形に書き直した後, 微分する.

(a) $y=x^{-4}$ より $y'=-4x^{-5}=-\dfrac{4}{x^5}$ (どちらの表記でもよい. (b), (c) も同様)

(b) 指数法則より $y = x^{\frac{4}{3}+\frac{5}{6}} = x^{\frac{13}{6}}$. よって　$y' = \dfrac{13}{6}x^{\frac{7}{6}} = \dfrac{13}{6}x\sqrt[6]{x}$

(c) 指数法則より $y = x^{(\frac{3}{4}-\frac{1}{3})\times 6} = x^{\frac{5}{2}}$. よって　$y' = \dfrac{5}{2}x^{\frac{3}{2}} = \dfrac{5}{2}x\sqrt{x}$

コメント　任意の実数 a について, 公式 $(x^a)' = ax^{a-1}$ が成り立つことを示すには, 後述の対数微分法が必要になるが, 以後はこの公式が成り立つものとして話を進める.

問　題

4.1 次の関数を微分せよ.

(a) $y = x^{10}$　　(b) $y = x\sqrt{x\sqrt{x}}$　　(c) $y = \dfrac{\sqrt[3]{x^5}}{\sqrt[6]{x}\,\sqrt[4]{x^3}}$

2.3　微分の基本公式

定理 2.5　$f(x), g(x)$ を微分可能な関数，a, b を定数として次式が成り立つ．

(a)　$\{af(x)+bg(x)\}' = af'(x)+bg'(x)$

(b)　$\{f(x)g(x)\}' = f'(x)g(x)+f(x)g'(x)$　**(積の微分公式)**

(c)　$\left\{\dfrac{g(x)}{f(x)}\right\}' = \dfrac{g'(x)f(x)-f'(x)g(x)}{\{f(x)\}^2}$　**(商の微分公式)**

特に $\left\{\dfrac{1}{f(x)}\right\}' = -\dfrac{f'(x)}{\{f(x)\}^2}$

関数の合成と導関数

定理 2.6　**(合成関数の微分公式)**　f，g が微分可能ならば，その合成関数 $h=g\circ f$ も微分可能であり，次の合成関数の微分公式が成り立つ．

$$(g(f(x))' = g'(f(x))f'(x) \qquad \text{ただし}\quad g'(f(x)) = \frac{d}{du}g(u)\Big|_{u=f(x)}$$

また $y=g(u)$，$u=f(x)$ とすると上の公式は次のようにも書ける．

$$\frac{dy}{dx} = \frac{dy}{du}\cdot\frac{du}{dx}$$

特に x^a の微分公式 $(x^a)' = ax^{a-1}$ で，x を $f(x)$ で置き換えると次の公式が成り立つ．

$$\{(f(x))^a\}' = a\{f(x)\}^{a-1}\cdot f'(x)$$

つまり，x^a の微分公式で x を $f(x)$ に置き換えると，微分した結果は x を $f(x)$ に置き換えたものに $f'(x)$ を乗じたものに等しいことが分かる．

$$(x^a)' = ax^{a-1} \quad\Longrightarrow\quad (\{f(x)\}^a)' = a\{f(x)\}^{a-1}\cdot f'(x)$$

これは以後の指数関数，三角関数などすべての関数について共通して成り立つ．例えば

$(\sin x)' = \cos x$ (**2.5** 節参照)　$\Longrightarrow$　$(\sin(f(x)))' = \cos(f(x))\cdot f'(x)$

$(e^x)' = e^x$ (**2.4** 節参照)　$\Longrightarrow$　$(e^{f(x)})' = e^{f(x)}\cdot f'(x) = f'(x)e^{f(x)}$

$(\log x)' = \dfrac{1}{x}$ (**2.4** 節参照)　$\Longrightarrow$　$(\log f(x))' = \dfrac{1}{f(x)}\cdot f'(x) = \dfrac{f'(x)}{f(x)}$

例題 2.5 **微分の基本公式 (1)**

次の関数を微分せよ．

(a) $y = x^3 - x^2 + 3x - 4$ (b) $y = 4x\sqrt{x} - \sqrt[3]{x} + \sqrt{2}$

(c) $y = \dfrac{-2x^4 + 4x\sqrt{x} - 5}{x}$ (d) $y = \dfrac{x^3 + x\sqrt{x} - 6}{\sqrt{x}}$

導関数の定義式に代入してもよいが，ここでは微分公式 $(af(x) + bg(x))' = af'(x) + bg'(x)$ を用いる．

【解 答】 (a) $y' = (x^3)' - (x^2)' + 3(x)' - 4' = 3x^2 - 2x + 3$

(b) 指数を用いて $y = 4x^{\frac{3}{2}} - x^{\frac{1}{3}} + \sqrt{2}$ と書きかえると見通しよく微分できる．

$$y' = 4(x^{\frac{3}{2}})' - (x^{\frac{1}{3}})' + (\sqrt{2})' = 4 \times \frac{3}{2}x^{\frac{1}{2}} - \frac{1}{3}x^{-\frac{2}{3}} + 0$$
$$= 6x^{\frac{1}{2}} - \frac{1}{3}x^{-\frac{2}{3}} = 6\sqrt{x} - \frac{1}{3\sqrt[3]{x^2}}$$

注意 $\sqrt{2}$ は定数なので微分すると 0 である．

$$(誤)\ :\ (\sqrt{2})' = (2^{\frac{1}{2}})' = \frac{1}{2} \cdot 2^{-\frac{1}{2}} = \frac{1}{2\sqrt{2}}$$

といった奇妙な計算をしないよう注意する．

(c) 商の微分公式を用いてもよいが，

$$y = \frac{-2x^4}{x} + \frac{4x\sqrt{x}}{x} - \frac{5}{x} = -2x^3 + 4x^{\frac{1}{2}} - 5x^{-1}$$ と変形して微分すると

$$y' = -6x^2 + 2x^{-\frac{1}{2}} + 5x^{-2} = -6x^2 + \frac{2}{\sqrt{x}} + \frac{5}{x^2}$$

(d) (c) と同様に

$$y = \frac{x^3}{\sqrt{x}} + \frac{x\sqrt{x}}{\sqrt{x}} - \frac{6}{\sqrt{x}} = x^{\frac{5}{2}} + x - 6x^{-\frac{1}{2}}$$ と変形して微分すると

$$y' = \frac{5}{2}x^{\frac{3}{2}} + 1 + 3x^{-\frac{3}{2}} = \frac{5}{2}x\sqrt{x} + 1 + \frac{3}{x\sqrt{x}}$$

問 題

5.1 次の関数を微分せよ．

(a) $y = x^2 - 3x + \log 2$ (b) $y = 3x\sqrt[3]{x}$

(c) $y = \dfrac{x^3 + x^2 - x + 4}{x^2}$ (d) $y = \dfrac{x^2 - x + 1}{\sqrt{x}}$

例題 2.6 **微分の基本公式 (2)**

次の関数を微分せよ．

(a) $y = (x^2 + 5x - 7)(x^2 + 6)$ (b) $y = \dfrac{1}{x^2 - x + 1}$

(c) $y = \dfrac{x - 1}{3x + 2}$ (d) $y = \dfrac{x}{1 + 2x\sqrt{x}}$

【解 答】 積および商の微分公式を用いる．

$$\{f(x)g(x)\}' = f'(x)g(x) + f(x)g'(x),$$

$$\left\{\frac{1}{f(x)}\right\}' = -\frac{f'(x)}{\{f(x)\}^2}, \quad \left\{\frac{g(x)}{f(x)}\right\}' = \frac{f(x)g'(x) - f'(x)g(x)}{\{f(x)\}^2}$$

(a)
$$\begin{aligned} y' &= \{(x^2 + 5x - 7)(x^2 + 6)\}' \\ &= (x^2 + 5x - 7)'(x^2 + 6) + (x^2 + 5x - 7)(x^2 + 6)' \\ &= (2x + 5)(x^2 + 6) + (x^2 + 5x - 7) \times 2x \\ &= 4x^3 + 15x^2 - 2x + 30 \end{aligned}$$

(b)
$$y' = \left(\frac{1}{x^2 - x + 1}\right)' = -\frac{(x^2 - x + 1)'}{(x^2 - x + 1)^2} = -\frac{2x - 1}{(x^2 - x + 1)^2}$$

(c)
$$\begin{aligned} y' &= \left(\frac{x - 1}{3x + 2}\right)' = \frac{(x - 1)'(3x + 2) - (x - 1)(3x + 2)'}{(3x + 2)^2} \\ &= \frac{3x + 2 - 3(x - 1)}{(3x + 2)^2} = \frac{5}{(3x + 2)^2} \end{aligned}$$

(d)
$$\begin{aligned} y' &= \left(\frac{x}{1 + 2x^{\frac{3}{2}}}\right)' = \frac{x'(1 + 2x^{\frac{3}{2}}) - x(1 + 2x^{\frac{3}{2}})'}{(1 + 2x^{\frac{3}{2}})^2} \\ &= \frac{1 + 2x^{\frac{3}{2}} - x \cdot 3x^{\frac{1}{2}}}{(1 + 2x^{\frac{3}{2}})^2} = \frac{1 - x^{\frac{3}{2}}}{(1 + 2x^{\frac{3}{2}})^2} = \frac{1 - x\sqrt{x}}{(1 + 2x\sqrt{x})^2} \end{aligned}$$

問 題

6.1 次の関数を微分せよ．

(a) $y = \dfrac{x}{x^2 + x + 1}$ (b) $y = \dfrac{\sqrt{x} - 1}{\sqrt{x} + 1}$

6.2 $f(x)$, $g(x)$, $h(x)$ が微分可能であるとき，$\{f(x)\,g(x)\,h(x)\}'$ はどうなるか?

例題 2.7 **合成関数の微分公式**

$f(x)$ を与えられた微分可能な関数，a を定数とするとき，

$$\{(f(x))^a\}' = a\{f(x)\}^{a-1} \cdot f'(x) \quad \cdots \quad (*)$$

を示せ．またこれを用いて次の関数を微分せよ．

(a) $y = (x^2 + 3x - 1)^3$ (b) $y = \dfrac{1}{(x^3 - 3)^4}$

(c) $y = \sqrt{x^2 + 2}$ (d) $y = \sqrt{\left(\dfrac{x+1}{x-1}\right)^3}$

【解 答】 $u = f(x)$, $y = u^a = (f(x))^a$ とおくと，

$$\{(f(x))^a\}' = \frac{dy}{dx} = \frac{dy}{du} \cdot \frac{du}{dx} \quad (\because \text{ 合成関数の微分公式})$$

$$= \frac{d}{du}u^a \cdot \frac{d}{dx}f(x) = au^{a-1} \cdot f'(x) = a(f(x))^{a-1} \cdot f'(x)$$

(a) $(*)$ において，$f(x) = x^2 + 3x - 1$, $a = 3$ とおく．

$$\{(x^2 + 3x - 1)^3\}' = 3(x^2 + 3x - 1)^2(x^2 + 3x \quad 1)'$$

$$= 3(x^2 + 3x - 1)^2(2x + 3)$$

(b) $y = (x^3 - 3)^{-4}$ なので

$$\{(x^3 - 3)^{-4}\}' = -4(x^3 - 3)^{-5}(x^3 - 3)' = -4(x^3 - 3)^{-5} \cdot 3x^2$$

$$= -\frac{12x^2}{(x^3 - 3)^5}$$

(c) $y = (x^2 + 2)^{\frac{1}{2}}$ なので

$$\{(x^2 + 2)^{\frac{1}{2}}\}' = \frac{1}{2}(x^2 + 2)^{-\frac{1}{2}}(x^2 + 2)' = x(x^2 + 2)^{-\frac{1}{2}} = \frac{x}{\sqrt{x^2 + 2}}$$

(d) $y = \left(\dfrac{x+1}{x-1}\right)^{\frac{3}{2}}$ なので

$$y' = \left\{\left(\frac{x+1}{x-1}\right)^{\frac{3}{2}}\right\}' = \frac{3}{2}\left(\frac{x+1}{x-1}\right)^{\frac{1}{2}}\left(\frac{x+1}{x-1}\right)'$$

$$= \frac{3}{2}\left(\frac{x+1}{x-1}\right)^{\frac{1}{2}}\frac{(x-1)-(x+1)}{(x-1)^2} = -\frac{3(x+1)^{\frac{1}{2}}}{(x-1)^{\frac{5}{2}}} = -\frac{3}{(x-1)^2}\sqrt{\frac{x+1}{x-1}}$$

問 題

7.1 次の関数を微分せよ．

(a) $y = (x^2 - x + 3)^7$ (b) $y = \sqrt[3]{(x^3 + 3x + 1)^2}$

2.4　指数関数，対数関数の微分

対数関数の微分　次に対数関数の微分について述べる．

$$(\log_a x)' = \lim_{h\to 0}\frac{1}{h}(\log_a(x+h)-\log_a x) = \lim_{h\to 0}\frac{1}{h}\log_a\frac{x+h}{x}$$
$$= \lim_{h\to 0}\frac{1}{h}\log_a\left(1+\frac{h}{x}\right) = \lim_{h\to 0}\log_a\left(1+\frac{h}{x}\right)^{\frac{1}{h}}$$

ここで $\frac{h}{x}=\varepsilon$ $(\Leftrightarrow h=\varepsilon x)$ とおく．$x>0$ より，$h\to 0$ のとき $\varepsilon\to 0$ であることに注意して，上式は

$$= \lim_{\varepsilon\to 0}\log_a\left\{\left(1+\varepsilon\right)^{\frac{1}{\varepsilon}}\right\}^{\frac{1}{x}} = \frac{1}{x}\lim_{\varepsilon\to 0}\log_a\left(1+\varepsilon\right)^{\frac{1}{\varepsilon}} = \frac{1}{x}\log_a\left\{\lim_{\varepsilon\to 0}\left(1+\varepsilon\right)^{\frac{1}{\varepsilon}}\right\}$$

最後の等号は $\log_a x$ が連続関数であることを用いた．ここで次の事実を用いる．

$$\lim_{\varepsilon\to 0}(1+\varepsilon)^{\frac{1}{\varepsilon}} = \lim_{x\to\pm\infty}\left(1+\frac{1}{x}\right)^x = 2.7182818\cdots(= e \text{ とおく})$$

$e=2.7182818\cdots$ は**ネイピア数**と呼ばれる無理数である．以上より対数関数の導関数は

$$(\log_a x)' = \frac{1}{x}\log_a e = \frac{1}{x\log_e a}$$

e を底とする対数関数 $\log_e x$ を**自然対数**といい，以後単に $\log x$ と書くことにすると，以下の対数関数の微分公式を得る．

$$(\log_a x)' = \frac{1}{x\log a}$$

特に $a=e$ のとき，$\log e = \log_e e = 1$ に注意して，次式を得る．

$$(\log x)' = \frac{1}{x}$$

$x<0$ のとき $\log(-x)$ の導関数は $(\log(-x))' = \frac{1}{-x}\cdot(-x)' = \frac{1}{x}$ であることから，

$$(\log|x|)' = \frac{1}{x}$$

x を $f(x)$ で置き換えた場合，次の対数微分の公式も同時に覚えておくとよい.

$$(\log|f(x)|)' = \frac{f'(x)}{f(x)}$$

指数関数の微分　次に指数関数 $y = a^x$ (a は 1 でない正の実数) の導関数 $\dfrac{dy}{dx} = (a^x)'$ を求める.

それに先だって，**逆関数の微分公式**について簡単に触れる．関数 $y = f(x)$ の逆関数 $y = g(x)$ が存在して，$y = g(x)$ が微分可能であるとする．$y = f(x)$ を x について解いた $x = g(y)$ の両辺を x で微分して，合成関数の微分公式を用いると

$$1 = \frac{d}{dx}g(y) = \frac{d}{dy}g(y)\cdot\frac{dy}{dx} = \frac{dx}{dy}\cdot\frac{dy}{dx}$$

したがって以下の逆関数の微分公式を得る.

$$\frac{dx}{dy}\cdot\frac{dy}{dx} = 1 \tag{2.1}$$

$x = \log_a y$ と書けるので，前の結果より

$$\frac{dx}{dy} = \frac{d}{dy}(\log_a y) = \frac{1}{y\log a}$$

次に微分公式 (2.1) を用いると，次式を得る.

$$(a^x)' = \frac{dy}{dx} = \frac{1}{\frac{dx}{dy}} = y\log a = a^x\log a \qquad \therefore \quad (a^x)' = a^x\log a$$

特に $a = e$ として，$\log e = 1$ を用いると，次の指数関数の微分公式を得る.

$$(e^x)' = e^x$$

ネイピア数 e を底とする指数関数 e^x は微分しても不変である.

双曲線関数　新しい関数 $\cosh t, \sinh t$ を次のように定義する．これらは「ハイパボリックコサイン t」,「ハイパボリックサイン t」と読む.

$$\cosh t = \frac{e^t + e^{-t}}{2}, \quad \sinh t = \frac{e^t - e^{-t}}{2}$$

$(x, y) = (\cosh t, \sinh t)$ は双曲線 $x^2 - y^2 = 1$ 上にあることから，これらの関数は**双曲線関数**と呼ばれる.

また関連して $\tanh t$ を次式で定義し，「ハイパボリックタンジェント t」と読む．

$$\tanh t = \frac{\sinh t}{\cosh t} = \frac{e^t - e^{-t}}{e^t + e^{-t}}$$

定義式から次の微分公式はすぐ従う．

$$(\cosh t)' = \sinh t, \quad (\sinh t)' = \cosh t, \quad (\tanh t)' = \frac{1}{\cosh^2 t}$$

例題 2.8　　**指数関数の微分**

次の関数を微分せよ．a, b は定数とする．

(a) $y = e^{ax+b}$　　(b) $y = e^{\sqrt{x}}$　　(c) $y = e^{x^2+x+1}$

(d) $y = e^{2x} + x^e$　　(e) $y = x^2 e^{-3x}$　　(f) $y = \dfrac{e^x}{e^{2x}+1}$

指数関数の微分公式と合成関数の微分公式から得られる次の公式を利用する．

$$(e^{f(x)})' = f'(x)e^{f(x)}$$

【解　答】 (a) $(e^{ax+b})' = (ax+b)'e^{ax+b} = ae^{ax+b}$

(b) $(e^{\sqrt{x}})' = (e^{x^{\frac{1}{2}}})' = (x^{\frac{1}{2}})'e^{x^{\frac{1}{2}}} = \dfrac{1}{2}x^{-\frac{1}{2}}e^{x^{\frac{1}{2}}} = \dfrac{e^{\sqrt{x}}}{2\sqrt{x}}$

(c) $(e^{x^2+x+1})' = (x^2+x+1)'e^{x^2+x+1} = (2x+1)e^{x^2+x+1}$

(d) e は定数なので，x^e は指数関数ではなくべき関数である．

$$y' = (e^{2x})' + (x^e)' = 2e^{2x} + ex^{e-1}$$

(e) 積の微分公式より

$$y' = (x^2)'e^{-3x} + x^2(e^{-3x})' = 2xe^{-3x} + x^2(-3x)'e^{-3x} = (2x - 3x^2)e^{-3x}$$

(f) 商の微分公式より

$$y' = \frac{(e^x)'(e^{2x}+1) - e^x(e^{2x}+1)'}{(e^{2x}+1)^2} = \frac{e^x(e^{2x}+1) - e^x \cdot (2e^{2x})}{(e^{2x}+1)^2}$$
$$= \frac{e^x(-e^{2x}+1)}{(e^{2x}+1)^2}$$

問　題

8.1 次の関数を微分せよ．

(a) $y = e^{-x} + \dfrac{1}{x^e}$　　(b) $y = x^2 e^{\frac{1}{x}}$　　(c) $y = \dfrac{e^x}{x}$

例題 2.9 　　　　**対数関数の微分**

次の関数を微分せよ．A は定数である．

(a)　$y=\log(x^2+1)$　　(b)　$y=\log(\log x)$

(c)　$y=x^2\log x$　　(d)　$y=\sqrt{\log x}$

(e)　$y=\log(x+\sqrt{x^2+A})$　　(f)　$y=\log\sqrt{\dfrac{1+x^2}{1-x^2}}$

対数関数の微分公式と合成関数の微分公式から得られる公式

$$(\log|f(x)|)'=\frac{f'(x)}{f(x)}$$

を利用する．(f) は微分する前に工夫が必要．

【解　答】 (a)　$y'=\dfrac{(x^2+1)'}{x^2+1}=\dfrac{2x}{x^2+1}$

(b)　$y'=\dfrac{(\log x)'}{\log x}=\dfrac{1}{x\log x}$

(c)　$y'=(x^2)'\log x+x^2(\log x)'=2x\log x+x^2\cdot\dfrac{1}{x}=2x\log x+x$

(d)　$\{(f(x))^{\frac{1}{2}}\}'=\frac{1}{2}f'(x)\{f(x)\}^{-\frac{1}{2}}$ より

$$\{(\log x)^{\frac{1}{2}}\}'=\frac{1}{2}(\log x)^{-\frac{1}{2}}(\log x)'=\frac{1}{2x\sqrt{\log x}}$$

(e)　$(\log(x+(x^2+A)^{\frac{1}{2}}))'=\dfrac{(x+(x^2+A)^{\frac{1}{2}})'}{x+(x^2+A)^{\frac{1}{2}}}=\dfrac{1+\frac{1}{2}(x^2+A)^{-\frac{1}{2}}(x^2+A)'}{x+(x^2+A)^{\frac{1}{2}}}$

$$=\frac{1+x(x^2+A)^{-\frac{1}{2}}}{x+(x^2+A)^{\frac{1}{2}}}=\frac{(x^2+A)^{-\frac{1}{2}}((x^2+A)^{\frac{1}{2}}+x)}{x+(x^2+A)^{\frac{1}{2}}}=\frac{1}{\sqrt{x^2+A}}$$

(f)　対数法則を用いて，微分する関数を

$y=\log\left(\dfrac{1+x^2}{1-x^2}\right)^{\frac{1}{2}}=\dfrac{1}{2}\log\dfrac{1+x^2}{1-x^2}=\dfrac{1}{2}(\log(1+x^2)-\log(1-x^2))$ と変形，

$$y'=\frac{1}{2}\left(\frac{(1+x^2)'}{1+x^2}-\frac{(1-x^2)'}{1-x^2}\right)=\frac{x}{1+x^2}+\frac{x}{1-x^2}=\frac{2x}{1-x^4}$$

問　題

9.1 次の関数を微分せよ．

(a)　$y=\log(e^x+e^{-x})$　　(b)　$y=(\log x)^3$

(c)　$y=x\log x-x$　　(d)　$y=\log\sqrt{\dfrac{x-1}{x+1}}$

例題 2.10　**対数微分法**

$y = x^x$ の両辺の log を取って微分することにより，導関数 $y' = (x^x)'$ を求めよ．

【解　答】 $y = x^x$ の両辺の log をとって，

$$\log y = \log x^x = x \log x$$

両辺を微分して

$$\frac{y'}{y} = (x \log x)' = x'(\log x) + x(\log x)' = \log x + 1$$

$$\therefore \quad y' = y(\log x + 1) = x^x(\log x + 1)$$

コメント　本例題のように指数型の関数 $y = \{f(x)\}^{g(x)}$，および複数の関数の積 (商) で表される関数 $y = \dfrac{f_1(x)f_2(x)\cdots f_n(x)}{g_1(x)g_2(x)\cdots g_m(x)}$ を微分するときは，両辺の log をとった後に微分することによって，導関数 y' を計算できる．この方法を**対数微分法**と呼ぶ．

例題 2.11　**対数微分法の応用**

対数微分法によって，任意の実数 a に対して微分公式 $(x^a)' = ax^{a-1}$ が成り立つことを証明せよ．

【解　答】 $y = x^a$ とおいて log をとると，

$$\log y = \log x^a = a \log x.$$

両辺を微分して，

$$\frac{y'}{y} = (a \log x)' = \frac{a}{x}$$

$$y' = \frac{a}{x}\, y = \frac{a}{x}\, x^a = ax^{a-1}$$

これより微分公式 $(x^a)' = ax^{a-1}$ が成り立つ．

問　題

11.1　対数微分法を用いて次の関数を微分せよ．

(a)　$y = x^{x^2}$　　(b)　$y = \dfrac{\sqrt{(x+1)(x+3)}}{x+2}$

2.5　三角関数の微分

三角関数の微分　もっとも基本となるのは次の極限公式である．

$$\lim_{x\to 0}\frac{\sin x}{x}=1$$

この式から，次の微分公式が導出される．

$$(\sin x)'=\cos x,\quad (\cos x)'=-\sin x,\quad (\tan x)'=\frac{1}{\cos^2 x}$$

【証　明】　微分の定義式の 1 つ

$$f'(x)=\lim_{h\to 0}\frac{f(x+h)-f(x-h)}{2h}$$

を利用すると，加法定理によって

$$\begin{aligned}(\sin x)'&=\lim_{h\to 0}\frac{\sin(x+h)-\sin(x-h)}{2h}\\&=\lim_{h\to 0}\frac{(\sin x\cos h+\cos x\sin h)-(\sin x\cos h-\cos x\sin h)}{2h}\\&=\lim_{h\to 0}\frac{2\cos x\sin h}{2h}=\cos x\cdot\lim_{h\to 0}\frac{\sin h}{h}=\cos x\end{aligned}$$

$\cos x$ も同様に

$$(\cos x)'=\lim_{h\to 0}\frac{\cos(x+h)-\cos(x-h)}{2h}=\lim_{h\to 0}\frac{-2\sin x\sin h}{2h}=-\sin x$$

$\tan x$ については商の微分公式より，

$$\begin{aligned}(\tan x)'&=\left(\frac{\sin x}{\cos x}\right)'=\frac{(\sin x)'\cos x-(\cos x)'\sin x}{\cos^2 x}\\&=\frac{\cos^2 x+\sin^2 x}{\cos^2 x}=\frac{1}{\cos^2 x}\end{aligned}$$

□

また合成関数の微分公式より次式が成り立つ．

$$\begin{aligned}(\sin f(x))'&=f'(x)\cos f(x),\\(\cos f(x))'&=-f'(x)\sin f(x),\\(\tan f(x))'&=\frac{f'(x)}{\cos^2 f(x)}\end{aligned}$$

例題 2.12 **三角関数の極限**

公式 $\displaystyle\lim_{x\to 0}\frac{\sin x}{x}=1$ を用いて次の極限値を求めよ.

(a) $\displaystyle\lim_{x\to 0}\frac{\tan x}{x}$ (b) $\displaystyle\lim_{x\to 0}\frac{\sin(3x)}{x}$

(c) $\displaystyle\lim_{x\to 0}\frac{1-\cos x}{x^2}$ (d) $\displaystyle\lim_{h\to 0}\frac{1}{2h}\left(\frac{1}{\sin(x+h)}-\frac{1}{\sin(x-h)}\right)$

【解 答】 (a) $\displaystyle\lim_{x\to 0}\frac{\tan x}{x}=\lim_{x\to 0}\frac{1}{\cos x}\cdot\frac{\sin x}{x}=1$

(b) $t=3x$ とおいて $\displaystyle\lim_{x\to 0}\frac{\sin(3x)}{x}=\lim_{t\to 0}\frac{\sin t}{\frac{t}{3}}=\lim_{t\to 0}\frac{3\sin t}{t}=3$

(c) 半角の公式より

$$\lim_{x\to 0}\frac{1-\cos x}{x^2}=\lim_{x\to 0}\frac{2\sin^2\frac{x}{2}}{x^2}=\lim_{x\to 0}\frac{1}{2}\left(\frac{\sin\frac{x}{2}}{\frac{x}{2}}\right)^2=\frac{1}{2}$$

【別 解】 分子分母に $1+\cos x$ を乗じて $\displaystyle\lim_{x\to 0}\frac{1}{1+\cos x}\cdot\left(\frac{\sin x}{x}\right)^2=\frac{1}{2}$

(d) $\displaystyle\lim_{h\to 0}\frac{1}{2h}\left(\frac{1}{\sin(x+h)}-\frac{1}{\sin(x-h)}\right)=\lim_{h\to 0}\frac{\sin(x-h)-\sin(x+h)}{2h\sin(x+h)\sin(x-h)}$

$\displaystyle=\lim_{h\to 0}\frac{-2\cos x\sin h}{2h\sin(x+h)\sin(x-h)}=\lim_{h\to 0}-\frac{\cos x}{\sin(x+h)\sin(x-h)}\cdot\frac{\sin h}{h}$

$\displaystyle=-\frac{\cos x}{\sin^2 x}$

コメント $\displaystyle\operatorname{cosec} x=\frac{1}{\sin x}$ と書いて,「コセカント x」と読む. (d) の解答は

$$(\operatorname{cosec} x)'=-\frac{\cos x}{\sin^2 x}$$

を意味する.

問 題

12.1 次の極限値を求めよ.

(a) $\displaystyle\lim_{x\to 0}\frac{\tan x-\sin x}{x^3}$ (b) $\displaystyle\lim_{x\to 0}\frac{\cos x-\cos 2x}{x^2}$

(c) $\displaystyle\lim_{x\to 0}\frac{\sin ax}{\sin bx}$ (a, b は 0 でない定数)

(d) $\displaystyle\lim_{h\to 0}\frac{1}{2h}\left(\frac{1}{\cos(x+h)}-\frac{1}{\cos(x-h)}\right)$

例題 2.13 **三角関数の微分 (1)**

次の関数を微分せよ．

(a) $y = \sin\dfrac{x}{2}$ (b) $y = \tan 4x$

(c) $y = x^2\cos 2x$ (d) $y = \sin(x^3)$

(e) $y = \sin^3 x$ (f) $y = \cot x \left(= \dfrac{\cos x}{\sin x}\right)$

積，商の微分公式および次の合成関数の微分公式を用いる．

$$(\sin x)' = \cos x, \qquad (\sin f(x))' = f'(x)\cos f(x)$$

$$(\cos x)' = -\sin x, \qquad (\cos f(x))' = -f'(x)\sin f(x)$$

$$(\tan x)' = \frac{1}{\cos^2 x}, \qquad (\tan f(x))' = \frac{f'(x)}{\cos^2 f(x)}$$

【解　答】 (a) $y' = \left(\dfrac{x}{2}\right)'\cos\dfrac{x}{2} = \dfrac{1}{2}\cos\dfrac{x}{2}$

(b) $y' = \dfrac{(4x)'}{\cos^2 4x} = \dfrac{4}{\cos^2 4x}$

(c) 積の微分公式より

$$y' = (x^2)'\cos 2x + x^2(\cos 2x)' = 2x\cos 2x - 2x^2\sin 2x$$

(d) $y' = (x^3)'\cos(x^3) = 3x^2\cos(x^3)$

(e) (d) との違いに注意する．$\{f(x)^3\}' = 3f'(x)\{f(x)\}^2$ を用いる．

$$y' = \{(\sin x)^3\}' = 3(\sin x)'(\sin x)^2 = 3\cos x\sin^2 x$$

(f) 商の微分公式より

$$y' = \frac{(\cos x)'\sin x - (\sin x)'\cos x}{\sin^2 x} = \frac{-\sin^2 x - \cos^2 x}{\sin^2 x} = -\frac{1}{\sin^2 x}$$

問　題

13.1 次の関数を微分せよ．

(a) $y = \cos\,(\sqrt{2}\,x)$ (b) $y = x\cos x - \sin x$

(c) $y = \cos\sqrt{x}$ (d) $y = \sqrt{\cos x}$

(e) $y = \sec x \left(= \dfrac{1}{\cos x}\right)$ (f) $y = \dfrac{\sin x}{\sin x + \cos x}$

例題 2.14　**三角関数の微分 (2)**

次の関数を微分せよ．a, b は定数とする．

(a)　$y = e^{ax}\cos bx$　　(b)　$y = e^{\sin 3x}$

(c)　$y = \log|\cos\ ax|$　　(d)*　$y = (\sin x)^x$

【解　答】 (a)　積の微分公式より

$$\begin{aligned} y' &= (e^{ax})'\cos bx + e^{ax}(\cos bx)' \\ &= (ax)'e^{ax}\cdot\cos bx + e^{ax}\cdot(bx)'(-\sin bx) \\ &= ae^{ax}\cos bx - be^{ax}\sin bx \end{aligned}$$

(b)　$y' = (\sin 3x)'e^{\sin 3x} = 3e^{\sin 3x}\cos 3x$

(c)　$(\log|f(x)|)' = \dfrac{f'(x)}{f(x)}$ を利用する．

$$y' = \frac{(\cos ax)'}{\cos ax} = -\frac{a\sin ax}{\cos ax} = -a\tan ax$$

(d)　対数微分法 (p.39 参照) による．両辺の対数をとって

$$\log y = \log(\sin x)^x = x\log(\sin x)$$

両辺を x で微分して

$$\begin{aligned} \frac{y'}{y} &= \{x\log(\sin x)\}' = (x)'\log(\sin x) + x\{\log(\sin x)\}' \\ &= \log(\sin x) + x\frac{(\sin x)'}{\sin x} = \log(\sin x) + \frac{x\cos x}{\sin x} \\ y' &= y\left(\log(\sin x) + \frac{x\cos x}{\sin x}\right) \\ &= (\sin x)^x\left(\log(\sin x) + \frac{x\cos x}{\sin x}\right) \\ &= (\sin x)^x(\log(\sin x) + x\cot x) \end{aligned}$$

問　題

14.1　次の関数を微分せよ．a, b は定数とする．

(a)　$y = e^{ax}\sin(bx)$　　(b)　$y = e^{\tan ax}$

(c)　$y = \log|\sin\ ax|$　　(d)　$y = \tan(xe^x)$

(e)　$y = x^2\sin\dfrac{1}{x}$　　(f)*　$y = (\cos x)^{x^2}$

2.6　逆三角関数の微分

逆三角関数の微分を求めるには前節で示した公式 $\dfrac{dy}{dx}\cdot\dfrac{dx}{dy}=1$ を再び用いる．
$y=\mathrm{Arcsin}\,x$ のとき，$x=\sin y$，$-\frac{\pi}{2}\le y\le\frac{\pi}{2}$ であるから，

$$(\mathrm{Arcsin}\,x)'=\frac{dy}{dx}=\frac{1}{\frac{dx}{dy}}=\frac{1}{\frac{d}{dy}\sin y}=\frac{1}{\cos y}\qquad\cdots\quad(*)$$

ここで y の範囲より $\cos y\ge 0$ に注意すると $\cos y=\sqrt{1-\sin^2 y}=\sqrt{1-x^2}$．これを $(*)$ に代入して，

$$(\mathrm{Arcsin}\,x)'=\frac{1}{\sqrt{1-x^2}}$$

を得る．$y=\mathrm{Arccos}\,x$ についても同様の手法で

$$(\mathrm{Arccos}\,x)'=-\frac{1}{\sqrt{1-x^2}}$$

が成り立つ．最後に $y=\mathrm{Arctan}\,x$ については

$$(\mathrm{Arctan}\,x)'=\frac{dy}{dx}=\frac{1}{\frac{dx}{dy}}=\frac{1}{\frac{d}{dy}\tan y}$$
$$=\frac{1}{\frac{1}{\cos^2 y}}=\frac{1}{1+\tan^2 y}=\frac{1}{1+x^2}$$

まとめると，次の微分公式を得る．

$$(\mathrm{Arctan}\,x)'=\frac{1}{1+x^2}$$

さらに合成関数の微分公式から次式を得る．

$$(\mathrm{Arcsin}\,f(x))'=\frac{f'(x)}{\sqrt{1-\{f(x)\}^2}},$$
$$(\mathrm{Arccos}\,f(x))'=-\frac{f'(x)}{\sqrt{1-\{f(x)\}^2}},$$
$$(\mathrm{Arctan}\,f(x))'=\frac{f'(x)}{1+\{f(x)\}^2}$$

例題 2.15 **逆三角関数の微分**

次の関数を微分せよ．a は 0 でない定数とする．

(a) $y = \mathrm{Arcsin}\, ax$ (b) $y = \mathrm{Arctan}\, \dfrac{x}{a}$

(c) $y = x\mathrm{Arccos}\, x$ (d) $y = \log|\mathrm{Arctan}\, x|$

(e) $y = \mathrm{Arcsin}\left(\dfrac{1}{2}\cos x\right)$ (f) $y = \mathrm{Arctan}\, \dfrac{1+x}{1-x}$

【解　答】 逆三角関数の微分公式およびそれらから導かれる合成関数の微分公式などを用いる．

(a) $y' = \dfrac{(ax)'}{\sqrt{1-(ax)^2}} = \dfrac{a}{\sqrt{1-a^2x^2}}$

(b) $y' = \dfrac{(\frac{x}{a})'}{1+(\frac{x}{a})^2} = \dfrac{a}{a^2+x^2}$

(c) $y' = x'\mathrm{Arccos}\, x + x(\mathrm{Arccos}\, x)' = \mathrm{Arccos}\, x - \dfrac{x}{\sqrt{1-x^2}}$

(d) $y' = \dfrac{(\mathrm{Arctan}\, x)'}{\mathrm{Arctan}\, x} = \dfrac{1}{(1+x^2)\mathrm{Arctan}\, x}$

(e) $y' = \dfrac{(\frac{1}{2}\cos x)'}{\sqrt{1-(\frac{1}{2}\cos x)^2}} = -\dfrac{\sin x}{2\sqrt{1-\frac{1}{4}\cos^2 x}} = -\dfrac{\sin x}{\sqrt{4-\cos^2 x}}$

(f) $y' = \dfrac{(\frac{1+x}{1-x})'}{1+(\frac{1+x}{1-x})^2} = \dfrac{\frac{(1-x)-(-1)(1+x)}{(1-x)^2}}{\frac{2(1+x^2)}{(1-x)^2}} = \dfrac{1}{1+x^2}$

コメント (f) は導関数 $(\mathrm{Arctan}\, x)' = \dfrac{1}{1+x^2}$ と結果が一致するので一見奇妙に見える．しかし実際には関係式

$$\mathrm{Arctan}\, \frac{1+x}{1-x} - \mathrm{Arctan}\, x = \begin{cases} \dfrac{\pi}{4} & (x<1), \\ -\dfrac{3\pi}{4} & (x>1) \end{cases}$$

が成立し，$x \neq 1$ よりこの結果は正しい．

問　題

15.1 次の関数を微分せよ．

(a) $y = \mathrm{Arcsin}\sqrt{x}$ (b) $y = \mathrm{Arctan}\, \dfrac{x-1}{2}$

(c) $y = \mathrm{Arcsin}\, e^{2x}$ (d) $y = (1+x^2)\mathrm{Arctan}\, x$

2.7 高階導関数

$y = f(x)$ の導関数 $y' = f'(x)$ がさらに微分可能なとき，$y' = f'(x)$ の導関数を

$$y'', \quad f''(x), \quad \frac{d^2y}{dx^2}, \quad \left(\frac{d}{dx}\right)^2 y, \quad \frac{d^2}{dx^2}f(x), \quad \left(\frac{d}{dx}\right)^2 f(x)$$

などと書いて，これを 2 階 (2 次) 導関数という．さらに微分可能であれば n 階 (n 次) 導関数を次の漸化式によって定義する．

$$f^{(n)}(x) = \{f^{(n-1)}(x)\}' \quad (n = 3, 4, \cdots)$$

$f(x)$ が n 階微分可能で，$f^{(n)}(x)$ が連続関数であるとき $f(x)$ は $\boldsymbol{C^n}$ **級**であるという．$f^{(n)}(x)$ は次のようにも書く．

$$y^{(n)}, \quad \frac{d^ny}{dx^n}, \quad \left(\frac{d}{dx}\right)^n y, \quad \frac{d^n}{dx^n}f(x), \quad \left(\frac{d}{dx}\right)^n f(x)$$

$n \geq 2$ のとき n 階導関数を**高階導関数**または**高次導関数**とも呼ぶ．

コメント　微分階数が 4 以上の場合，$f''''(x)$，$f'''''(x)$ でなく $f^{(4)}(x)$，$f^{(5)}(x)$ と表す．

定理 2.7　積 $f(x)g(x)$ の n 階微分に関して，次の**ライプニッツの公式**が成立する．

$$\frac{d^n}{dx^n}\{f(x)g(x)\} = \sum_{k=0}^{n} \binom{n}{k} f^{(n-k)}(x)g^{(k)}(x)$$

ここで $\binom{n}{j}$ は n 個のものから j 個選ぶ場合の数であり，**2 項係数**と呼ばれる．

$$\binom{n}{j} = \begin{cases} \dfrac{n(n-1)\cdots(n-j+1)}{j!} & (j \geq 1) \\ 1 & (j = 0) \\ 0 & (j \leq -1) \end{cases}$$

参考　$n = 2, 3, 4$ についてライプニッツの公式を書き下す．“(x)” は省略する．

$$(fg)'' = f''g + 2f'g' + fg''$$
$$(fg)''' = f'''g + 3f''g' + 3f'g'' + fg'''$$
$$(fg)^{(4)} = f^{(4)}g + 4f'''g' + 6f''g'' + 4f'g''' + fg^{(4)}$$

例題 2.16 **高階導関数**

次の関数について，導関数 y', y'', y''' を求めよ．

(a) $y = x^3 - 7x^2 + 3x + 2$　　(b) $y = e^x \sin x$

(c) $y = e^{x^2}$　　(d) $y = \mathrm{Arctan}\, x$

【解　答】 (a) 直接微分して

$$y' = (x^3 - 7x^2 + 3x + 2)' = 3x^2 - 14x + 3$$

$$y'' = (3x^2 - 14x + 3)' = 6x - 14$$

$$y''' = (6x - 14)' = 6$$

(b) $y' = (e^x)' \sin x + e^x (\sin x)' = e^x(\sin x + \cos x)$

$$y'' = (e^x)'(\sin x + \cos x) + e^x(\sin x + \cos x)'$$

$$= e^x(\sin x + \cos x) + e^x(\cos x - \sin x) = 2e^x \cos x$$

$$y''' = 2(e^x)' \cos x + 2e^x(\cos x)' = 2e^x(\cos x - \sin x)$$

(c) $y' = (e^{x^2})' = (x^2)' e^{x^2} = 2xe^{x^2}$

$$y'' = (2xe^{x^2})' = (2x)'e^{x^2} + 2x(e^{x^2})' = (2 + 4x^2)e^{x^2}$$

$$y''' = ((2 + 4x^2)e^{x^2})' = (2 + 4x^2)'e^{x^2} + (2 + 4x^2)(e^{x^2})'$$

$$= (12x + 8x^3)e^{x^2}$$

(d) $y' = \dfrac{1}{1 + x^2}$

$$y'' = \{(1 + x^2)^{-1}\}' = -(1 + x^2)'(1 + x^2)^{-2} = -\frac{2x}{(1 + x^2)^2}$$

$$y''' = \{-2x(1 + x^2)^{-2}\}' = -(2x)'(1 + x^2)^{-2} - 2x\{(1 + x^2)^{-2}\}'$$

$$= -2(1 + x^2)^{-2} + 8x^2(1 + x^2)^{-3} = -\frac{2}{(1 + x^2)^2} + \frac{8x^2}{(1 + x^2)^3}$$

$$= \frac{6x^2 - 2}{(1 + x^2)^3}$$

問　題

16.1 次の関数について導関数 y', y'', y''' を求めよ．

(a) $y = x^4 + 3x^3 - 5x^2 + x$　　(b) $y = \log(e^x + 1)$

(c) $y = \sqrt{x}$　　(d) $y = x^2 \log x$

例題 2.17　　　　**n 階導関数**

次の関数について，n 階導関数 $y^{(n)}$ を求めよ．

(a)　$y = e^x$　　　　(b)　$y = e^{3x}$

(c)　$y = \sin x$　　　　(d)　$y = \dfrac{1}{x}$

$y = f(x)$ を何回か微分して n 階導関数を予想できれば，それが一番の近道である．

【解　答】 (a)　$y' = e^x$，$y'' = e^x$，$y''' = e^x, \cdots$ より $y^{(n)} = e^x$．

(b)　$y' = 3e^{3x}$，$y'' = 9e^{3x}$，$y''' = 27e^{3x}, \cdots$ より $y^{(n)} = 3^n e^{3x}$．

(c)　$y' = \cos x$，$y'' = -\sin x$，$y''' = -\cos x$，$y^{(4)} = \sin x$ なので $y^{(4)} = y$，つまり 4 回微分を繰り返すと元に戻る．よって $k = 0, 1, 2, \cdots$ として

$$y^{(n)} = \begin{cases} \sin x & (n = 4k) \\ \cos x & (n = 4k+1) \\ -\sin x & (n = 4k+2) \\ -\cos x & (n = 4k+3) \end{cases}$$

または $y^{(n)} = \sin\left(x + \dfrac{n\pi}{2}\right)$．

(d)　$y = x^{-1}$ より

$$y' = -1 \cdot x^{-2} = -x^{-2}$$
$$y'' = (-1)(-2)x^{-3} \quad (2x^{-3}\text{と書かずにそのままにしておく．})$$
$$y''' = (-1)(-2)(-3)x^{-4}$$
$$y^{(4)} = (-1)(-2)(-3)(-4)x^{-5} \cdots$$

となるので，

$$y^{(n)} = (-1)(-2)\cdots(-n)x^{-n-1} = (-1)^n n!\, x^{-n-1} = \frac{(-1)^n n!}{x^{n+1}}.$$

問　題

17.1　次の関数について n 階導関数 $y^{(n)}$ を求めよ．

(a)　$y = e^{ax}$　(a は定数)　　　　(b)　$y = \cos x$

(c)　$y = 1/\sqrt{x}$　　　　(d)　$y = x^k$　(k は自然数)

例題 2.18 **ライプニッツの公式**

次の関数について n 階導関数 $y^{(n)}$ $(n \geq 2)$ を求めよ．

(a) $y = x^2 e^{-x}$ (b) $y = x \log x$

$y', y'', y''', \cdots$ を計算しても $y^{(n)}$ の具体形を予想しにくい場合も多い．y が 2 つの関数の積で書けて，これらの n 階導関数が簡単に求まる場合は，ライプニッツの公式を用いる．

【解 答】 (a) ライプニッツの公式を用いると，

$$y^{(n)} = \sum_{k=0}^{n} \binom{n}{k} \left(\frac{d}{dx}\right)^k x^2 \cdot \left(\frac{d}{dx}\right)^{n-k} e^{-x}$$

ここで $(x^2)' = 2x$, $(x^2)'' = 2$, $(x^2)''' = \cdots = 0$ より和に寄与するのは $k = 0, 1, 2$ の項のみである．よって

$$y^{(n)} = x^2(e^{-x})^{(n)} + \binom{n}{1}(x^2)'(e^{-x})^{(n-1)} + \binom{n}{2}(x^2)''(e^{-x})^{(n-2)}$$

$(e^{-x})^{(k)} = (-1)^k e^{-x}$ を用いて，

$$y^{(n)} = (-1)^n e^{-x}(x^2 - 2nx + n(n-1))$$

(b) ライプニッツの公式および $(x)' = 1, (x)'' = (x)''' = \cdots = 0$ に注意して

$$\begin{aligned} y^{(n)} &= \sum_{k=0}^{n} \binom{n}{k} \left(\frac{d}{dx}\right)^k x \cdot \left(\frac{d}{dx}\right)^{n-k} \log x \\ &= x\left(\frac{d}{dx}\right)^n \log x + n\left(\frac{d}{dx}\right)^{n-1} \log x \end{aligned}$$

ここで

$$\left(\frac{d}{dx}\right)^n \log x = \left(\frac{d}{dx}\right)^{n-1} x^{-1} = (-1)^{n-1}(n-1)!\, x^{-n}$$

なので，

$$\begin{aligned} y^{(n)} &= (-1)^{n-1}(n-1)!\, x^{-n+1} + n(-1)^{n-2}(n-2)!\, x^{-n+1} \\ &= (-1)^n(n-2)!\, x^{-n+1} \end{aligned}$$

問 題

18.1 次の関数について n 階導関数を求めよ．

(a) $y = x \sin x$ (b) $y = x^3 e^x$

第2章演習問題

1. 次の極限を求めよ．

(a) $\displaystyle \lim_{x \to -1} \frac{x^3+1}{x^2+4x+3}$

(b) $\displaystyle \lim_{x \to 0} \frac{x}{\sqrt{1+x}-\sqrt{1-x}}$

(c) $\displaystyle \lim_{x \to 0} 3^{\frac{1}{|x|}}$

(d) $\displaystyle \lim_{x \to \infty} \left(\sqrt{x^2+x}-\sqrt{x^2-x}\right)$

(e) $\displaystyle \lim_{x \to -\infty} \frac{\sqrt{x^2+x+1}}{x}$

(f) $\displaystyle \lim_{x \to \infty} \frac{\sin x}{x}$

2. 次の関数を微分せよ．a, b は定数とする．

(a) $y = x^3 + \sqrt{3}\,x^2 - x \log 2$

(b) $\displaystyle y = \frac{4x^3+4x^2-\sqrt{x}}{x\sqrt{x}}$

(c) $y = (4x-3)^7$

(d) $\displaystyle y = \frac{\sin bx}{e^{ax}+1}$

(e) $y = e^{\frac{x}{3}} \tan^2 x$

(f) $\displaystyle y = \frac{1}{2a} \log \left| \frac{x-a}{x+a} \right| \quad (a \neq 0)$

(g) $\displaystyle y = \mathrm{Arcsin}\, \frac{e^x - e^{-x}}{e^x + e^{-x}}$

(h) $y = \mathrm{Arctan}\,(\cot x)$

3.* 工夫して，次の関数を微分せよ．

(a) $\displaystyle y = \log \sqrt{\frac{1+\sin x}{1-\sin x}}$

(b) $\displaystyle y = \frac{\sqrt{x^2+1}-\sqrt{x^2-1}}{\sqrt{x^2+1}+\sqrt{x^2-1}}$

(c) $y = (\sin x)^{\cos x} \quad (0 < x < \pi)$

(d) $\displaystyle y = \frac{(x+1)^2(x+2)^3}{(x+3)^4}$

4.* $\displaystyle P_n(x) = \frac{1}{2^n n!}\left(\frac{d}{dx}\right)^n (x^2-1)^n \quad (n = 0, 1, 2 \cdots)$ はルジャンドル多項式と呼ばれる．以下の問に答えよ．

(a) $P_1(x)$，$P_2(x)$，$P_3(x)$ を求めよ．

(b) $P_n(x)$ の最高次の係数を求めよ．

(c) $P_n(1)$ の値を求めよ．

3 微分法の応用

3.1 接線，法線

微分係数と接線，法線　関数 $y = f(x)$ がある開区間 $I \subset \mathbb{R}$ で微分可能なとき，導関数 $y' = f'(x)$ の I の点 $x = a$ における値

$$f'(a) = \lim_{h \to 0} \frac{f(a+h) - f(a)}{h} \tag{3.1}$$

を $x = a$ における $f(x)$ の**微分係数**と呼ぶのであった．

ここで微分係数 $f'(a)$ の図形的意味を考察する．定義式 (3.1) において，極限をとる前の式 $\dfrac{f(a+h) - f(a)}{h}$ は曲線 $y = f(x)$ 上の 2 点 A $(a, f(a))$, B $(a+h, f(a+h))$ を結ぶ直線 AB の傾きである．ここで極限 $h \to 0$ をとる，いいかえれば点 B を A に限りなく近づけると，直線 AB は曲線 $y = f(x)$ の A における**接線**に限りなく近付く．つまり微分係数 (3.1) は接線の傾きである．

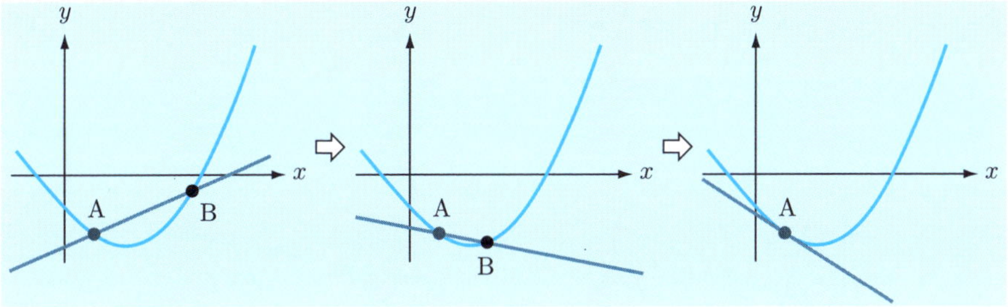

図 3.1　B を A に近づけると直線 AB は接線に限りなく近付く

以上の議論によって，$y = f(x)$ が $x = a$ で微分可能なとき，曲線 $y = f(x)$ 上の点 A $(a, f(a))$ における接線の式は次式で与えられる．

$$y = f'(a)(x - a) + f(a)$$

次に点 A を通り，A における接線に直交する直線を曲線 $y = f(x)$ の A における**法線**と呼ぶ．法線の式は次式で与えられる．

$$\begin{cases} y = -\dfrac{1}{f'(a)}(x-a) + f(a) & (f'(a) \neq 0 \text{ のとき}) \\ x = a & (f'(a) = 0 \text{ のとき}) \end{cases}$$

例題 3.1 **接線と法線**

$f(x) = \log x$ として，次の問に答えよ．

(a) $y = f(x)$ 上の点 $(e, 1)$ における接線および法線の式を求めよ．

(b) 点 $(0, 1)$ から $y = f(x)$ に引いた接線の式を求めよ．

接点の座標が既知の場合，接点における微分係数を計算して，接線の式を求める．(b) のように接点の座標が分からない場合は接点を $(a, f(a))$ とおいて接線の式を a を用いて表し，問題の条件から a の値を決定する．

復習 点 (a, b) を通る傾き m の直線の方程式は $y = m(x-a) + b$

【解　答】 (a) $f'(x) = \dfrac{1}{x}$ より接線の傾きは $f'(e) = \dfrac{1}{e}$.

接線：$y = \dfrac{1}{e}(x-e) + 1 = \dfrac{1}{e}x$，法線：$y = -e(x-e) + 1 = -ex + e^2 + 1$

(b) 接点の座標を $(a, \log a)$ とおくと，接線の式は a を用いて

$$y = \frac{1}{a}(x-a) + \log a = \frac{1}{a}x - 1 + \log a$$

と書ける．これが点 $(0, 1)$ を通るので，$1 = -1 + \log a$．a について解いて $a = e^2$．これを元の式に代入して接線の式は $y = \dfrac{1}{e^2}x + 1$.

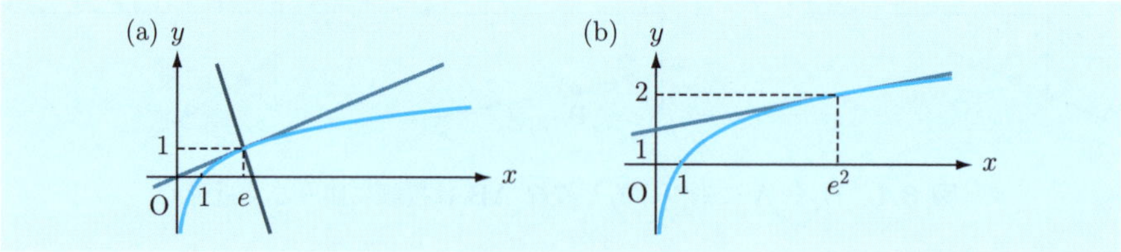

図 3.2

問　題

1.1 次の曲線の指示された点における接線と法線の式を求めよ．

(a) $y = x^3 - 3x + 1$ $(2, 3)$

(b) $y = \sqrt{x}$ $(4, 2)$

(c) $y = \cos(2x)$ $\left(\frac{\pi}{6}, \frac{1}{2}\right)$

(d) $y = \tan^{-1} x$ $\left(1, \frac{\pi}{4}\right)$

1.2 曲線 $y = e^{2x}$ に点 $(-1, 0)$ から引いた接線の式を求めよ．

3.2　平均値の定理と関数値の変化

本節を通して，$f(x)$, $g(x)$ は区間 $[a,b]$ で連続で，(a,b) で微分可能とする．

定理 3.1　(ロルの定理)　$f(a)=f(b)$ ならば $f'(c)=0$ となる $c\in(a,b)$ が少なくとも 1 つ存在する．

定理 3.2　(平均値の定理)　次式を満たす $c\in(a,b)$ が少なくとも 1 つ存在する．

$$\frac{f(b)-f(a)}{b-a}=f'(c) \tag{3.2}$$

$b=a+h$ とおくと，平均値の定理は次のように書ける．

$f(a+h)=f(a)+f'(a+\theta h)h$ を満たす $\theta\in(0,1)$ が少なくとも 1 つ存在する．

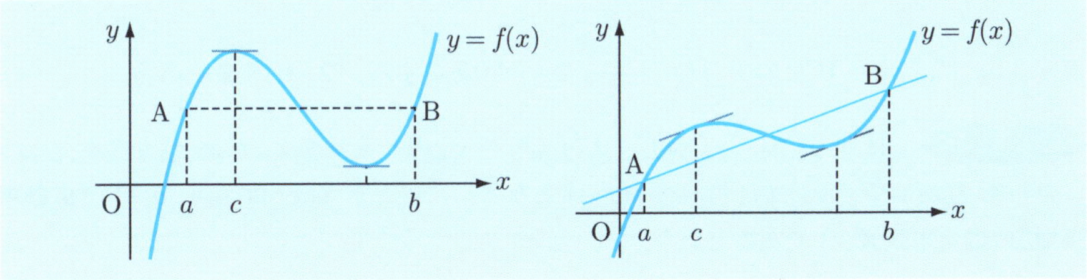

図 3.3　(左)：ロルの定理，(右)：平均値の定理

定理 3.3　(コーシーの平均値の定理)　区間 (a,b) で $g'(x)\neq 0$ ならば，次式を満たす $c\in(a,b)$ が少なくとも 1 つ存在する．

$$\frac{f(b)-f(a)}{g(b)-g(a)}=\frac{f'(c)}{g'(c)}$$

上述の 3 定理は以後微分法の応用において有用な諸定理の基礎となる．

定理 3.4　区間 (a,b) で常に $f'(x)=0$ ならば $f(x)=c$ (c は定数) が成り立つ．

【証　明】　区間 (a,b) 内に任意に 2 点 $x_1<x_2$ をとる．平均値の定理より

$$\frac{f(x_2)-f(x_1)}{x_2-x_1}=f'(x_0)$$

を満たす $x_0\in(x_1,x_2)$ が存在する．仮定より $f'(x_0)=0$ なので $f(x_1)=f(x_2)$．ここで x_1, x_2 は任意なので $f(x)$ は区間 (a,b) で定数である．□

関数の増減　平均値の定理から導関数 $f'(x)$ の正負と $f(x)$ の増減に関する次の定理が従う．

定理 3.5　**1.** 区間 (a,b) で常に $f'(x)>0$ ならば，$f(x)$ は $[a,b]$ で**単調増加**，つまり任意の $a \leq x_1 < x_2 \leq b$ について $f(x_1) < f(x_2)$ が成り立つ．このとき $y=f(x)$ のグラフは右上がりになる．

2. 区間 (a,b) で常に $f'(x)<0$ ならば，$f(x)$ は $[a,b]$ で**単調減少**，つまり任意の $a \leq x_1 < x_2 \leq b$ について $f(x_1) > f(x_2)$ が成り立つ．このとき $y=f(x)$ のグラフは右下がりになる．

【証　明】　$f'(x)>0$ $(a<x<b)$ を仮定する．平均値の定理 (3.2) において，$a=x_1, b=x_2$ とおくと，次式を満たす $x_0 \in (x_1,x_2)$ が存在する．

$$\frac{f(x_2)-f(x_1)}{x_2-x_1} = f'(x_0)$$

仮定より $f'(x_0)>0$ なので $f(x_1)<f(x_2)$ が成立する．**2.** も同様である．■

コメント　区間 $[a,b]$ で $f'(x) \geq 0$ $(f'(x) \leq 0)$ のとき $a \leq x_1 < x_2 \leq b$ なる x_1, x_2 について $f(x_1) \leq f(x_2)$ $(f(x_1) \geq f(x_2))$ となる．このとき $f(x)$ は区間 $[a,b]$ で**広義単調増加** (**広義単調減少**) であるという．

定義 3.1　$x=a$ の近くで定義された関数 $f(x)$ が，十分に小さい $h>0$ を取ると $0<|x-a|<h$ なる任意の x に対して

$$f(a) > f(x) \quad (\text{または } f(a) < f(x))$$

が成り立つとき $f(x)$ は $x=a$ で**極大** (**極小**) であるといい，$f(a)$ の値を**極大値** (**極小値**) という．極大値と極小値をあわせて**極値**という．

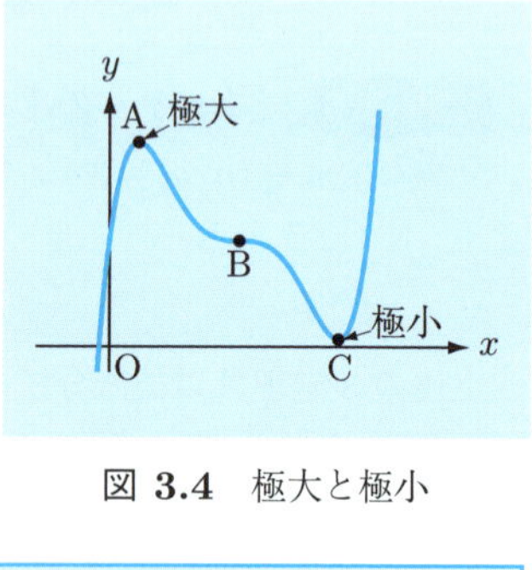

図 3.4　極大と極小

定理 3.6　$f(x)$ が $x=a$ で極値をとり，かつその点で微分可能ならば $f'(a)=0$ である．

注意　定理 3.6 の逆は必ずしも成立しない．図 3.4 のグラフの点 B における微分係数 (接線の傾き) は 0 であるが極大でも極小でもない．

曲線の凹凸 $f(x)$ の導関数 $f'(x)$ は曲線 $y = f(x)$ の増減を表しているのに対して，$f''(x)$ は曲線 $y = f(x)$ の曲がり具合を表す．特に恒等的に $f''(x) = 0$ のとき，$f(x) = ax + b$，つまり直線を表す．$f''(x) > 0$ のとき曲線は**下に凸**であるという．下に凸であるとは，$y = f(x)$ 上の任意に 2 点 P, Q をとったとき，線分 PQ より $y = f(x)$ のグラフが必ず下にある状態をいう．逆に $f''(x) < 0$ のとき曲線は**上に凸**であるという．曲線の凹凸の状態が変わる点を**変曲点**という．

定理 3.7 $y = f(x)$ 上の点 $(a, f(a))$ が変曲点であれば，$f''(a) = 0$ が成り立つ．

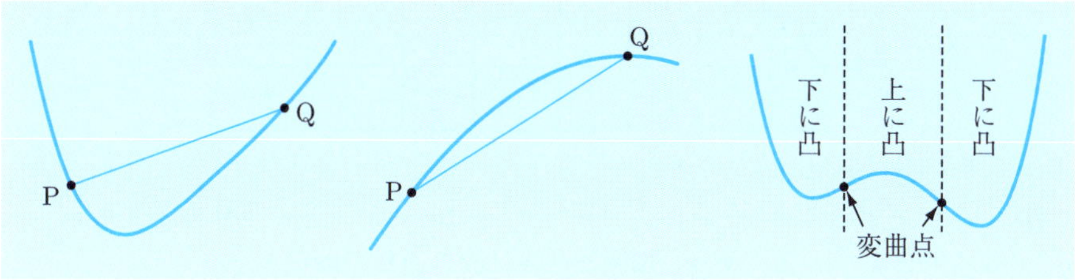

図 3.5 (左)：下に凸な曲線，(中)：上に凸な曲線，(右)：変曲点

次の表に $f'(x)$, $f''(x)$ の正負と $f(x)$ の形状との関連を示す．

表 3.1 曲線の増減，凹凸と $f'(x)$, $f''(x)$ の正負との関係

	$f'(x) > 0$	$f'(x) < 0$
$f''(x) > 0$		
$f''(x) < 0$		

関数 $y = f(x)$ において $f'(x) = 0$ となる点が極大，極小のどちらかであるか調べるのに，次の定理は有効である．

定理 3.8 $f'(a) = 0$, $f''(a) < 0$ ならば $f(x)$ は $x = a$ で極大，$f'(a) = 0$, $f''(a) > 0$ ならば $f(x)$ は $x = a$ で極小である．

例題 3.2 **曲線の概形 (1)**

次の関数の増減，凹凸，極値，変曲点を調べ，グラフの概形を描け．

(a) $y = x^3 - 3x^2 - 9x + 7$ (b) $y = xe^x$

y', y'' の正負 0 を調べて**増減凹凸表**を書く．

【解　答】 (a) $y' = 3x^2 - 6x - 9 = 3(x^2 - 2x - 3) = 3(x+1)(x-3)$. $y'' = 6x - 6$.

$y' = 0$ のとき $x = -1, 3$, $y'' = 0$ のとき $x = 1$ である．増減凹凸表を書いて，

x	$\cdots$	-1	$\cdots$	1	$\cdots$	3	$\cdots$
y'	$+$	0	$-$	$-$	$-$	0	$+$
y''	$-$	$-$	$-$	0	$+$	$+$	$+$
y	↗	極大 12	↘	変曲点 -4	↘	極小 -20	↗

よってグラフは図 3.6 (左) の通り．

(b) $y' = x'e^x + x(e^x)' = (x+1)e^x$, $y'' = (x+2)e^x$. $y' = 0$ のとき $x = -1$, $y'' = 0$ のとき $x = -2$ である．増減凹凸表は次の通りである．

x	$\cdots$	-2	$\cdots$	-1	$\cdots$
y'	$-$	$-$	$-$	0	$+$
y''	$-$	0	$+$	$+$	$+$
y	↘	変曲点 $-2/e^2$	↘	極小 $-1/e$	↗

$\displaystyle\lim_{x\to\infty} xe^x = \infty$, $\displaystyle\lim_{x\to-\infty} xe^x = \lim_{t\to\infty} -t/e^t = 0$ に注意して，グラフは図 3.6(右) の通り．

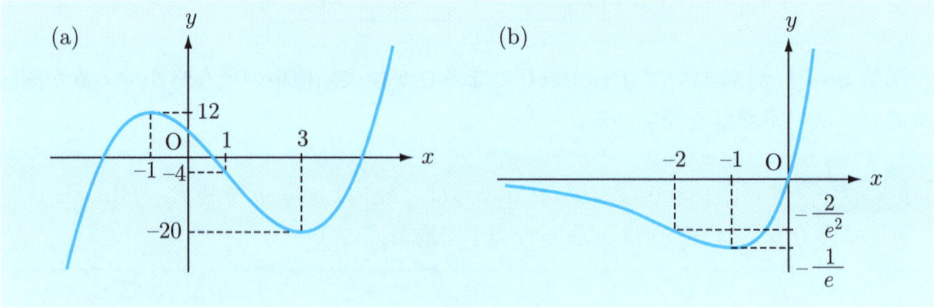

図 3.6

問　題

2.1 次の関数の増減，凹凸，極値，変曲点を調べ，グラフの概形を描け．

(a) $y = x^4 - 8x^2$ (b) $y = e^{-x^2}$

例題 3.3 —————————————————— **曲線の概形 (2)**

次の関数の増減，凹凸，極値，変曲点を調べ，グラフの概形を描け．

(a)　$y = \dfrac{1}{x^2-1}$　　　　(b)　$y = x^2 \log x \quad (x > 0)$

分数関数は分母が 0 となる x の値，対数関数は真数条件に注意が必要である．

【解　答】 (a) $y' = \dfrac{-2x}{(x^2-1)^2}$, $y'' = \dfrac{2(3x^2+1)}{(x^2-1)^3}$. $y' = 0$ のとき $x = 0$. 増減凹凸表は $x = \pm 1$ で y が不連続であることに注意して次の通りである．

x	$\cdots$	-1	$\cdots$	0	$\cdots$	1	$\cdots$
y'	$+$	/	$+$	0	$-$	/	$-$
y''	$+$	/	$-$	$-$	$-$	/	$+$
y	⤴	/	↗	極大 -1	↘	/	⤷

(b) $y' = 2x\log x + x = x(2\log x + 1)$, $y'' = 3 + 2\log x$. $y' = 0$ のとき $x = \frac{1}{\sqrt{e}}$. $y'' = 0$ のとき $x = \frac{1}{e\sqrt{e}}$. $x > 0$ に注意して，増減凹凸表は次の通りである．

x	0	$\cdots$	$\frac{1}{e\sqrt{e}}$	$\cdots$	$\frac{1}{\sqrt{e}}$	$\cdots$
y'	/	$-$	$-$	$-$	0	$+$
y''	/	$-$	0	$+$	$+$	$+$
y	/	↘	変曲点 $-\frac{3}{2e^3}$	⤷	極小 $-\frac{1}{2e}$	⤴

$\lim\limits_{x\to\infty} x^2 \log x = \infty$, $\lim\limits_{x\to+0} x^2\log x = \lim\limits_{t\to\infty} -t/e^{2t} = 0$ ($x = e^{-t}$とおく). また $x = 0$ において，$x^2 \log x$ の値は定義されないので，下図 (右) のように ○ で記す．

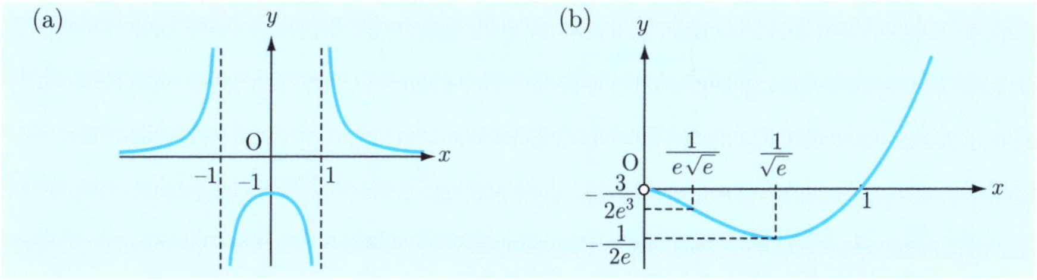

図 **3.7**

問　題

3.1 次の関数の増減，凹凸，極値，変曲点を調べ，グラフの概形を描け．

(a)　$y = x - \sin 2x \quad (0 \leq x \leq \pi)$　　　　(b)　$y = x^2 - \dfrac{1}{4x}$

例題 3.4 不等式の証明

次の不等式が成り立つことを証明せよ．

(a) $e^x \geq x+1$

(b) $e^x \geq \dfrac{x^2}{2}+x+1 \quad (x \geq 0)$

(c) $\dfrac{2}{\pi}x \leq \sin x \leq x \quad \left(0 \leq x \leq \dfrac{\pi}{2}\right)$

微分して，関数の増減や極値を調べる．

【解　答】 (a) $f(x)=e^x-x-1$ とおいて，$f(x) \geq 0$ を示せばよい．$f'(x)=e^x-1$ より $f'(x)$ は $x=0$ のとき 0 となるので，増減表は右の通り．$f(x)$ は $x=0$ で最小値 $f(0)=e^0-0-1=0$ をとる．よって $f(x) \geq 0$.

x	$\cdots$	0	$\cdots$
$f'(x)$	$-$	0	$+$
$f(x)$	↘	0	↗

(b) $f(x)=e^x-\frac{x^2}{2}-x-1$ とおいて，$f(x) \geq 0$ を示す．$f'(x)=e^x-x-1$．ここで (a) の結果を用いると $f'(x) \geq 0$ である．したがって $f(x)$ は x について単調増加．$x \geq 0$ のとき $f(x) \geq f(0)=0$.

(c) はじめに $f(x)=x-\sin x \geq 0$ $(x \geq 0)$ を示す．$f'(x)=1-\cos x \geq 0$．したがって $f(x)$ は x について単調増加である．$x \geq 0$ のとき $f(x) \geq f(0)=0$.

次に $g(x)=\sin x-\dfrac{2}{\pi}x \geq 0$ を示す．$g'(x)=\cos x-\dfrac{2}{\pi}$ より，$g'(x)=0$ となる $x=x_0$ が区間 $(0,\frac{\pi}{2})$ にただ 1 つ存在する．このとき，$g''(x_0)=-\sin x_0<0$ なので $g(x)$ は $x=x_0$ で極大値をとり，端点 $x=0, x=\frac{\pi}{2}$ のいずれかで最小値をとる．ここで $g(x)$ の端点における値は

$$
\begin{aligned}
&g(0)=0,\\
&g\left(\frac{\pi}{2}\right)=\sin\frac{\pi}{2}-\frac{2}{\pi}\cdot\frac{\pi}{2}=1-1=0
\end{aligned}
$$

なので，$g(x) \geq g(0)=g(\frac{\pi}{2})=0$ である．

問　題

4.1 次の不等式が成り立つことを証明せよ．

(a) $(1+x)^a \geq 1+ax \qquad (x \geq 0,\ a>1$ は定数$)$

(b) $\mathrm{Arctan}\, x \geq \dfrac{x}{1+x^2} \qquad (x \geq 0)$

(c) $1-\dfrac{1}{x} \leq \log x \leq x-1 \quad (x>0)$

3.3 速度・加速度

一直線上を運動する質点の時刻 t における位置 x を t の関数として，$x = f(t)$ とする．差分商 $\dfrac{f(t+h)-f(t)}{h}$ は時刻 t から $t+h$ の間の平均速度を表し，$h \to 0$ の極限をとった

$$v(t) := \frac{dx}{dt} = f'(t) = \lim_{h\to 0}\frac{f(t+h)-f(t)}{h}$$

は時刻 t における質点の (瞬間) **速度**を表す．また速度の時刻 t での瞬間変化率

$$a(t) := \frac{dv}{dt} = \frac{d^2x}{dt^2} = f''(t)$$

を時刻 t での質点の**加速度**という．なお t に関する微分は $f'(t)$, $f''(t)$ のかわりに $\dot{f}(t)$, $\ddot{f}(t)$ で表すことも多い．$\dot{}$ は「ドット」と読む．

質点が 3 次元空間を動くときには，質点の位置ベクトル

$$(*)\ :\ \boldsymbol{x}(t) = x_1(t)\,\boldsymbol{i} + x_2(t)\,\boldsymbol{j} + x_3(t)\,\boldsymbol{k}$$

で置き換える．$\boldsymbol{i}, \boldsymbol{j}, \boldsymbol{k}$ は x 軸，y 軸，z 軸方向の単位ベクトルである．(x_1, x_2, x_3) は位置ベクトル $\boldsymbol{x}$ の座標である．$(*)$ を $\boldsymbol{x} = (x_1, x_2, x_3)$ とも書く．$\boldsymbol{i}, \boldsymbol{j}, \boldsymbol{k}$ は t に無関係だから，$x_1(t)$, $x_2(t)$, $x_3(t)$ が微分可能ならば速度ベクトル $\boldsymbol{v}(t)$ は

$$\begin{aligned}
\boldsymbol{v}(t) &= \frac{d\boldsymbol{x}}{dt} = \lim_{\Delta t\to 0}\frac{\boldsymbol{x}(t+\Delta t)-\boldsymbol{x}(t)}{\Delta t}\\
&= \lim_{\Delta t\to 0}\frac{x_1(t+\Delta t)-x_1(t)}{\Delta t}\boldsymbol{i} + \lim_{\Delta t\to 0}\frac{x_2(t+\Delta t)-x_2(t)}{\Delta t}\boldsymbol{j}\\
&\quad + \lim_{\Delta t\to 0}\frac{x_3(t+\Delta t)-x_3(t)}{\Delta t}\boldsymbol{k} = \frac{dx_1}{dt}\boldsymbol{i} + \frac{dx_2}{dt}\boldsymbol{j} + \frac{dx_3}{dt}\boldsymbol{k}
\end{aligned}$$

である．同様に，$x_1(t)$, $x_2(t)$, $x_3(t)$ が 2 回微分可能ならば，加速度ベクトル $\boldsymbol{a}(t)$ は

$$\boldsymbol{a}(t) = \frac{d^2\boldsymbol{x}}{dt^2} = \frac{d^2x_1}{dt^2}\boldsymbol{i} + \frac{d^2x_2}{dt^2}\boldsymbol{j} + \frac{d^2x_3}{dt^2}\boldsymbol{k}$$

となる．これらはそれぞれ

$$\frac{d\boldsymbol{x}}{dt} = \left(\frac{dx_1}{dt}, \frac{dx_2}{dt}, \frac{dx_3}{dt}\right), \qquad \frac{d^2\boldsymbol{x}}{dt^2} = \left(\frac{d^2x_1}{dt^2}, \frac{d^2x_2}{dt^2}, \frac{d^2x_3}{dt^2}\right)$$

と書いてもよい．つまり，速度や加速度は成分ごとに微分すればよい．

コメント

1. 速度の大きさ $|\boldsymbol{v}(t)| = \sqrt{\left(\dfrac{dx_1}{dt}\right)^2 + \left(\dfrac{dx_2}{dt}\right)^2 + \left(\dfrac{dx_3}{dt}\right)^2}$ (1 次元の場合は $|v(t)|$) を**速さ**という．

2. 速度の概念は，時間的に変化するどのような過程 (人口などの成長速度，化学反応における反応速度など) に対しても適用することができる．この場合ベクトルの成分の個数は 3 より大きくてもかまわない．

例題 3.5 **速度・加速度**

地上の点 O(0,0) から，角度 α の向きに速さ v_0 で投げ上げた質点の時刻 t での座標 $(x, y) = (x(t), y(t))$ は

$$x = v_0 t \cos\alpha, \quad y = v_0 t \sin\alpha - \frac{1}{2}gt^2$$

で与えられる．ただし，g は重力加速度である．このとき以下を求めよ．

(a) 質点の時刻 t における速度の x 成分，y 成分．

(b) 質点の時刻 t における加速度の x 成分，y 成分．

(c) 質点が地面に落ちる時刻および落下した点の O からの距離．

質点の位置ベクトルが 2 成分 (x, y) を持つ場合，成分ごとに微分することによって速度，加速度の成分を求めることができる．

【解　答】 (a) 速度の x, y 成分 v_x, v_y はそれぞれ x, y を t で微分して，

$$v_x = \frac{dx}{dt} = v_0 \cos\alpha, \quad v_y = \frac{dy}{dt} = v_0 \sin\alpha - gt.$$

(b) 加速度の x, y 成分 a_x, a_y はそれぞれ x, y を t で 2 回微分して，

$$a_x = \frac{d^2x}{dt^2} = 0, \quad a_y = \frac{d^2y}{dt^2} = -g.$$

(c) 地面に落ちる時刻は $y = v_0 t \sin\alpha - \frac{1}{2}gt^2 = 0$ を $t\ (> 0)$ について解いて，

$$t = \frac{2v_0 \sin\alpha}{g}.$$

またこのとき落下した点の O からの距離は

$$x = v_0 \frac{2v_0 \sin\alpha}{g} \cos\alpha = \frac{2v_0^2 \sin\alpha \cos\alpha}{g}$$

問　題

5.1 O(0,0) を中心に半径 a の円周上を角速度 ω で回転する質点の時刻 t での座標 $(x, y) = (x(t), y(t))$ が α を定数として，次式で与えられている．

$$x = a\cos(\omega t + \alpha), \quad y = a\sin(\omega t + \alpha)$$

このとき時刻 t での質点の速度，加速度の x, y 成分をそれぞれ求めよ．

3.4 不定形の極限

問題「極限 $\lim_{x \to 1} \dfrac{x^2-1}{x^2-x}$ を求めよ」で直接分子分母に $x=1$ を代入すると，$0/0$ の形となって，そのままでは極限を決定できない．その他

$$\frac{\infty}{\infty}, \quad 0 \times \infty, \quad \infty - \infty, \quad 1^{\infty}, \quad 0^0$$

などといった場合も同様である．これらをまとめて**不定形の極限**と呼ぶ．

例 3.1 極限

$$\lim_{x \to \infty} \frac{x}{x^2}, \quad \lim_{x \to \infty} \frac{x}{x}, \quad \lim_{x \to \infty} \frac{x}{\sqrt{x}}$$

はすべて ∞/∞ の形をしているが，これらの極限はそれぞれ $0, 1, \infty$ と場合によって値が異なる．

不定形の極限を求めるにあたって，次の**ロピタルの定理**は有効である．

定理 3.9 **(ロピタルの定理)** **1.** ($0/0$ 型) $\lim_{x \to a} f(x) = \lim_{x \to a} g(x) = 0$ と仮定する．$\lim_{x \to a} \dfrac{f'(x)}{g'(x)} = \alpha$ が存在すれば，$\lim_{x \to a} \dfrac{f(x)}{g(x)}$ も存在して，α に等しい．

2. (∞/∞ 型) $\lim_{x \to a} f(x) = \pm\infty, \lim_{x \to a} g(x) = \pm\infty$ と仮定する．

$\lim_{x \to a} \dfrac{f'(x)}{g'(x)} = \alpha$ が存在すれば，$\lim_{x \to a} \dfrac{f(x)}{g(x)}$ も存在して，α に等しい．

なお上の定理で a を $\pm\infty$ で置き換えてもよい．

【略　証】 **1.** $0/0$ 型について証明する．x を a の近くにとると，コーシーの平均値の定理 3.3 より，次式を満たす c が a と x の間に少なくとも 1 つ存在する．

$$\frac{f(x)-f(a)}{g(x)-g(a)} = \frac{f'(c)}{g'(c)}. \quad f(a) = g(a) = 0 \text{ より } \frac{f(x)}{g(x)} = \frac{f'(c)}{g'(c)}$$

極限 $\lim_{x \to a} \dfrac{f'(x)}{g'(x)} = \alpha$ が存在するとき，$x \to a$ で $c \to a$ なので

$$\lim_{x \to a} \frac{f(x)}{g(x)} = \lim_{c \to a} \frac{f'(c)}{g'(c)} = \lim_{x \to a} \frac{f'(x)}{g'(x)}$$

よって，$0/0$ 型の極限に対するロピタルの定理が示された． ■

例題 3.6 **不定形の極限 (1)**

次の極限を求めよ．

(a) $\displaystyle\lim_{x\to1}\frac{\sqrt{x}-\sqrt[3]{x}}{x-1}$ (b) $\displaystyle\lim_{x\to0}\frac{e^x-x-1}{x^2}$

(c) $\displaystyle\lim_{x\to\infty}\frac{x^3}{e^x}$ (d) $\displaystyle\lim_{x\to+0}x\log x$

$\frac{0}{0}$, $\frac{\infty}{\infty}$ のタイプはロピタルの定理を適用する．その結果が再び不定形であれば，さらにロピタルの定理を適用する．$0\times\infty$ のタイプは $\frac{0}{0}$ や $\frac{\infty}{\infty}$ の分数形に変形する．

【解　答】 (a)

$$\lim_{x\to1}\frac{x^{\frac{1}{2}}-x^{\frac{1}{3}}}{x-1}=\lim_{x\to1}\frac{(x^{\frac{1}{2}}-x^{\frac{1}{3}})'}{(x-1)'}=\lim_{x\to1}\left(\frac{1}{2}x^{-\frac{1}{2}}-\frac{1}{3}x^{-\frac{2}{3}}\right)=\frac{1}{2}-\frac{1}{3}=\frac{1}{6}$$

(b) ロピタルの定理を 2 回用いる．

$$\lim_{x\to0}\frac{e^x-x-1}{x^2}=\lim_{x\to0}\frac{e^x-1}{2x}=\lim_{x\to0}\frac{e^x}{2}=\frac{1}{2}$$

(c) ロピタルの定理を 3 回用いる．

$$\lim_{x\to\infty}\frac{x^3}{e^x}=\lim_{x\to\infty}\frac{3x^2}{e^x}=\lim_{x\to\infty}\frac{6x}{e^x}=\lim_{x\to\infty}\frac{6}{e^x}=0$$

(d) $x\log x=\dfrac{\log x}{\frac{1}{x}}$ の形 $\left(\dfrac{\infty}{\infty}\text{の形}\right)$ にしてロピタルの定理を適用すると，

$$\lim_{x\to+0}\frac{\log x}{\frac{1}{x}}=\lim_{x\to+0}\frac{(\log x)'}{(\frac{1}{x})'}=\lim_{x\to+0}\frac{\frac{1}{x}}{-\frac{1}{x^2}}=\lim_{x\to+0}(-x)=0$$

コメント 次の性質は今後しばしば用いる．ただし $a>0$ とする．

$$\lim_{x\to\infty}\frac{x^a}{e^x}=0,\quad \lim_{x\to\infty}\frac{\log x}{x^a}=0$$

発散の仕方が (対数関数)$<$(べき関数)$<$(指数関数) の順に強くなることがわかる．

問　題

6.1 次の極限を求めよ．

(a) $\displaystyle\lim_{x\to0}\frac{e^x+e^{-x}-2}{x^2}$ (b) $\displaystyle\lim_{x\to0}\frac{\mathrm{Arctan}\,x-x}{x^3}$

(c)* $\displaystyle\lim_{x\to0}\left(\frac{1}{x^2}-\frac{1}{x\sin x}\right)$ (d)* $\displaystyle\lim_{x\to\infty}x\log\frac{x+a}{x-a}$

例題 3.7 **不定形の極限 (2)**

次の極限を求めよ．

(a) $\displaystyle\lim_{x\to+0} x^x$ (b) $\displaystyle\lim_{x\to0}(\cos x)^{\frac{1}{x^2}}$ (c) $\displaystyle\lim_{x\to0}\left(\frac{1+x}{1-x}\right)^{\frac{1}{x}}$

0^0, 1^∞, ∞^0 など指数型の不定形極限においては，極限をとる関数を y とおき，$\log y$ の極限を調べる．

【解 答】 (a) $y=x^x$ とおいて，$\log y = x\log x$ の極限を調べる．

$$\lim_{x\to+0}\log y=\lim_{x\to+0}x\log x=\lim_{x\to+0}\frac{\log x}{\frac{1}{x}}=\lim_{x\to+0}\frac{(\log x)'}{(\frac{1}{x})'}$$
$$=\lim_{x\to+0}\frac{\frac{1}{x}}{-\frac{1}{x^2}}=\lim_{x\to+0}(-x)=0$$

よって $\displaystyle\lim_{x\to+0}x^x=\lim_{x\to+0}y=\lim_{x\to+0}e^{\log y}=1$.

(b) $y=(\cos x)^{\frac{1}{x^2}}$ とおいて，$\log y=\dfrac{\log(\cos x)}{x^2}$ の極限を調べる．

$$\lim_{x\to0}\log y=\lim_{x\to0}\frac{\log(\cos x)}{x^2}=\lim_{x\to0}\frac{(\log(\cos x))'}{(x^2)'}=\lim_{x\to0}\frac{-\frac{\sin x}{\cos x}}{2x}$$
$$=\lim_{x\to0}-\frac{1}{2\cos x}\cdot\frac{\sin x}{x}=-\frac{1}{2}$$

よって $\displaystyle\lim_{x\to0}y=e^{-\frac{1}{2}}=\frac{1}{\sqrt{e}}$.

(c) $y=\left(\dfrac{1+x}{1-x}\right)^{\frac{1}{x}}$ とおいて，$\log y=\dfrac{\log(1+x)-\log(1-x)}{x}$ の極限を調べる．

$$\lim_{x\to0}\log y=\lim_{x\to0}\frac{\log(1+x)-\log(1-x)}{x}$$
$$=\lim_{x\to0}\frac{(\log(1+x)-\log(1-x))'}{x'}=\lim_{x\to0}\left(\frac{1}{1+x}+\frac{1}{1-x}\right)=2$$

よって $\displaystyle\lim_{x\to0}y=e^2$.

問　題

7.1 次の極限を求めよ．

(a) $\displaystyle\lim_{x\to1}x^{\frac{1}{1-x}}$ (b) $\displaystyle\lim_{x\to+0}(\sin x)^x$ (c) $\displaystyle\lim_{x\to\infty}x^{\frac{1}{x}}$

3.5 種々の関数表示

関数には $y = f(x)$ のように y を x の式で表せるものばかりではない．本節ではそのうち代表的な陰関数表示，媒介変数表示およびそれらの微分について述べる．

陰関数表示　$F(x, y)$ を x, y の与えられた関数として

$$F(x, y) = 0$$

によって x の関数 y が定義されることもある．これを**陰関数表示**された関数と呼ぶ．

例 3.2　高校時代に学んだ円の方程式

$$(x-1)^2 + (y+2)^2 - 9 = 0 \quad \Leftrightarrow \quad (x-1)^2 + (y+2)^2 = 9 \qquad (3.3)$$

は陰関数表示の 1 例である．これは $y = -2 \pm \sqrt{8 + 2x - x^2}$ とも表示できるが，このままだとどのような図形を表しているのか分かりにくい．

陰関数表示された関数において導関数 y' を求めるには，$F(x, y)$ の両辺を x で微分すればよい．詳細は偏微分の章 (第 7 章) に譲るが，例 3.2 の場合は y を x の関数と見なして (3.3) の両辺を x で微分すると，

$$2(x-1) + 2(y+2)y' = 0 \quad \text{よって} \quad y' = -\frac{x-1}{y+2}$$

媒介変数表示　x, y が 1 つの変数 t の関数として

$$x = f(t), \quad y = g(t) \quad (a \leq t \leq b) \qquad (3.4)$$

のように書けるとき，y は t を介して x の関数と見ることもできる．これを**媒介変数表示**の関数という．また変数 t を**媒介変数**または**パラメータ**という．(3.4) で表される (x, y) 全体の集合は xy 平面上の**平面曲線**を表す．

例 3.3　媒介変数表示

$$x = 1 + 3\cos t, \quad y = -2 + 3\sin t \quad (0 \leq t < 2\pi)$$

は円の方程式 (3.3) の別表記を与える．

$x = f(t)$, $y = g(t)$ が t について微分可能であり，$f'(t)$ が区間 $I \subset \mathbb{R}$ で常に正 (または常に負) であれば，y は x について微分可能で，次式が成り立つ．

$$\frac{dy}{dx} = \frac{\frac{dy}{dt}}{\frac{dx}{dt}} = \frac{g'(t)}{f'(t)}$$

媒介変数表示された曲線の接線　媒介変数表示された関数 $x = f(t),\ y = g(t)$ を考える．$t = a$ に対応する点 A $(f(a), g(a))$ における接線を求めよう．公式

$$\frac{dy}{dx} = \frac{\frac{dy}{dt}}{\frac{dx}{dt}}$$

より，$f'(a) \neq 0$ として点 A における接線の傾きは $g'(a)/f'(a)$．よって接線の式は

$$y = \frac{g'(a)}{f'(a)}(x - f(a)) + g(a)$$

で与えられる．一方 $f'(a) = 0$ のとき接線の式は $x = f(a)$ で与えられる．

空間曲線　前述の平面曲線は 3 次元空間に拡張可能である．t が区間 $[a, b]$ を動くとき，

$$C\ :\ \boldsymbol{x} = \boldsymbol{x}(t) = (x_1(t),\ x_2(t),\ x_3(t)) \qquad (a \leq t \leq b)$$

で表される点の集合を**空間曲線**と呼ぶ．$x_3(t) \equiv 0$ (または定数) ならば，前述の平面曲線を表す．$x_1(t), x_2(t), x_3(t)$ が連続関数ならば**連続曲線**，C^1 級ならば**滑らかな曲線**と呼ぶ．特に滑らかでかつ $|d\boldsymbol{x}/dt| \neq 0$ ならば**正則曲線**という．正則曲線とは接線の定まる曲線のことである．有限個の滑らかな曲線をつなぎ合わせた曲線を**区分的に滑らかな曲線**，また有限個の正則曲線をつなぎ合わせた曲線を**区分的に正則**な曲線という．曲線 $C : \boldsymbol{x} = \boldsymbol{x}(t)$ の $t = t, t + \Delta t$ に対応する点を P, Q とすると，

$$\frac{d\boldsymbol{x}}{dt} = \lim_{\Delta t \to 0} \frac{\Delta \boldsymbol{x}}{\Delta t} = \lim_{\Delta t \to 0} \frac{\overrightarrow{\mathrm{PQ}}}{\Delta t}$$

であるから，点 P における $d\boldsymbol{x}/dt$ は曲線 C の点 P における**接ベクトル**になっている．

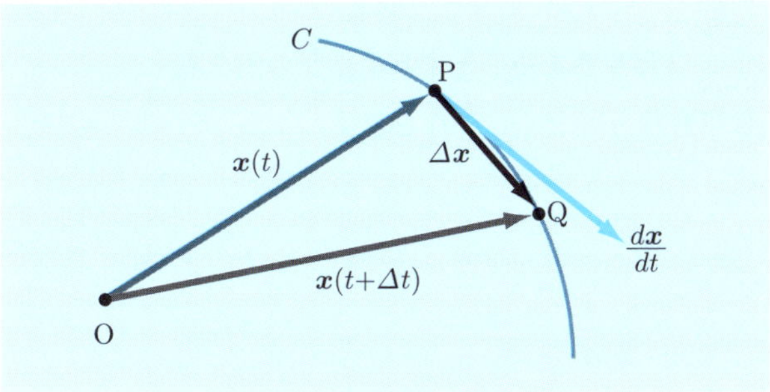

図 **3.8**　曲線と接ベクトル

極座標表示　平面上の点 P を表す手段として，これまで用いた**直角座標**表示 (x, y) の他に，基準となる点 (原点) O からの距離と方角で示すことが多い．原点 O からの距離を $r\ (\geq 0)$, x 軸の正の部分から反時計回りに測った角度 (**偏角**) を θ として，P の位置を (r, θ) で表すのが**極座標**表示である．直角座標 (x, y) と極座標 (r, θ) の間には次の関係式が成立する．

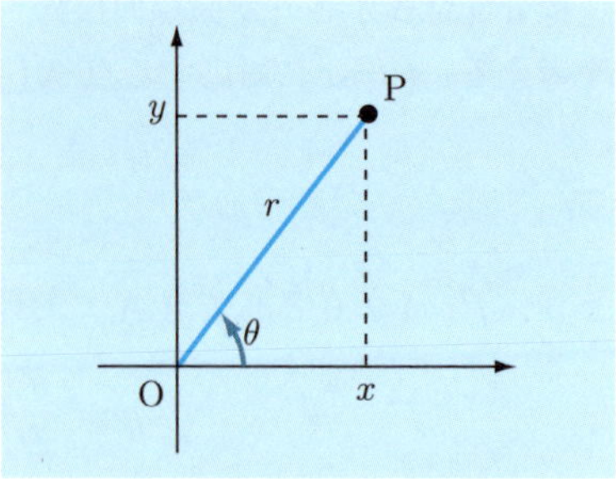

図 3.9　直角座標と極座標

$$x = r\cos\theta, \quad y = r\sin\theta$$
$$\Leftrightarrow \quad r = \sqrt{x^2 + y^2}, \quad \tan\theta = \frac{y}{x}$$

偏角 θ は $0 \leq \theta < 2\pi$ の範囲とすることが多いが，一般角で表すこともある．また原点 O の極座標において偏角は不定である ($(0, \theta)$ と表す).

注意　$\theta = \mathrm{Arctan}\,\dfrac{y}{x}$ とは限らないので注意されたい．実際 $x < 0$ のとき，この式は成立しない．

例 3.4　**1.**　直角座標 $(-1, \sqrt{3})$ で表された点の極座標は $\left(2, \dfrac{2}{3}\pi\right)$ である．

2.　極座標 $\left(2, \dfrac{5}{4}\pi\right)$ で表された点の直角座標は $(-\sqrt{2}, -\sqrt{2})$ である．

平面の曲線が極座標 (r, θ) を用いて

$$r = f(\theta)$$

のように表せるとき，この方程式を**極方程式**と呼ぶ．

例 3.5　**1.**　$r = 2$ は原点を中心とする半径 2 の円を表す．

2.　$\theta = \dfrac{\pi}{4}$ は半直線 $y = x\ (x \geq 0)$ を表す．

例題 3.8　**媒介変数表示された関数**

$0 \leq t \leq 2\pi$ とする．媒介変数表示された関数

$$x = \cos^3 t, \quad y = \sin^3 t$$

のグラフを，$t = 0, \dfrac{\pi}{6}, \dfrac{\pi}{4}, \dfrac{\pi}{3}, \dfrac{\pi}{2}, \cdots$ などについてプロットすることによって描け．次に導関数 $\dfrac{dy}{dx}$ を t の式で表せ．

【解　答】 t のいくつかの値に対して，x, y の値を表にする．

t	0	$\frac{\pi}{6}$	$\frac{\pi}{4}$	$\frac{\pi}{3}$	$\frac{\pi}{2}$	$\frac{2\pi}{3}$	$\frac{3\pi}{4}$	$\frac{5\pi}{6}$	π	$\frac{5\pi}{4}$	$\frac{3\pi}{2}$	$\frac{7\pi}{4}$
x	1	$\frac{3\sqrt{3}}{8}$	$\frac{\sqrt{2}}{4}$	$\frac{1}{8}$	0	$-\frac{1}{8}$	$-\frac{\sqrt{2}}{4}$	$-\frac{3\sqrt{3}}{8}$	-1	$-\frac{\sqrt{2}}{4}$	0	$\frac{\sqrt{2}}{4}$
y	0	$\frac{1}{8}$	$\frac{\sqrt{2}}{4}$	$\frac{3\sqrt{3}}{8}$	1	$\frac{3\sqrt{3}}{8}$	$\frac{\sqrt{2}}{4}$	$\frac{1}{8}$	0	$-\frac{\sqrt{2}}{4}$	-1	$-\frac{\sqrt{2}}{4}$

この表の点を xy 平面にプロットすると，右の図形 (アステロイド) を得る．

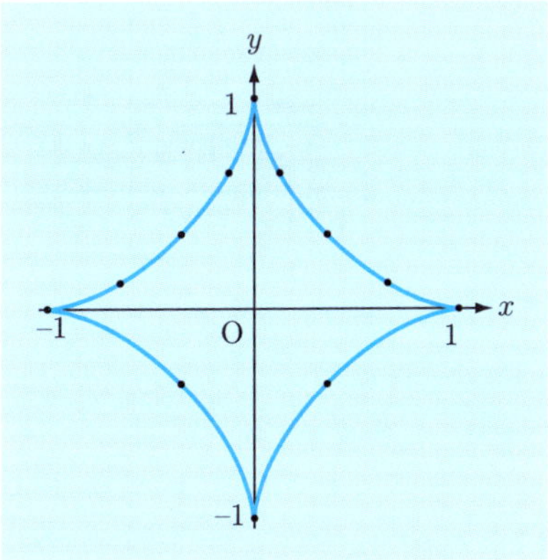

図 **3.10**　アステロイド

次に $\dfrac{dy}{dx} = \dfrac{dy}{dt} \Big/ \dfrac{dx}{dt}$ において

$$\frac{dx}{dt} = \frac{d}{dt}\cos^3 t = -3\cos^2 t \sin t$$

$$\frac{dy}{dt} = \frac{d}{dt}\sin^3 t = 3\sin^2 t \cos t$$

を代入して

$$\frac{dy}{dx} = -\frac{\sin t}{\cos t} = -\tan t$$

ここで $t \neq \frac{1}{2}\pi, \frac{3}{2}\pi$ とする．

問　題

8.1　$0 \leq t \leq 2\pi$ とする．媒介変数表示された関数

$$x = t - \sin t, \quad y = 1 - \cos t$$

のグラフを描き，導関数 $\dfrac{dy}{dx}$ を t の式で表せ．この曲線を**サイクロイド**と呼ぶ．

例題 3.9　　**極座標，極方程式**

次の問に答えよ．

(a)　中心 $(0, 1)$，半径 1 の円の方程式を極方程式で表せ．

(b)　極方程式が $r = 1 + \cos\theta$ $(0 \leq \theta < 2\pi)$ で与えられる曲線の概形を描け．

【解　答】 (a)　円の方程式を直角座標系で書くと

$$x^2 + (y-1)^2 = 1 \Leftrightarrow x^2 + y^2 = 2y$$

$x = r\cos\theta, y = r\sin\theta$ を代入して整理すると，$y \geq 0$ に注意して，

$$r = 2\sin\theta \quad (0 \leq \theta < \pi)$$

(b)　(i)　$0 \leq \theta \leq \pi$ のとき，$r = 1 + \cos\theta$, $x = (1 + \cos\theta)\cos\theta$, $y = (1 + \cos\theta)\sin\theta$ の値は次の通りである．

θ	0	$\frac{\pi}{6}$	$\frac{\pi}{4}$	$\frac{\pi}{3}$	$\frac{\pi}{2}$	$\frac{2\pi}{3}$	$\frac{3\pi}{4}$	$\frac{5\pi}{6}$	π
r	2	$\frac{2+\sqrt{3}}{2}$	$\frac{2+\sqrt{2}}{2}$	$\frac{3}{2}$	1	$\frac{1}{2}$	$\frac{2-\sqrt{2}}{2}$	$\frac{2-\sqrt{3}}{2}$	0
x	2	$\frac{3+2\sqrt{3}}{4}$	$\frac{1+\sqrt{2}}{2}$	$\frac{3}{4}$	0	$-\frac{1}{4}$	$\frac{1-\sqrt{2}}{2}$	$\frac{3-2\sqrt{3}}{4}$	0
y	0	$\frac{2+\sqrt{3}}{4}$	$\frac{1+\sqrt{2}}{2}$	$\frac{3\sqrt{3}}{4}$	1	$\frac{\sqrt{3}}{4}$	$\frac{\sqrt{2}-1}{2}$	$\frac{2-\sqrt{3}}{4}$	0

これらの点をプロットすると，右図の $y \geq 0$ の部分を得る．

(ii)　$\pi \leq \theta \leq 2\pi$ のとき，$\psi = 2\pi - \theta$ とおく．このとき $0 \leq \psi \leq \pi$ および $x = (1 + \cos\psi)\cos\psi$, $y = -(1 + \cos\psi)\sin\psi$ なので，(i) の図形を x 軸に関して対称に折り返したものである．

計算上の注意　極方程式で計算上 $r < 0$ となる場合は，(r, θ) の代わりに $(-r, \theta + \pi)$ に対応する点を考える．

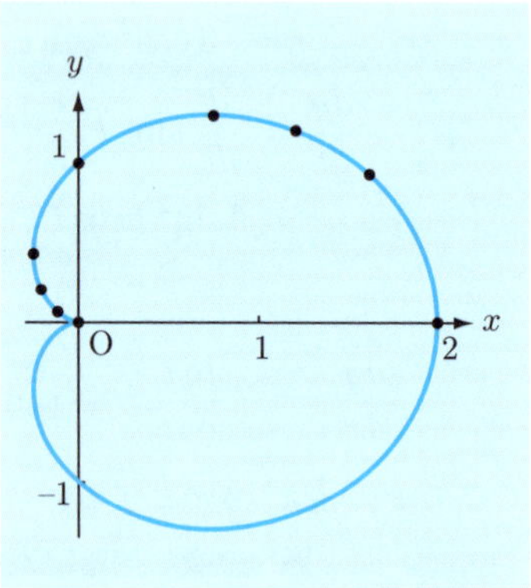

図 **3.11**　カージオイド (心臓形)

問　題

9.1　次の極方程式に対応する曲線の概形を描け．

(a)　$r = \theta$ $(0 \leq \theta \leq 2\pi)$　　　(b)* $r = \sin(2\theta)$ $(0 \leq \theta \leq 2\pi)$

例題 3.10 **媒介変数表示された曲線の接線 ***

媒介変数表示された曲線

$$x = \frac{3t}{1+t^3}, \quad y = \frac{3t^2}{1+t^3}$$

は**正葉線**と呼ばれる曲線を表す．この曲線について

(a) $\dfrac{dy}{dx}$ を t の式として求めよ．

(b) $t = 2$ に対応する点の接線を求めよ．

【解　答】 正葉線のグラフを右に示す．

(a) 導関数の式

$$\frac{dy}{dx} = \frac{dy}{dt} \Big/ \frac{dx}{dt}$$

において，

$$\frac{dx}{dt} = 3\,\frac{(1+t^3) - t\cdot 3t^2}{(1+t^3)^2} = \frac{3(1-2t^3)}{(1+t^3)^2}$$

$$\frac{dy}{dt} = 3\,\frac{2t(1+t^3) - t^2\cdot 3t^2}{(1+t^3)^2} = \frac{3t(2-t^3)}{(1+t^3)^2}$$

を代入して

$$\frac{dy}{dx} = \frac{t(2-t^3)}{1-2t^3}$$

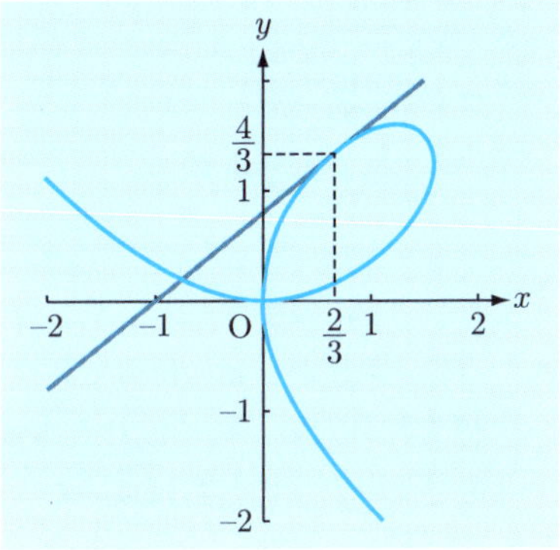

図 3.12 (曲線)：正葉線
(直線)：その接線

(b) $t = 2$ に対応する点は $(x, y) = \left(\dfrac{2}{3}, \dfrac{4}{3}\right)$ である．また (a) の結果に $t = 2$ を代入すると dy/dx の値，つまり接線の傾きは $\dfrac{4}{5}$ である．したがって接線の式は

$$y = \frac{4}{5}\left(x - \frac{2}{3}\right) + \frac{4}{3} = \frac{4}{5}x + \frac{4}{5}$$

問　題

10.1* 媒介変数表示された次の曲線に関して，括弧内の t に対応する点における接線の式を求めよ．

(a) アステロイド：$x = \cos^3 t,\ y = \sin^3 t \quad (t = \frac{\pi}{6})$

(b) サイクロイド：$x = t - \sin t,\ y = 1 - \cos t \quad (t = \frac{\pi}{2})$

第3章演習問題

1. 次の関数の増減，凹凸，極値，変曲点を調べてグラフを描け．

(a) $y = x^4 + 4x^3 + 3$　(b) $y = xe^{-x/2}$

(c) $y = -x + 2\sqrt{x}$　(d) $y = \dfrac{2x}{x^2+4}$

2. 次の極限値を求めよ．

(a) $\displaystyle\lim_{x\to 0}\frac{e^{2x}-e^{-x}}{x}$　(b) $\displaystyle\lim_{x\to 0}\frac{1-\cos(ax)}{1-\cos(bx)}$

(c) $\displaystyle\lim_{x\to\infty}\frac{\log x}{\sqrt[3]{x}}$　(d) $\displaystyle\lim_{x\to 0}\frac{\mathrm{Arcsin}\,x - x}{x^3}$

(e) $\displaystyle\lim_{x\to 0}(\cos 2x)^{\frac{1}{x^2}}$　(f) $\displaystyle\lim_{x\to +0}(\log x)^{\sqrt{x}}$

3. 長さ $3a$ の長方形のトタン板から，図 3.13 のように，両端から a の位置で角度 θ だけ折り曲げて，樋(とい)を作りたい．樋に流れる水量を最大にするには θ をどのようにとればよいか?

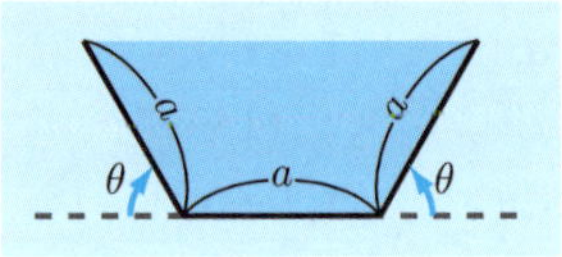

図 3.13

4.* a を $a > 1$ なる定数．$f(x) = \dfrac{\cosh(ax)}{\cosh x}$ とおく．

(a) $f'(x)$ を求めよ．

(b) $f'(x) \geq 0$ $(x \geq 0)$ であることを証明せよ．

(c) A, B, C, D が条件 $0 < A < B < C < D$, $\dfrac{A}{B} = \dfrac{C}{D}$ を満たすと仮定する．このとき $\dfrac{\cosh A}{\cosh B}$, $\dfrac{\cosh C}{\cosh D}$ の大小を比較せよ．

5.* 上底円の半径が a，深さ h の円錐状の容器に毎秒 v の割合で水を入れるとき (図 3.14)，深さ x $(< h)$ のときの水面の上昇速度を求めよ．

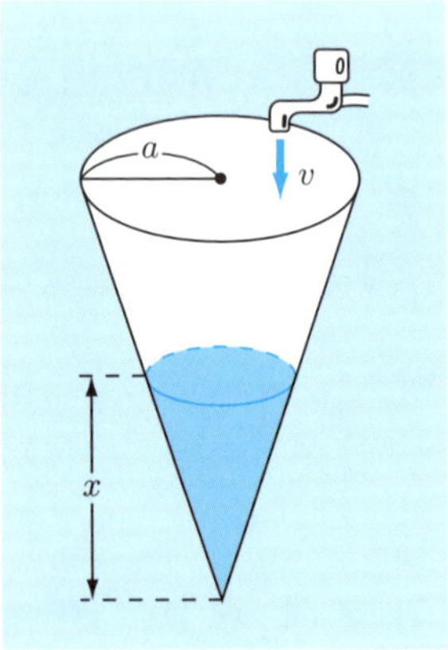

図 3.14

4 数列と級数

4.1 数　　列

数列の極限　$n = 1, 2, \cdots$ に対して実数 (または複素数) a_n が定まるとき，$a_1, a_2, \cdots, a_n, \cdots$ を**数列**と呼び，$\{a_n\}_{n=1}^{\infty}$ または単に $\{a_n\}$ と書く．数列 $\{a_n\}$ で n が限りなく大きくなるとき a_n がある値 α に限りなく近づくことを，数列 $\{a_n\}$ は α に**収束**するといい，

$$\lim_{n\to\infty} a_n = \alpha \quad \text{または} \quad a_n \to \alpha \ (n \to \infty)$$

と表す．数列 a_n が収束しないとき**発散**するという．発散する数列の例として $a_n = n^2$，$b_n = -n^3$，$c_n = (-1)^n$ などが挙げられる．$n \to \infty$ で a_n は限りなく大きくなる (∞ に発散)．b_n は負で絶対値が限りなく大きくなる ($-\infty$ に発散)．c_n は**振動**する．

例 4.1　r を実数，$a_n = r^n$ とすると，$n \to \infty$ で

$$a_n = r^n \begin{cases} \text{収束} \begin{cases} \to 1 & (r = 1) \\ \to 0 & (-1 < r < 1) \end{cases} \\ \text{発散} \begin{cases} \to \infty & (r > 1) \\ \text{振動} & (r \leq -1) \end{cases} \end{cases}$$

定理 4.1　2 つの数列 $\{a_n\}$，$\{b_n\}$ が収束し，$\lim_{n\to\infty} a_n = \alpha$，$\lim_{n\to\infty} b_n = \beta$ と仮定すると，次式が成立する．

(1)　$\lim_{n\to\infty} (p\,a_n + q\,b_n) = p\,\alpha + q\,\beta$　(p, q は定数)

(2)　$\lim_{n\to\infty} (a_n b_n) = \alpha\beta$

(3)　$\lim_{n\to\infty} \dfrac{a_n}{b_n} = \dfrac{\alpha}{\beta}$　($b_n \neq 0,\ \beta \neq 0$)

(4)　すべての n について $a_n < b_n$ ならば，$\alpha \leq \beta$

定理 4.2 (はさみうちの原理)　数列 $\{a_n\}$, $\{b_n\}$, $\{c_n\}$ がすべての n について条件 $a_n \leq c_n \leq b_n$ を満たすと仮定する．$n \to \infty$ で $\{a_n\}$, $\{b_n\}$ が同じ値 α に収束する，つまり $\lim_{n\to\infty} a_n = \lim_{n\to\infty} b_n = \alpha$ ならば，$\lim_{n\to\infty} c_n = \alpha$ が成り立つ．

コメント　上記定理 4.1 (4) や定理 4.2 において，「すべての n について」を「最初の有限個を除くすべての n について」と言い換えてもよい．これは数列の $n \to \infty$ における収束に係わる事柄については同じことが言えることは了解できるであろう．

◆ 発展 ◆　数列の有界性と単調性

数列の極限値はいつも具体的に計算できるとは限らない．そのような数列が与えられたとき，数列が収束するための (十分) 条件について以下に述べる．

はじめに数列についていくつかの概念を定義する．

定義 4.1　数列 $\{a_n\}$ が与えられたとき，

(i)　すべての番号 n について $a_n \leq a_{n+1}$ が成り立つとき (広義) **単調増加数列**であるといい，$a_n \geq a_{n+1}$ が成り立つとき (広義) **単調減少数列**であるという．

(ii)　「すべての n について $a_n \leq M$」となるような実数 M が存在するとき $\{a_n\}$ は**上に有界**であるといい，そのような M を**上界**という．逆に $a_n \geq L$ となる実数 L が存在するとき $\{a_n\}$ は**下に有界**であるといい，そのような L を**下界**という．数列が上にも下にも有界であるとき，**有界**であるという．

例 4.2　**1.**　$a_n = 1 - \frac{1}{n}$ は有界な単調増加数列である．

2.　$a_n = -n$ は単調減少数列であり，下に有界ではない．

上界は 1 つ存在すれば無数に存在する．実際 M が上界であれば，M 以上の実数はすべて上界である．

例 4.3　$a_n = 1 - \frac{1}{n}$ のとき，1 も 2 も上界であるが，0.9 は上界ではない．実際 $n > 10$ のとき $a_n > 0.9$ となる．

数列の収束に関する次の定理が成り立つ．

定理 4.3　(i)　上に有界な単調増加数列 $\{a_n\}$ は収束する．

(ii)　下に有界な単調減少数列 $\{a_n\}$ は収束する．

この証明には数列の収束に関してより厳密な取り扱いが必要となる．詳細は付録 B.1 を参照されたい．

例題 4.1 **数列の極限**

次の数列 $\{a_n\}$ の $n \to \infty$ での極限を求めよ．

(a) $a_n = \dfrac{2n^2+1}{n^2+3n+1}$　　(b) $a_n = \dfrac{2^n+5^n}{-3^n+5^{n+1}}$

(c) $a_n = \sqrt{n^2+n} - n$　　(d) $a_n = \dfrac{1}{n}\sin\dfrac{n\pi}{5}$

【解　答】 (a) 分子分母を n^2 で割り算して，$\frac{1}{n}$，$\frac{1}{n^2} \to 0$ $(n \to \infty)$ を用いる．

$$\lim_{n\to\infty}\frac{2n^2+1}{n^2+3n+1} = \lim_{n\to\infty}\frac{2+\frac{1}{n^2}}{1+\frac{3}{n}+\frac{1}{n^2}} = 2$$

(b) 分子分母を 5^n で割り算して，$(\frac{2}{5})^n$，$(\frac{3}{5})^n \to 0$ $(n \to \infty)$ に注意すると，

$$\lim_{n\to\infty}\frac{2^n+5^n}{-3^n+5^{n+1}} = \lim_{n\to\infty}\frac{(\frac{2}{5})^n+1}{-(\frac{3}{5})^n+5} = \frac{1}{5}$$

(c) 分子分母に $\sqrt{n^2+n}+n$ を掛ける．この操作を分子の有理化と呼ぶ．

$$\lim_{n\to\infty}\left(\sqrt{n^2+n}-n\right) = \lim_{n\to\infty}\frac{\left(\sqrt{n^2+n}-n\right)\left(\sqrt{n^2+n}+n\right)}{\sqrt{n^2+n}+n}$$

$$= \lim_{n\to\infty}\frac{\left(\sqrt{n^2+n}\right)^2-n^2}{\sqrt{n^2+n}+n} = \lim_{n\to\infty}\frac{n}{\sqrt{n^2+n}+n}$$

分子分母を n で割って

$$= \lim_{n\to\infty}\frac{1}{\sqrt{1+\frac{1}{n}}+1} = \frac{1}{2}$$

(d) $-1 \leq \sin\dfrac{n\pi}{5} \leq 1$ であるから $-\dfrac{1}{n} \leq \dfrac{1}{n}\sin\dfrac{n\pi}{5} \leq \dfrac{1}{n}$．

ここで $\displaystyle\lim_{n\to\infty}\left(-\frac{1}{n}\right) = 0$，$\displaystyle\lim_{n\to\infty}\frac{1}{n} = 0$ であるからはさみうちの原理によって

$$\lim_{n\to\infty}\frac{1}{n}\sin\frac{n\pi}{5} = 0$$

問　題

1.1 次の数列 $\{a_n\}$ の $n \to \infty$ での極限を求めよ．

(a) $a_n = \dfrac{-n^3+4n^2+3}{3n^3-5n+7}$　　(b) $a_n = \dfrac{3^{2n-1}-5^n}{3^{2n+1}+5^{n+1}}$

(c) $a_n = \dfrac{\sqrt{n+1}-\sqrt{n}}{\sqrt{n+2}-\sqrt{n-1}}$　　(d) $a_n = \mathrm{Arctan}\, r^n$　$(r \geq 0)$

例題 4.2 収束性の証明*

α, β を $\alpha > \beta > 0$ を満たす定数として，2 組の数列 $\{a_n\}$, $\{b_n\}$ を漸化式

$$a_1 = \alpha, \quad b_1 = \beta, \quad a_{n+1} = \frac{a_n + b_n}{2}, \quad b_{n+1} = \sqrt{a_n b_n}$$

で定義する．このとき，以下の問に答えよ．

(a) すべての番号 $n = 1, 2, \cdots$ について $a_n > b_n > 0$ を示せ．

(b) $\{a_n\}$ は単調減少数列，$\{b_n\}$ は単調増加数列であることを示せ．

(c) 数列 $\{a_n\}$, $\{b_n\}$ はともに同じ値に収束することを示せ．

【解　答】 (a) 帰納法で示す．$n = 1$の場合は明らか．$a_n > b_n > 0$を仮定すると，

$$\begin{aligned} a_{n+1} - b_{n+1} &= \frac{a_n + b_n}{2} - \sqrt{a_n b_n} \\ &= \frac{\left(\sqrt{a_n} - \sqrt{b_n}\right)^2}{2} > 0 \end{aligned}$$

より，$a_{n+1} > b_{n+1}$ も成立．$b_{n+1} > 0$ は明らか．

(b) $a_{n+1} - a_n$, $b_{n+1} - b_n$ を漸化式によって計算する．

$$\begin{aligned} a_{n+1} - a_n &= \frac{a_n + b_n}{2} - a_n = \frac{b_n - a_n}{2} < 0 \\ b_{n+1} - b_n &= \sqrt{a_n b_n} - b_n = \sqrt{b_n}\left(\sqrt{a_n} - \sqrt{b_n}\right) > 0 \end{aligned}$$

したがって $\{a_n\}$ は単調減少数列，$\{b_n\}$ は単調増加数列である．

(c) (a), (b) より

$$\beta = b_1 < b_2 < \cdots < b_n < b_{n+1} < \cdots < a_{n+1} < a_n < \cdots < a_2 < a_1 = \alpha$$

この不等式より，$\{a_n\}$ は下に有界な単調減少数列 (下界として例えば β をとればよい) なので $\{a_n\}$ は収束する (定理 4.3)．同様に $\{b_n\}$ も上に有界な単調増加数列なので収束する．そこで極限値を $\lim_{n\to\infty} a_n = A$, $\lim_{n\to\infty} b_n = B$ とすると，漸化式 $a_{n+1} = \frac{a_n + b_n}{2}$ で $n \to \infty$ の極限をとって $A = \frac{A+B}{2} \Leftrightarrow A = B$ が成立する．

発展 極限値 $\lim_{n\to\infty} a_n = \lim_{n\to\infty} b_n$ は α, β の**算術幾何平均**と呼ばれる．

問　題

2.1* $f_{n+2} = f_{n+1} + f_n$, $f_1 = f_2 = 1$ で定義される**フィボナッチ数列** $\{f_n\}$ について，極限 $\lim_{n\to\infty} \dfrac{f_n}{f_{n+1}}$ が存在することを示し，その極限を求めよ．

4.2 級　　数

級数　数列 $\{a_n\}_{n=1}^{\infty}$ が与えられたとき，これらを形式的に和で結んだ $a_1 + a_2 + \cdots + a_n + \cdots$ を**級数**あるいは**無限級数**と呼び

$$\sum_{n=1}^{\infty} a_n \tag{4.1}$$

と表す．$S_n = a_1 + a_2 + \cdots + a_n = \sum_{k=1}^{n} a_k$ をこの級数の部分和という．部分和の作る数列 $\{S_n\}_{n=1}^{\infty}$ が収束して極限値 S をもつとき，級数 (4.1) は収束するといい，S を級数の和と呼び，$\sum_{n=1}^{\infty} a_n = S$ と書く．数列 $\{S_n\}$ が発散するとき，級数 (4.1) は発散するという．

定理 4.4　級数 $\sum_{n=1}^{\infty} a_n$ が収束するとき，$\lim_{n\to\infty} a_n = 0$ が成り立つ．

コメント　逆は必ずしも成り立つとは限らない．

例 4.4　(**無限等比級数**)　$a\ (\neq 0), r$ を定数として，$a_n = ar^{n-1}$ とおく．
$\sum_{n=1}^{\infty} a_n = a + ar + ar^2 + \cdots$ を**無限等比級数**という．

$$S_n = \sum_{k=1}^{n} a_k = \frac{a(1-r^n)}{1-r} \quad (r \neq 1), \quad na \quad (r = 1)$$

であることに注意して $n \to \infty$ の極限をとると，次式が成り立つ．

$$\sum_{n=1}^{\infty} a_n = \lim_{n\to\infty} S_n = \begin{cases} \dfrac{a}{1-r} & (|r| < 1) \\ \text{発散} & (|r| \geq 1) \end{cases}$$

絶対収束　級数 $\sum_{n=1}^{\infty} |a_n|$ が収束するとき $\sum_{n=1}^{\infty} a_n$ は**絶対収束**するという．級数 $\sum_{n=1}^{\infty} a_n$ が絶対収束するとき $\sum_{n=1}^{\infty} a_n$ は収束する．その逆は成立するとは限らない．

正項級数　すべての n について $a_n > 0$ である級数を**正項級数**という．正項級数について次の定理が成立する．

定理 4.5 (比較判定法) 2つの正項級数 $\sum_{n=1}^{\infty} a_n$, $\sum_{n=1}^{\infty} b_n$ において，$a_n \leq b_n \ (n = 1, 2, \cdots)$ が成り立つとする．このとき

1. $\sum_{n=1}^{\infty} b_n$ が収束すれば，$\sum_{n=1}^{\infty} a_n$ も収束する．

2. $\sum_{n=1}^{\infty} a_n$ が発散すれば，$\sum_{n=1}^{\infty} b_n$ も発散する．

定理 4.6 (ダランベールの収束判定) 正項級数 $\sum_{n=1}^{\infty} a_n$ に対して，$r = \lim_{n\to\infty} \frac{a_{n+1}}{a_n}$ が存在すると仮定する．$r < 1$ ならば級数は収束，$r > 1$ ならば発散する．

定理 4.7 (コーシーの収束判定) 正項級数 $\sum_{n=1}^{\infty} a_n$ に対して，$r = \lim_{n\to\infty} \sqrt[n]{a_n}$ が存在すると仮定する．$r < 1$ ならば級数は収束，$r > 1$ ならば発散する．

べき級数 数列 $\{a_n\}_{n=0,1,2,\ldots}$ が与えられたとき次の形の級数を x の**べき級数**という．

$$\sum_{n=0}^{\infty} a_n x^n = a_0 + a_1 x + a_2 x^2 + \cdots + a_n x^n + \cdots \tag{4.2}$$

定理 4.8 べき級数 (4.2) について，次のいずれか1つが成り立つ．

(i) 任意の x について収束．

(ii) ある $r > 0$ が存在して，$|x| < r$ で絶対収束し，$|x| > r$ で発散．

(iii) 0以外のすべての x について発散．

つまりべき級数はある区間 (x が複素数ならば円板内部) $|x| < r$ で絶対収束し，これをべき級数の**収束円**，r を**収束半径**と呼ぶ．定理 4.8 において，(i) は $r = \infty$, (iii) は $r = 0$ の特別な場合である．

定理 4.9 (ダランベール) べき級数 (4.2) に対して，極限 $l = \lim_{n\to\infty} \left| \frac{a_{n+1}}{a_n} \right|$ が存在すれば，収束半径 $r = 1/l$ である．

定理 4.10 (コーシーアダマール) べき級数 (4.2) に対して，極限 $l = \lim_{n\to\infty} \sqrt[n]{|a_n|}$ が存在すれば，収束半径 $r = 1/l$ である．

例題 4.3 **級数**

次の数列 $\{a_n\}$ に対して，級数 $\sum_{n=1}^{\infty} a_n$ は収束するか? 収束する場合，和を求めよ．

(a) $a_n = \dfrac{2^n}{3^{n-1}}$　(b) $a_n = \dfrac{(-5)^{n-1}}{2^n}$　(c) $a_n = \dfrac{1}{n(n+1)}$

部分和 $\sum_{k=1}^{n} a_k = S_n$ とおく．

【解　答】 (a) 初項 2，公比 $\frac{2}{3}$ の等比級数より，

$$S_n = \frac{2(1-(\frac{2}{3})^n)}{1-\frac{2}{3}} = 6\left(1-\left(\frac{2}{3}\right)^n\right) \to 6 \quad (n \to \infty)$$

したがって，級数は収束し，その和は 6.

(b) 初項 $\frac{1}{2}$，公比 $-\frac{5}{2}$ の等比級数より，$S_n = \dfrac{1}{2} \cdot \dfrac{1-(-\frac{5}{2})^n}{1-(-\frac{5}{2})}$.
$n \to \infty$ で S_n は発散するので，級数は発散する．

(c) $a_n = \dfrac{1}{n} - \dfrac{1}{n+1}$ と部分分数分解して，部分和は

$$\begin{aligned} S_n &= \left(1-\frac{1}{2}\right) + \left(\frac{1}{2}-\frac{1}{3}\right) + \cdots + \left(\frac{1}{n}-\frac{1}{n+1}\right) \\ &= 1 - \frac{1}{n+1} \to 1 \quad (n \to \infty) \end{aligned}$$

なので級数は収束し，その和は 1.

コメント 上の例からも分かるとおり，

$$\text{級数} \sum_{n=1}^{\infty} a_n \text{ が収束するならば，} \lim_{n\to\infty} a_n = 0$$

が成り立つ．なおこの命題の逆は成立するとは限らない．例えば**調和級数** $1 + \frac{1}{2} + \frac{1}{3} + \cdots + \frac{1}{n} + \cdots$ は発散することが知られている (第 6 章 章末問題参照).

問　題

3.1 次の数列 $\{a_n\}$ に対して，級数 $\sum_{n=1}^{\infty} a_n$ は収束するか? 収束する場合には和を求めよ．

(a) $a_n = \dfrac{2^n + (-3)^n}{4^n}$　(b) $a_n = \dfrac{1}{\sqrt{n+1}+\sqrt{n}}$

例題 4.4 **収束半径**

次のべき級数の収束半径を求めよ.

(a) $\displaystyle\sum_{n=1}^{\infty}\frac{x^n}{2^n+3^n}$　　(b) $\displaystyle\sum_{n=1}^{\infty}\frac{x^n}{n!}$

(c) $\displaystyle\sum_{n=1}^{\infty}\left(1+\frac{a}{n}\right)^{n^2}x^n$　(a : 定数)　　(d)* $\displaystyle\sum_{n=1}^{\infty}\frac{n!}{n^n}x^n$

$l=\displaystyle\lim_{n\to\infty}\left|\frac{a_{n+1}}{a_n}\right|$ または $l=\displaystyle\lim_{n\to\infty}\sqrt[n]{|a_n|}$ を求めれば収束半径は $1/l$ に等しい.

【解　答】 (a)　$a_n=\dfrac{1}{2^n+3^n}$ とおくと,

$$\lim_{n\to\infty}\left|\frac{a_{n+1}}{a_n}\right|=\lim_{n\to\infty}\frac{2^n+3^n}{2^{n+1}+3^{n+1}}=\lim_{n\to\infty}\frac{(\frac{2}{3})^n+1}{2(\frac{2}{3})^n+3}=\frac{1}{3}$$

したがって収束半径は 3.

(b)　$a_n=\dfrac{1}{n!}$ とおくと,

$$\lim_{n\to\infty}\left|\frac{a_{n+1}}{a_n}\right|=\lim_{n\to\infty}\frac{n!}{(n+1)!}=\lim_{n\to\infty}\frac{1}{n+1}=0$$

したがって収束半径は ∞ (つまり任意の実数 x についてべき級数が収束する).

(c)　$a_n=\left(1+\dfrac{a}{n}\right)^{n^2}$ とおくと,

$$\lim_{n\to\infty}(|a_n|)^{\frac{1}{n}}=\lim_{n\to\infty}\left(1+\frac{a}{n}\right)^n=e^a$$

したがって収束半径は e^{-a}.

(d)　$a_n=\dfrac{n!}{n^n}$ とおく.

$$\begin{aligned}\lim_{n\to\infty}\left|\frac{a_{n+1}}{a_n}\right|&=\lim_{n\to\infty}\frac{(n+1)!}{(n+1)^{n+1}}\cdot\frac{n^n}{n!}\\&=\lim_{n\to\infty}\frac{n^n}{(n+1)^n}\\&=\lim_{n\to\infty}\frac{1}{(1+\frac{1}{n})^n}=\frac{1}{e}\end{aligned}$$

したがって収束半径は e.

問　題

4.1 次のべき級数の収束半径を求めよ.

(a) $\displaystyle\sum_{n=1}^{\infty}\frac{nx^n}{2^n}$　　(b) $\displaystyle\sum_{n=1}^{\infty}n^n(\log(n+1)-\log n)^n x^n$

4.3 テイラー級数

テイラーの公式　本節では，十分な回数微分できる関数 $f(x)$ を多項式で近似する問題を扱う．次の**テイラーの定理**が成立する．

定理 4.11 （**テイラーの定理**）点 a を含む区間 I で $n+1$ 階連続微分可能な関数 $f(x)$ が与えられたとき，任意の $x \in I$ に対して，実数 c が a と x の間に存在して，次の**テイラーの公式**が成立する．

$$f(x) = f(a) + f'(a)(x-a) + \frac{f''(a)}{2!}(x-a)^2 + \cdots + \frac{f^{(n)}(a)}{n!}(x-a)^n + R_{n+1} \qquad (4.3)$$

$$R_{n+1} = \frac{f^{(n+1)}(c)}{(n+1)!}(x-a)^{n+1}$$

R_{n+1} は**ラグランジュの剰余項**と呼ばれる．

【証　明】　$x > a$ と仮定し，以後 x を固定して考える (つまり x も a と同様に定数と見なす)．

$$f(x) = f(a) + f'(a)(x-a) + \cdots + \frac{f^{(n)}(a)}{n!}(x-a)^n + K(x-a)^{n+1} \qquad (4.4)$$

とおいて，以下で定数 K を定めよう．上式の右辺で a を t に置き換えた関数を $F(t)$ とする．つまり

$$F(t) = f(t) + f'(t)(x-t) + \cdots + \frac{f^{(n)}(t)}{n!}(x-t)^n + K(x-t)^{n+1} \qquad (4.5)$$

とおく．$F(t)$ は区間 I で t について連続微分可能で，

$$F(x) = f(x)$$

$$F(a) = f(a) + f'(a)(x-a) + \cdots + \frac{f^{(n)}(a)}{n!}(x-a)^n + K(x-a)^{n+1}$$
$$= f(x) \qquad (\because \quad (4.4))$$

つまり $F(a) = F(x)\ (= f(x))$ であるので，ロルの定理 3.1 より，

$$F'(c) = 0$$

を満たす $c \in (a, x)$ が少なくとも 1 つ存在する．(4.5) を t で微分すると，

$$F'(t)=f'(t)+\{-f'(t)+f''(t)(x-t)\}+\left\{\frac{f''(t)}{2!}(-2(x-t))+\frac{f'''(t)}{2!}(x-t)^2\right\}$$

$$+\cdots+\left\{\frac{f^{(n)}(t)}{n!}(-n(x-t)^{n-1})+\frac{f^{(n+1)}(t)}{n!}(x-t)^n\right\}-(n+1)K(x-t)^n$$

$$=\left\{\frac{f^{(n+1)}(t)}{n!}-(n+1)K\right\}(x-t)^n$$

である．$t=c$ を代入すると，$F'(c)=0$ より，

$$K=\frac{f^{(n+1)}(c)}{(n+1)!}$$

これを (4.4) に代入して，テイラーの定理を得る．$x<a$ の場合も同様である．■

例 4.5 $f(x)=e^x$，$a=0$ とおくと上の式は c を 0 と x との間のある定数として

$$e^x=1+x+\frac{1}{2!}x^2+\cdots+\frac{1}{n!}x^n+R_{n+1},\quad R_{n+1}=\frac{e^c}{(n+1)!}x^{n+1} \tag{4.6}$$

と書ける．下図に $f(x)-e^x$ および

$$f_1(x)=1+x,\quad f_2(x)=1+x+\frac{1}{2!}x^2,\quad f_3(x)=1+x+\frac{1}{2!}x^2+\frac{1}{3!}x^3$$

の概形を示す．項数が多くなるにしたがって特に $x=0$ の周りでは元の関数 e^x のより良い近似を与えることがわかる．

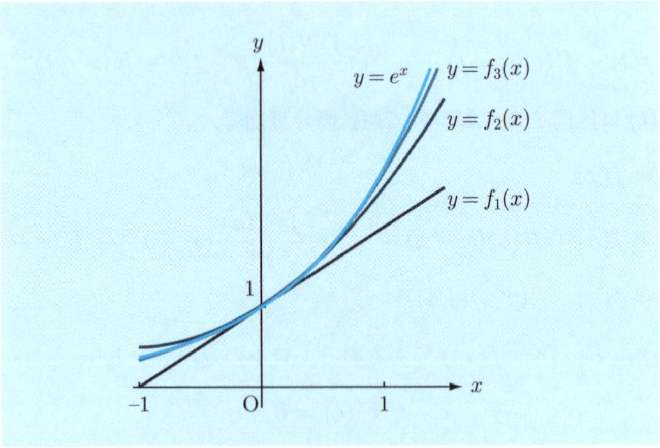

図 4.1 指数関数 $y=e^x$

例 4.6 理工学において，$|x|$ が 1 に比べて十分小さいとき

$$\sqrt{1+x} \fallingdotseq 1+\frac{x}{2}, \quad \sin x \fallingdotseq x \ \left(\text{または } x-\frac{x^3}{6}\right), \quad \cos x \fallingdotseq 1-\frac{x^2}{2}$$

などの近似をしばしば用いるが，これらはテイラーの公式を用いたものである．

テイラー級数 f を開区間 $I \subset \mathbb{R}$ で何回でも微分可能な関数とし，$a \in I$ とする．テイラーの公式 (4.3) の R_{n+1} を除いた式を $f(x)$ の近似式と考えたとき，$f(x)=e^x$ の例からも分かるとおり，n を大きくしていけば近似は良くなることが期待される．$n \to \infty$ のとき $R_{n+1} \to 0$ が成り立つときには，

$$f(x)=\sum_{n=0}^{\infty} \frac{f^{(n)}(a)}{n!}(x-a)^n$$

と無限級数の形に書くことができる．これを $f(x)$ の $x=a$ の周りでの**テイラー級数**または**テイラー展開**と呼ぶ．特に $a=0$ とおいた，

$$f(x)=\sum_{n=0}^{\infty} \frac{f^{(n)}(0)}{n!}x^n$$

を**マクローリン級数**または**マクローリン展開**ともいう．

以降，初等関数のテイラー級数を扱う．

指数関数のテイラー級数 はじめに指数関数 $f(x)=e^x$ を考える．(4.6) (例 4.5) において，x を任意に固定すると，

$$R_{n+1}=\frac{e^c x^{n+1}}{(n+1)!} \to 0 \quad (n \to \infty)$$

である (本章末問題 1 (g) 参照)．したがって，$f(x)=e^x$ の $x=0$ の周りでのテイラー級数は次式で与えられる．

$$e^x=\sum_{n=0}^{\infty} \frac{1}{n!}x^n = 1+x+\frac{1}{2}x^2+\frac{1}{6}x^3+\frac{1}{24}x^4+\frac{1}{120}x^5+\cdots$$

コメント 初学者にとって左辺と右辺が一致するというのは受け入れがたいかもしれない．そこで左辺と右辺の関数をそれぞれ

$$f(x)=e^x, \quad g(x)=1+x+\frac{1}{2}x^2+\frac{1}{6}x^3+\frac{1}{24}x^4+\frac{1}{120}x^5+\cdots$$

とおく．簡単に分かるとおり，$x=0$ における値がともに等しい．

$$f(0)=g(0)=1$$

次に $f(x)$ を微分しても

$$f'(x)=(e^x)'=e^x=f(x)$$

のように変わらないのはよく知られた事実である．$g(x)$ についても**項別微分**すると，

$$\begin{aligned} g'(x) &= \left(1+x+\frac{1}{2}x^2+\frac{1}{6}x^3+\frac{1}{24}x^4+\frac{1}{120}x^5+\cdots\right)' \\ &= 0+1+x+\frac{1}{2}x^2+\frac{1}{6}x^3+\frac{1}{24}x^4+\cdots \end{aligned}$$

となって $g(x)$ に一致する．指数関数 $f(x)=e^x$ の微分しても変わらないという性質が $g(x)$ にそのまま受け継がれる．

コメント　証明は省略するが，べき級数 (4.2) は収束半径を r とするとき，区間 $(-r,r)$ において，各項を微分 (項別微分) または積分 (項別積分) したものは，それぞれ級数の和を微分または積分したものに等しい．詳しくは付録 B.2 を参照されたい．

三角関数のテイラー級数　次に三角関数 $\sin x$, $\cos x$ のテイラー級数を扱う．剰余項 R_{n+1} の評価は省略するが，これらのテイラー級数は以下の通りである．

$$\sin x=\sum_{n=0}^{\infty}\frac{(-1)^n}{(2n+1)!}x^{2n+1}=x-\frac{1}{6}x^3+\frac{1}{120}x^5-\frac{1}{5040}x^7+\cdots \tag{4.7}$$

$$\cos x=\sum_{n=0}^{\infty}\frac{(-1)^n}{(2n)!}x^{2n}=1-\frac{1}{2}x^2+\frac{1}{24}x^4-\frac{1}{720}x^6+\cdots \tag{4.8}$$

収束半径は ∞ である．$\sin x$ を微分すると $\cos x$ になるが，この性質は (4.7) 右辺を項別微分してみると (4.8) の右辺になることから分かるとおり，右辺のテイラー級数にも受け継がれている．

べき関数 $(1+x)^a$ のテイラー級数　最後に a を定数として，べき関数 $(1+x)^a$ のテイラー級数は以下の通りである．

$$\begin{aligned} (1+x)^a &= 1+ax+\frac{a(a-1)}{2}x^2+\cdots \\ &\quad +\frac{a(a-1)\cdots(a-n+1)}{n!}x^n+\cdots \quad (|x|<1) \end{aligned} \tag{4.9}$$

ただし，収束半径は 1 であることに注意する．特に $a = -1$ とおいた

$$\frac{1}{1+x} = 1 - x + x^2 - x^3 + \cdots + (-1)^n x^n + \cdots$$

は等比級数の公式に他ならない．

オイラーの公式　e^x のテイラー級数の公式において，x に ix ($i = \sqrt{-1}$ は虚数単位) を代入して実部と虚部に分ける．

$$\begin{aligned}
e^{ix} &= 1 + ix + \frac{1}{2}(ix)^2 + \frac{1}{6}(ix)^3 + \frac{1}{24}(ix)^4 + \frac{1}{120}(ix)^5 + \frac{1}{720}(ix)^6 + \cdots \\
&= 1 + ix - \frac{1}{2}x^2 - \frac{1}{6}ix^3 + \frac{1}{24}x^4 + \frac{1}{120}ix^5 - \frac{1}{720}x^6 + \cdots \\
&= \left(1 - \frac{1}{2}x^2 + \frac{1}{24}x^4 - \frac{1}{720}x^6 + \cdots\right) + i\left(x - \frac{1}{6}x^3 + \frac{1}{120}x^5 - \cdots\right)
\end{aligned}$$

上の式と (4.7), (4.8) を比較してみよう．実部は $\cos x$ のテイラー級数に，虚部は $\sin x$ のテイラー級数に一致する．これを

$$e^{ix} = \cos x + i \sin x \tag{4.10}$$

と書いて**オイラーの公式**と呼ぶ．

三角関数で厄介な加法定理もオイラーの公式から簡単に得られる．(4.10) で x に $x + y$ を代入して

$$e^{i(x+y)} = \cos(x+y) + i\sin(x+y)$$

一方指数法則から左辺は

$$\begin{aligned}
e^{i(x+y)} &= e^{ix}e^{iy} = (\cos x + i\sin x)(\cos y + i\sin y) \\
&= (\cos x\cos y - \sin x\sin y) + i(\sin x\cos y + \cos x\sin y)
\end{aligned}$$

と変形され，上 2 式右辺の実部と虚部を比較すれば加法定理が得られる．

注意　上ではオイラーの公式から加法定理を得たが，これは循環論法なので証明ではない．実際，証明の流れとしては加法定理 → 三角関数の微分 → 三角関数のテイラー展開 → オイラーの公式である．あくまで加法定理を忘れた場合に思い出すための 1 手法であることを注意してほしい．

例題 4.5 **テイラー級数 (1)**

$f(x)=(1+x)^a$ (a は定数) の $x=0$ の周りでのテイラー級数を求めよ.

【解　答】 テイラー級数の公式

$$f(x)=f(0)+f'(0)x+\frac{f''(0)}{2}x^2+\cdots+\frac{f^{(n)}(0)}{n!}x^n+\cdots \qquad \cdots \quad (*)$$

より微分係数 $f^{(n)}(0)$ $(n=0,1,2,\cdots)$ を順次求めればよい.

$$f(x)=(1+x)^a \text{ より } f(0)=1$$
$$f'(x)=a(1+x)^{a-1} \text{ より } f'(0)=a$$
$$f''(x)=a(a-1)(1+x)^{a-2} \text{ より } f''(0)=a(a-1)$$

以後同様にして $f^{(n)}(x)=a(a-1)\cdots(a-n+1)(1+x)^{a-n}$ より

$$f^{(n)}(0)=a(a-1)\cdots(a-n+1).$$

これらの結果を $(*)$ に代入して, $f(x)=(1+x)^a$ のテイラー級数は

$$(1+x)^a=1+ax+\frac{a(a-1)}{2}x^2+\cdots+\frac{a(a-1)\cdots(a-n+1)}{n!}x^n+\cdots$$

なお $a_n=\dfrac{a(a-1)\cdots(a-n+1)}{n!}$ とおくと, $\displaystyle\lim_{n\to\infty}\left|\frac{a_{n+1}}{a_n}\right|=\lim_{n\to\infty}\left|\frac{a-n}{n+1}\right|=1$ なので収束半径は 1 である.

コメント

1. 上式は**一般化 2 項係数** $\displaystyle\binom{a}{n}=\begin{cases}\frac{a(a-1)\cdots(a-n+1)}{n!} & (n>0)\\ 1 & (n=0)\\ 0 & (n<0)\end{cases}$ を用いて,

$$(1+x)^a=\sum_{n=0}^{\infty}\binom{a}{n}x^n$$

とも書ける.

2. $a=N$ (自然数) のとき, $a_{N+1}=a_{N+2}=\cdots=0$ となって, N 次多項式となるが, これは **2 項定理**そのものである.

問　題

5.1 関数 $f(x)=\mathrm{Arctan}\,x$ の $x=-1$ の周りでのテイラー級数を $(x+1)^3$ の項まで求めよ.

例題 4.6　**テイラー級数 (2)**

次の関数の $x=0$ の周りでのテイラー級数を 0 でないはじめの 3 項まで求めよ．

(a)　$e^{\frac{x^2}{2}}$　　(b)　$\cos x \sin x$　　(c)*　$\dfrac{1}{\sqrt{1+x+x^2}}$

$f(x)$ のテイラー級数を求めるには，次の 2 通りの手法がある．

(i)　微分係数 $f^{(n)}(0)$ を求める．

(ii)　既知のテイラー級数を利用する．

ここでは手法 (ii) を利用する．「0 でないはじめの 3 項まで求めよ」と「x^2 の項まで求めよ」という表現の違いに注意．

【解　答】　(a)　e^x のテイラー級数 $e^x = 1 + x + \dfrac{1}{2}x^2 + \cdots$ において，x を $\dfrac{x^2}{2}$ で置き換える．

$$e^{\frac{x^2}{2}} = 1 + \frac{x^2}{2} + \frac{1}{2}\left(\frac{x^2}{2}\right)^2 + \cdots = 1 + \frac{1}{2}x^2 + \frac{1}{8}x^4 + \cdots$$

(b)　倍角の公式より $\cos x \sin x = \frac{1}{2}\sin(2x)$ である．$\sin x$ のテイラー級数 $\sin x = x - \dfrac{1}{6}x^3 + \dfrac{1}{120}x^5 - \cdots$ で x を $2x$ で置き換える．

$$\frac{1}{2}\sin 2x = \frac{1}{2}\left\{2x - \frac{1}{6}(2x)^3 + \frac{1}{120}(2x)^5 - \cdots\right\} = x - \frac{2}{3}x^3 + \frac{2}{15}x^5 - \cdots$$

【別　解】　$\sin x$ および $\cos x$ のテイラー級数を代入して

$$\begin{aligned}\sin x \cos x &= \left(x - \frac{1}{6}x^3 + \frac{1}{120}x^5 - \cdots\right) \times \left(1 - \frac{1}{2}x^2 + \frac{1}{24}x^4 - \cdots\right)\\ &= x - \left(\frac{1}{6} + \frac{1}{2}\right)x^3 + \left(\frac{1}{24} + \frac{1}{12} + \frac{1}{120}\right)x^5 - \cdots = x - \frac{2}{3}x^3 + \frac{2}{15}x^5 - \cdots\end{aligned}$$

(c)　前の例題 4.5 で $a = -\frac{1}{2}$ として，$(1+x)^{-\frac{1}{2}} = \frac{1}{\sqrt{1+x}}$ のテイラー級数 $(1+x)^{-\frac{1}{2}} = 1 - \dfrac{1}{2}x + \dfrac{3}{8}x^2 - \cdots$ を得る．ここで，x を $x + x^2$ で置き換える．

$$\frac{1}{\sqrt{1+x+x^2}} = 1 - \frac{1}{2}(x+x^2) + \frac{3}{8}(x+x^2)^2 - \cdots = 1 - \frac{1}{2}x - \frac{1}{8}x^2 + \cdots$$

問　題

6.1　次の関数の $x=0$ の周りでのテイラー級数を求めよ．

(a)　e^{ax}　　(b)　$\dfrac{1}{a+bx}$　$(a \neq 0)$　　(c)　$\cos^2 x$

例題 4.7 ―――― **関数の近似値**

次の関数の近似値を小数第 3 位まで求めよ．

(a) $\sqrt{1.004}$　　　(b) $\sin 12^\circ$

【解　答】 テイラーの定理を利用する．三角関数はラジアンに変更する．

(a) $f(x) = \sqrt{1+x}$ に対してテイラーの定理より実数 c が 0 と x の間に存在して，

$$f(x) = f(0) + f'(0)x + R_2 = 1 + \frac{1}{2}x + R_2$$
$$R_2 = \frac{f''(c)}{2}x^2 = -\frac{1}{4(1+c)^{\frac{3}{2}}}x^2$$

が成り立つ．$x = 0.004$ を代入すると，

$$\sqrt{1.004} = f(0.004) \fallingdotseq 1 + \frac{1}{2} \times 0.004 = 1.002$$

なお $x = 0.004$ のとき剰余項 $|R_2| < \frac{1}{4} \times (0.004)^2 = 4 \times 10^{-6}$ は 10^{-3} に比べて十分小さいとして無視できる．

(b) $f(x) = \sin x$ に対してテイラーの定理より実数 c が 0 と x の間に存在して，

$$f(x) = x - \frac{1}{6}x^3 + R_5, \quad R_5 = \frac{f^{(5)}(c)}{5!}x^5 = \frac{\cos c}{120}x^5$$

ここで $x = 12^\circ = \frac{\pi}{15} \fallingdotseq 0.209$ を代入すると

$$\sin\frac{\pi}{15} \fallingdotseq \frac{\pi}{15} - \frac{1}{6}\left(\frac{\pi}{15}\right)^3 \fallingdotseq 0.208$$

であり，剰余項 $|R_5| < \frac{1}{120}(\frac{\pi}{15})^5 \fallingdotseq 3.3 \times 10^{-6}$ は 10^{-3} に比べて十分小さいとして無視できる．

問　題

7.1 次の近似値を小数第 3 位まで求めよ．

(a) $\sqrt[3]{8.04}$　　(b) $\sqrt[20]{e}$　　(c)* $\cos 42^\circ$

ヒント (c) は $\cos(\frac{\pi}{4} - \frac{\pi}{60})$ と変形し，加法定理を用いる．

7.2* テイラーの定理を用いて次の極限を求めよ．

(a) $\displaystyle\lim_{x\to 0} \frac{\frac{1}{\sqrt{1+x+x^2}} - 1 + \frac{x}{2}}{x^2}$　　(b) $\displaystyle\lim_{x\to 0} \frac{\log(1+x)\log(1+x^2)}{\sin^3 x}$

第4章演習問題

1. 次の数列 $\{a_n\}$ の収束・発散を調べよ．収束する場合はその極限値を求めよ．α, β は定数とする．

(a) $a_n = \dfrac{n^3 + 2n}{n^2 + 2n + 1}$ (b) $a_n = \dfrac{\sqrt{n} - 1}{n - 1}$

(c) $a_n = \dfrac{n^3}{1^2 + 2^2 + \cdots + n^2}$ (d) $a_n = \tan^n \theta \quad \left(0 \leq \theta < \dfrac{\pi}{2}\right)$

(e) $a_n = \log \dfrac{2n^2}{n^2 + n + 1}$ (f) $a_n = \dfrac{\alpha^n - 2}{\alpha^n + 2}$

(g) $a_n = \dfrac{n!}{3^n}$ (h) $a_n = \dfrac{1}{n} \log(e^{\alpha n} + e^{\beta n})$

2. 次の級数の収束・発散を調べよ．収束する場合はその極限値を求めよ．

(a) $\displaystyle\sum_{n=1}^{\infty} \frac{3^{n-1} + (-5)^n}{6^{n-1}}$ (b) $\displaystyle\sum_{n=1}^{\infty} \frac{1}{n(n+1)(n+2)}$

(c) $1 - \dfrac{1}{2} + \dfrac{1}{2} - \dfrac{1}{3} + \dfrac{1}{3} - \dfrac{1}{4} + \dfrac{1}{4} - \cdots$

(d) $1 + \dfrac{1}{1+2} + \dfrac{1}{1+2+3} + \cdots + \dfrac{1}{1+2+\cdots+n} + \cdots$

3. 次の関数の $x = 0$ の周りにおけるテイラー級数を x^3 の項まで求めよ．

(a) $\dfrac{1}{(2+3x)^2}$ (b) $\tan x$

(c) $\sin \dfrac{x}{2}$ (d) $\mathrm{Arctan}\, x$

(e) $\log(1 + \sin x)$ (f) $\sqrt{4 + x}$

4.* 極限 $\displaystyle\lim_{x \to 0} \frac{\left(\frac{\sin x}{x}\right)^x - 1}{x^3}$ を求めよ．

5 不定積分

5.1 簡単な関数の不定積分

関数 $f(x)$ が与えられたとき，$F'(x)=f(x)$ となる関数 $F(x)$ を $f(x)$ の**原始関数**という．このとき $F(x)+C$ (C は任意定数) も $f(x)$ の原始関数である．$f(x)$ の原始関数全体を $f(x)$ の**不定積分**といい，$\int f(x)dx$ で表す．$f(x)$ の原始関数の 1 つを $F(x)$ とするとき，不定積分は次のように表される．

$$\int f(x)dx = F(x)+C$$

関数 $f(x)$ の不定積分を求めることを $f(x)$ を**積分**するといい，$f(x)$ を**被積分関数**と呼ぶ．C は**積分定数**と呼ばれる．微分の章で学んだとおり，

$$(x^{a+1})' = (a+1)x^a \quad \therefore \quad \left\{\frac{1}{a+1}x^{a+1}\right\}' = x^a, \qquad (\log|x|)' = \frac{1}{x}$$

であることから x^a の不定積分について，次の公式を得る．

$$a \neq -1 \text{ のとき} \quad \int x^a dx = \frac{1}{a+1}x^{a+1}+C$$

$$a = -1 \text{ のとき} \quad \int x^{-1} dx = \int \frac{dx}{x} = \log|x|+C$$

記法 $\int \frac{1}{f(x)}dx$ を $\int \frac{dx}{f(x)}$，$\int 1dx$ を $\int dx$ と書く．

次に初等関数の微分公式を逆に利用して得られる積分公式を以下に列挙する．

$$\int e^x dx = e^x + C, \qquad \int a^x dx = \frac{a^x}{\log a} + C$$

$$\int \sin x dx = -\cos x + C, \qquad \int \cos x dx = \sin x + C$$

$$\int \frac{dx}{\cos^2 x} = \tan x + C, \qquad \int \frac{dx}{\sin^2 x} = -\frac{1}{\tan x} + C$$

$$\int \frac{dx}{\sqrt{1-x^2}} = \mathrm{Arcsin}\, x + C, \qquad \int \frac{dx}{1+x^2} = \mathrm{Arctan}\, x + C$$

定理 5.1　**(積分の基本公式)**　以下の積分公式が成立する．

(i) $\displaystyle\int kf(x)dx = k\int f(x)dx$　(k は定数)

(ii) $\displaystyle\int\{f(x)\pm g(x)\}dx = \int f(x)dx \pm \int g(x)dx$

例題 5.1　　**初等関数の不定積分**

次の不定積分を求めよ．

(a) $\displaystyle\int(6x^2 - x - 2)dx$　　(b) $\displaystyle\int\frac{(\sqrt{t}+1)^2}{t}dt$

(c) $\displaystyle\int(\sin x + 3\cos x)dx$　　(d) $\displaystyle\int\tan^2\theta\, d\theta$

(e) $\displaystyle\int(e^x + x^e)dx$　　(f) $\displaystyle\int\frac{1-x^2}{1+x^2}dx$

【解　答】 (a) $\displaystyle 6\int x^2dx - \int xdx - 2\int dx = 2x^3 - \frac{1}{2}x^2 - 2x + C$

(b) 指数を用いて書き直す．なお変数が t になっても計算は同様である．

$$\int\frac{t+2t^{\frac{1}{2}}+1}{t}dx = \int(1+2t^{-\frac{1}{2}}+t^{-1})dt = t + 2\frac{1}{-\frac{1}{2}+1}t^{\frac{1}{2}} + \log|t| + C$$
$$= t + 4\sqrt{t} + \log|t| + C$$

(c) $\displaystyle\int\sin xdx + 3\int\cos xdx = -\cos x + 3\sin x + C$

(d) 三角関数の公式 $1+\tan^2\theta = \frac{1}{\cos^2\theta}$ より $\displaystyle\int\left(\frac{1}{\cos^2\theta}-1\right)d\theta = \tan\theta - \theta + C$

(e) $\displaystyle\int e^xdx + \int x^edx = e^x + \frac{1}{e+1}x^{e+1} + C$

(f) $\displaystyle\int\frac{2-(1+x^2)}{1+x^2}dx = 2\int\frac{dx}{1+x^2} - \int dx = 2\mathrm{Arctan}\, x - x + C$

問　題

1.1 次の不定積分を求めよ．

(a) $\displaystyle\int\left(y - \sqrt[3]{y} + \sqrt{3}\right)dy$　　(b) $\displaystyle\int(3x+1)(2x-1)dx$

(c) $\displaystyle\int\frac{2x^2+1}{x\sqrt{x}}dx$　　(d) $\displaystyle\int\cot^2\theta\, d\theta$

(e) $\displaystyle\int\frac{1-\sqrt{1-s^2}}{\sqrt{1-s^2}}ds$　　(f) $\displaystyle\int(3^x+1)^2dx$

5.2 置換積分と部分積分

$f(x)$ の原始関数を $F(x)$ とするとき，$a\ (\neq 0), b$ を定数として $f(ax+b)$ の原始関数はどうなるか．$F'(x) = f(x)$ および合成関数の微分公式より

$$\{F(ax+b)\}' = (ax+b)'F'(ax+b) = af(ax+b)$$

$F(ax+b)$ を微分すると $af(ax+b)$ である．つまり $\dfrac{1}{a}F(ax+b)$ を微分すると $f(ax+b)$ である．これから次の公式が成り立つ．なお以後は紙面の都合上 "$+C$" を省略する．

$$(1)\ :\ \int f(x)dx = F(x) \quad \Rightarrow \quad \int f(ax+b)dx = \frac{1}{a}F(ax+b) \quad (a \neq 0)$$

置換積分　$f(x)$ の不定積分 $y = \displaystyle\int f(x)dx$ で，$x = g(u)$ とおくと，合成関数の微分公式より

$$\frac{dy}{du} = \frac{dy}{dx}\frac{dx}{du} = f(x)g'(u) = f(g(u))g'(u)$$

両辺を u で積分することによって次の**置換積分**の公式を得る．

$$(2)\ :\ \int f(x)dx = \int f(g(u))g'(u)du \quad (x = g(u))$$

また，(2) で単に変数の書き換え $u \to x,\ x \to u$ を行って，次式を得る．

$$(3)\ :\ \int f(g(x))g'(x)dx = \int f(u)du \quad (u = g(x))$$

(3) で $f(u) = 1/u$ とおいて，

$$\int \frac{g'(x)}{g(x)}dx = \int \frac{du}{u} = \log|u| = \log|g(x)|$$

つまり次式を得る．

$$(4)\ :\ \int \frac{g'(x)}{g(x)}dx = \log|g(x)|$$

一般に有理関数の積分は難しいが，(4) のタイプ，つまり**分子が分母の微分 (の定数倍) に等しいタイプは簡単に積分できる．**

部分積分　積の微分公式 $(f(x)g(x))' = f'(x)g(x) + f(x)g'(x)$ の両辺を積分する．

$$\int (f(x)g(x))'dx = \int f'(x)g(x)dx + \int f(x)g'(x)dx$$

ここで左辺は $f(x)g(x)$ に等しいことに注意して移項すると**部分積分**の公式を得る．

$$\int f'(x)g(x)dx = f(x)g(x) - \int f(x)g'(x)dx$$

$$\Leftrightarrow \quad \int f(x)g'(x)dx = f(x)g(x) - \int f'(x)g(x)dx$$

例題 5.2　**$f(ax+b)$ の不定積分**

次の不定積分を求めよ．a は正定数とする

(a) $\displaystyle\int (3x-2)^5 dx$　(b) $\displaystyle\int \frac{dx}{4-3x}$　(c) $\displaystyle\int (3e^{-2x}+e^{\frac{x}{3}})dx$

(d) $\displaystyle\int \cos^2 x dx$　(e) $\displaystyle\int \frac{dx}{\sqrt{a^2-x^2}}$　(f) $\displaystyle\int \frac{dx}{a^2+x^2}$

積分公式 $\displaystyle\int f(ax+b)dx = \frac{1}{a}F(ax+b)$ を利用する．

【解　答】 (a) $\displaystyle\int (3x-2)^5 dx = \frac{1}{3}\cdot\frac{1}{6}(3x-2)^6 = \frac{1}{18}(3x-2)^6$

(b) $\displaystyle\int \frac{dx}{4-3x} = -\frac{1}{3}\log|4-3x|$

(c) $\displaystyle 3\int e^{-2x}dx + \int e^{\frac{x}{3}}dx = 3\cdot\left(-\frac{1}{2}e^{-2x}\right) + \frac{1}{\frac{1}{3}}e^{\frac{x}{3}} = -\frac{3}{2}e^{-2x} + 3e^{\frac{x}{3}}$

(d) 半角の公式より $\displaystyle\int \frac{1+\cos 2x}{2}dx = \frac{1}{2}x + \frac{1}{4}\sin 2x$

(e) $\displaystyle\int \frac{dx}{\sqrt{a^2-x^2}} = \frac{1}{a}\int \frac{dx}{\sqrt{1-(\frac{x}{a})^2}} = \frac{1}{a}\cdot a\mathrm{Arcsin}\,\frac{x}{a} = \mathrm{Arcsin}\,\frac{x}{a}$

(f) $\displaystyle\int \frac{dx}{a^2+x^2} = \frac{1}{a^2}\int \frac{dx}{1+(\frac{x}{a})^2} = \frac{1}{a^2}\cdot a\mathrm{Arctan}\,\frac{x}{a} = \frac{1}{a}\mathrm{Arctan}\,\frac{x}{a}$

問　題

2.1　次の不定積分を求めよ．

(a) $\displaystyle\int \frac{dx}{\sqrt[3]{(3x+5)^2}}$　(b) $\displaystyle\int (\cos x + \sin x)^2 dx$　(c) $\displaystyle\int \frac{dx}{2+6x+9x^2}$

例題 5.3 **置換積分**

次の不定積分を求めよ．

(a) $\displaystyle\int x(x^2+2)^5dx$ (b) $\displaystyle\int \sin^3 x\cos x dx$ (c) $\displaystyle\int \frac{dx}{\sqrt{x}(\sqrt{x}+1)}$

(d) $\displaystyle\int x^2e^{x^3}dx$ (e) $\displaystyle\int \frac{2x+1}{x^2+x+2}dx$ (f) $\displaystyle\int \tan x dx$

【解　答】 (a) $t=x^2+2$ とおく．$\frac{dt}{dx}=2x \Leftrightarrow \frac{1}{2}dt=xdx$ より，t での積分に書き換えて

$$\int x(x^2+2)^5dx=\int t^5\cdot\frac{1}{2}dt=\frac{1}{12}t^6=\frac{1}{12}(x^2+2)^6$$

(b) $t=\sin x$ とおく．$\frac{dt}{dx}=\cos x \Leftrightarrow dt=\cos x dx$ より

$$\int \sin^3 x\cos x dx=\int t^3dt=\frac{1}{4}t^4=\frac{1}{4}\sin^4 x$$

(c) $\sqrt{x}=t \Leftrightarrow x=t^2$ とおく．$\frac{dx}{dt}=2t \Leftrightarrow dx=2tdt$ より

$$\int\frac{dx}{\sqrt{x}(\sqrt{x}+1)}=\int\frac{2tdt}{t(t+1)}=2\log|t+1|=2\log\left|\sqrt{x}+1\right|$$

(d) $t=x^3$ とおく．$\frac{dt}{dx}=3x^2 \Leftrightarrow \frac{1}{3}dt=x^2dx$ より

$$\int x^2e^{x^3}dx=\frac{1}{3}\int e^tdt=\frac{1}{3}e^t=\frac{1}{3}e^{x^3}$$

(e) 公式 $\displaystyle\int\frac{g'(x)}{g(x)}=\log|g(x)|$ を用いる．

$$\int\frac{2x+1}{x^2+x+2}dx=\int\frac{(x^2+x+2)'}{x^2+x+2}dx=\log(x^2+x+2)$$

(f) (e) 同様

$$\int\tan x dx=\int\frac{\sin x}{\cos x}dx=-\int\frac{(\cos x)'}{\cos x}dx=-\log|\cos x|$$

問　題

3.1 次の不定積分を求めよ．

(a) $\displaystyle\int x\sqrt{x^2-1}\,dx$ (b) $\displaystyle\int\cos^4 x\sin x dx$ (c) $\displaystyle\int\frac{x^2}{1+x^6}dx$

(d) $\displaystyle\int\frac{e^x-e^{-x}}{e^x+e^{-x}}dx$ (e) $\displaystyle\int\frac{dx}{x\log x}dx$ (f) $\displaystyle\int\cot x dx$

例題 5.4　　**部分積分**

次の不定積分を求めよ．

(a) $\displaystyle\int x\cos x dx$　　(b) $\displaystyle\int x^2 e^x dx$

(c) $\displaystyle\int \mathrm{Arctan}\, x dx$　　(d) $\displaystyle\int e^x \sin x dx$

【解　答】 (a)　$x\cos x = x(\sin x)'$ と変形して部分積分の公式より，

$$\int x(\sin x)'dx = x\sin x - \int (x)'\sin x dx = x\sin x - \int \sin x dx = x\sin x + \cos x$$

(b)　$x^2e^x = x^2(e^x)'$ として部分積分の公式を 2 回適用する．

$$\int x^2(e^x)'dx = x^2e^x - \int (x^2)'e^x = x^2e^x - 2\int xe^x dx = x^2e^x - 2\int x(e^x)'dx$$

$$= x^2e^x - 2\left\{xe^x - \int (x)'e^x dx\right\} = x^2e^x - 2xe^x + 2e^x$$

(c)　$\mathrm{Arctan}\, x = 1 \cdot \mathrm{Arctan}\, x = (x)'\mathrm{Arctan}\, x$ として部分積分を行う．

$$\int (x)'\mathrm{Arctan}\, x dx = x\mathrm{Arctan}\, x - \int x(\mathrm{Arctan}\, x)'dx$$

$$= x\mathrm{Arctan}\, x - \int \frac{x}{1+x^2}dx$$

$$= x\mathrm{Arctan}\, x - \frac{1}{2}\int \frac{(1+x^2)'}{1+x^2}dx = x\mathrm{Arctan}\, x - \frac{1}{2}\log(1+x^2)$$

(d)　$I = \displaystyle\int e^x \sin x dx$ とおくと，部分積分を 2 回行って

$$I = \int (e^x)'\sin x dx = e^x\sin x - \int e^x\cos x dx = e^x\sin x - \int (e^x)'\cos x dx$$

$$= e^x\sin x - \left(e^x\cos x - \int e^x(\cos x)'dx\right) = e^x\sin x - e^x\cos x - I$$

移項して整理すると　$I = \displaystyle\int e^x\sin x dx = \frac{1}{2}e^x(\sin x - \cos x)$

問　題

4.1　次の不定積分を求めよ．

(a) $\displaystyle\int xe^{-x}dx$　　(b) $\displaystyle\int x^2\log x dx$

(c) $\displaystyle\int \log x dx$　　(d) $\displaystyle\int e^x\cos x dx$

5.3 さまざまな関数の不定積分*

有理関数の不定積分　有理関数

$$\int \frac{f(x)}{g(x)}dx, \quad f(x) = \sum_{i=0}^{m} a_i x^i, \quad g(x) = \sum_{j=0}^{n} b_j x^j$$

の積分は次のようにする．$m < n$ の場合分母 $g(x)$ を実数の範囲で因数分解した後，

$$\frac{A}{(x+a)^k}, \quad \frac{Bx+C}{(x^2+bx+c)^l} \quad (b^2 - 4c < 0)$$

の和の形に**部分分数分解**して積分を実行する．結果は有理関数，log，Arctan およびこれらの組み合わせで表現される．$m \geq n$ の場合は $f(x) = g(x)q(x) + r(x)$ のように割り算して $q(x) + \frac{r(x)}{g(x)}$ を積分すればよい．

三角関数に関する不定積分　$\int f(\sin x, \cos x)dx$ を計算するにあたってしばしば用いる公式を挙げる．

$$\cos^2 x = \frac{1+\cos 2x}{2}, \quad \sin^2 x = \frac{1-\cos 2x}{2}, \quad \sin x \cos x = \frac{\sin 2x}{2}$$

$$\sin x \cos y = \frac{1}{2}\big(\sin(x+y) + \sin(x-y)\big)$$

$$\cos x \cos y = \frac{1}{2}\big(\cos(x+y) + \cos(x-y)\big)$$

$$\sin x \sin y = \frac{1}{2}\big(-\cos(x+y) + \cos(x-y)\big)$$

また次の置換積分もしばしば用いられる．

$$t = \sin x, \quad t = \cos x, \quad t = \tan x, \quad t = \tan\frac{x}{2}$$

計算上の注意　被積分関数が $\sin x$，$\cos x$ の有理関数の場合，$t = \tan\frac{x}{2}$ の変換によって，t についての有理関数に帰着するので必ず積分できる．ただ計算は大変な場合が多いので，置換積分 $t = \sin x$，$\cos x$，$\tan x$ を順に試して積分できない場合の最後の切り札として使うとよい．

無理関数の不定積分　整式や有理式の n 乗根 (平方根 $\sqrt{\ }$，立方根 $\sqrt[3]{\ }$ など) を含む**無理関数**はいつも積分できるとは限らない．本節では適当な置換積分を用いて積分できる例を挙げる．

例題 5.5 ―― **有理関数の不定積分**

(a)　$f(x) = \dfrac{1}{(x-1)(x+1)(x+3)} = \dfrac{A}{x-1} + \dfrac{B}{x+1} + \dfrac{C}{x+3}$ を満たす定数 A, B, C を求め，$f(x)$ の不定積分を求めよ．

(b)　$g(x) = \dfrac{2x+1}{x^2(x^2+1)} = \dfrac{A}{x} + \dfrac{B}{x^2} + \dfrac{Cx+D}{x^2+1}$ を満たす定数 A, B, C, D を求め，$g(x)$ の不定積分を求めよ．

【解　答】 (a)　分母をはらって
$1 = A(x+1)(x+3) + B(x-1)(x+3) + C(x-1)(x+1)$．$x = 1, -1, -3$ を代入して，$A = \frac{1}{8}, B = -\frac{1}{4}, C = \frac{1}{8}$．

$$\therefore \int f(x)dx = \frac{1}{8}\int \frac{dx}{x-1} - \frac{1}{4}\int \frac{dx}{x+1} + \frac{1}{8}\int \frac{dx}{x+3}$$
$$= \frac{1}{8}(\log|x-1| - 2\log|x+1| + \log|x+3|) = \frac{1}{8}\log\left|\frac{(x-1)(x+3)}{(x+1)^2}\right|$$

(b)　分母をはらって，$2x+1 = (A+C)x^3 + (B+D)x^2 + Ax + B$．
係数比較して $A = 2, B = 1, C = -2, D = -1$．求める積分は

$$\int g(x)dx = \int \frac{2}{x}dx + \int \frac{dx}{x^2} - \int \frac{2x+1}{x^2+1}dx$$
$$= \int \frac{2}{x}dx + \int \frac{dx}{x^2} - \int \frac{(x^2+1)'}{x^2+1}dx - \int \frac{dx}{x^2+1}$$
$$= 2\log|x| - \frac{1}{x} - \log(x^2+1) - \mathrm{Arctan}\, x = \log\frac{x^2}{x^2+1} - \frac{1}{x} - \mathrm{Arctan}\, x$$

計算上の注意　部分分数展開の係数を決めるには係数比較法，代入法あるいはこれらをうまく組み合わせて用いればよい．

問　題

5.1　部分分数分解を用いて次の不定積分を求めよ．

(a)　$\displaystyle\int \frac{3x-1}{(x-1)^2(x+1)}dx$　　(b)　$\displaystyle\int \frac{x^2}{x^4+4}dx$

5.2*　$f(x) = x^2 + 2bx + c$ が次の場合に不定積分 $\displaystyle\int \frac{dx}{f(x)}$ を求めよ．

(a)　$f(x) = 0$ が異なる 2 実数解をもつ場合．

(b)　$f(x) = 0$ が重解をもつ場合．

(c)　$f(x) = 0$ が実数解をもたない場合．

例題 5.6　　**三角関数の不定積分**

次の不定積分を求めよ．a, b は正定数とする．

(a) $\displaystyle\int \sin ax \sin bx dx$　　(b) $\displaystyle\int \cos^4 x \sin^3 x dx$

(c) $\displaystyle\int \frac{dx}{a^2\cos^2 x + b^2\sin^2 x}$　　(d)* $\displaystyle\int \frac{dx}{1+\cos x+\sin x}$

【解　答】 (a)　積 → 和に直す．$a=b$ のときは $\sin^2(ax)=\frac{1-\cos(2ax)}{2}$ に注意する．

$$\frac{1}{2}\int\{\cos((a-b)x)-\cos((a+b)x)\}dx$$
$$=\begin{cases}\dfrac{1}{2(a-b)}\sin((a-b)x)-\dfrac{1}{2(a+b)}\sin((a+b)x) & (a\neq b)\\ \dfrac{x}{2}-\dfrac{1}{4a}\sin(2ax) & (a=b)\end{cases}$$

(b)　$t=\cos x$ とおくと $dt=-\sin x dx$ より，

$$-\int\cos^4 x\sin^2 x(-\sin x)dx=-\int\cos^4 x(1-\cos^2 x)(-\sin x)dx$$
$$=-\int t^4(1-t^2)dt=\frac{1}{7}t^7-\frac{1}{5}t^5=\frac{1}{7}\cos^7 x-\frac{1}{5}\cos^5 x$$

(c)　$t=\tan x$ とおく．$dt=\frac{dx}{\cos^2 x}$ および $\sin x=\cos x\tan x$ を用いて，

$$\int\frac{1}{a^2+b^2\tan^2 x}\cdot\frac{dx}{\cos^2 x}=\frac{1}{a^2}\int\frac{dt}{1+(\frac{bt}{a})^2}=\frac{1}{a^2}\frac{a}{b}\mathrm{Arctan}\,\frac{bt}{a}$$
$$=\frac{1}{ab}\mathrm{Arctan}\left(\frac{b}{a}\tan x\right)$$

(d)　$t=\tan\frac{x}{2}$ とおく．$\cos x=\frac{1-t^2}{1+t^2}$，$\sin x=\frac{2t}{1+t^2}$ (1.3 節問題 6.1 参照) および $dt=\frac{dx}{2\cos^2\frac{x}{2}}\Leftrightarrow dx=\frac{2dt}{1+t^2}$ を用いて変形すると

$$\int\frac{1}{1+\frac{1-t^2}{1+t^2}+\frac{2t}{1+t^2}}\cdot\frac{2dt}{1+t^2}=\int\frac{dt}{t+1}=\log|t+1|=\log\left|\tan\frac{x}{2}+1\right|$$

問　題

6.1　次の不定積分を求めよ．

(a) $\displaystyle\int\sin^2 ax\cos^2 ax dx$　$(a\neq 0)$　　(b) $\displaystyle\int\frac{\cos^3 x}{\sin^4 x}dx$

(c) $\displaystyle\int\frac{dx}{1+\tan x}$　　(d)* $\displaystyle\int\frac{dx}{5+3\cos x}$

例題 5.7 　　　　**無理関数の不定積分 ***

括弧内の変数変換を用いて次の不定積分を求めよ．

(a) $\displaystyle\int \sqrt{1-x^2}\,dx \qquad \left(x=\sin t,\quad -\frac{\pi}{2} \leq t \leq \frac{\pi}{2}\right)$

(b) $\displaystyle\int \frac{dx}{\sqrt{(1+x^2)^3}} \qquad \left(x=\tan t,\quad -\frac{\pi}{2} < t < \frac{\pi}{2}\right)$

(c) $\displaystyle\int \frac{dx}{\sqrt{x^2+a}} \qquad \left(t=x+\sqrt{x^2+a}\right)$

【解　答】 (a) $x=\sin t$ とおくと $dx=\cos t dt$ より

$$\int \sqrt{1-x^2}\,dx = \int \sqrt{1-\sin^2 t}\ \cos t dt$$

ここで $-\frac{\pi}{2} \leq t \leq \frac{\pi}{2}$ より，$\sqrt{1-\sin^2 t}=\cos t$ なので

$$= \int \cos^2 t dt = \int \frac{1+\cos 2t}{2} dt = \frac{t}{2}+\frac{1}{4}\sin 2t = \frac{t}{2}+\frac{1}{2}\sin t\cos t$$
$$= \frac{1}{2}\mathrm{Arcsin}\, x + \frac{1}{2}x\sqrt{1-x^2}$$

(b) $x=\tan t$ とすると $dx=\frac{1}{\cos^2 t}dt=(1+\tan^2 t)dt$ より，

$$\int \frac{dx}{\sqrt{(1+x^2)^3}} = \int \frac{1+\tan^2 t}{\sqrt{(1+\tan^2 t)^3}}dt = \int \frac{dt}{\sqrt{1+\tan^2 t}}$$

ここで $-\frac{\pi}{2} < t < \frac{\pi}{2}$ より $\sqrt{1+\tan^2 t}=\frac{1}{\cos t}$ なので

$$= \int \cos t dt = \sin t = \frac{x}{\sqrt{1+x^2}} \qquad \left(\because \quad \frac{1}{\tan^2 t} = \frac{1}{\sin^2 t}-1\right)$$

(c) $t=x+\sqrt{x^2+a}$ とすると，$dt=\frac{x+\sqrt{x^2+a}}{\sqrt{x^2+a}}\,dx \Leftrightarrow \frac{dt}{t}=\frac{dx}{\sqrt{x^2+a}}$ より

$$\int \frac{dx}{\sqrt{x^2+a}} = \int \frac{dt}{t} = \log|t| = \log\left|x+\sqrt{x^2+a}\right|$$

問　題

7.1* 　括弧内の変数変換を用いて次の不定積分を求めよ．

(a) $\displaystyle\int \frac{dx}{x^2\sqrt{1+x^2}} \qquad \left(x=\tan t,\quad -\frac{\pi}{2} < t < \frac{\pi}{2}\right)$

(b) $\displaystyle\int \sqrt{x^2+a}\,dx \qquad \left(t=x+\sqrt{x^2+a}\right)$

第5章演習問題

1. 次の不定積分を求めよ．

(a) $\displaystyle\int\left(x^3-x^2+4\sqrt{2}\,x+\frac{1}{3}\right)dx$　(b) $\displaystyle\int\left(2\cos 2x-3\sin\frac{x}{3}\right)dx$

(c) $\displaystyle\int\frac{2x^2+4x-1}{x}dx$　(d) $\displaystyle\int\cos^2\frac{x}{2}dx$

(e) $\displaystyle\int\left(x^{\sqrt{3}}+\frac{1}{3^x}\right)dx$　(f) $\displaystyle\int\frac{x^2}{(x^3+1)^3}dx$

(g) $\displaystyle\int\frac{(\log x)^2}{x}dx$　(h) $\displaystyle\int\tanh 3x\,dx$

(i) $\displaystyle\int\frac{dx}{\sqrt{1-x^2}\,\mathrm{Arcsin}\,x}$　(j) $\displaystyle\int\mathrm{Arcsin}\,x\,dx$

(k) $\displaystyle\int\frac{x}{\cos^2 x}dx$　(l) $\displaystyle\int x\,\mathrm{Arctan}\,x\,dx$

(m) $\displaystyle\int\frac{3x-1}{x^2+x-6}dx$　(n) $\displaystyle\int\frac{dx}{(x+1)(x+2)^2}$

(o) $\displaystyle\int\frac{dx}{x^3+8}$　(p) $\displaystyle\int\sin ax\cos bx\,dx\quad(a,b\neq 0)$

(q) $\displaystyle\int\cos^5 x\,dx$　(r) $\displaystyle\int\frac{dx}{\sin x}$

2.* 括弧内の変数変換を利用して次の不定積分を求めよ．

(a) $\displaystyle\int\frac{x^2}{\sqrt{1-x^2}}dx\ \ (t=\mathrm{Arcsin}\,x)$　(b) $\displaystyle\int\sqrt{\frac{1+x}{1-x}}dx\ \ \left(t=\sqrt{\frac{1+x}{1-x}}\right)$

(c) $\displaystyle\int\frac{dx}{5+4\cos x+3\sin x}\ \ \left(t=\tan\frac{x}{2}\right)$

3.* 以下の問に答えよ．

(a) $a<b$ を定数とする．括弧内の変数変換を用いて，次の不定積分を求めよ．

$$\int\frac{dx}{\sqrt{(x-a)(b-x)}}\qquad\left(t=\sqrt{\frac{x-a}{b-x}}\right)$$

(b) (a) の結果を用いて次の恒等式を示せ．

$$2\mathrm{Arctan}\sqrt{\frac{1+x}{1-x}}=\mathrm{Arcsin}\,x+\frac{\pi}{2}\quad(-1\leq x<1)$$

6 定 積 分

6.1 定積分の計算

$f(x)$ は区間 $[a,b]$ で**有界**であるとする．つまり x によらない定数 m, M が存在して，任意の $x \in [a,b]$ について $m \leq f(x) \leq M$ が成り立つものとする．このとき，$y = f(x)$ のグラフ，$y = 0$ (x 軸) および $x = a$，$x = b$ で囲まれた部分の面積 S を $f(x)$ の区間 $a \leq x \leq b$ における**定積分**といって $\displaystyle\int_a^b f(x)dx$ で表す．

コメント　$f(x) \leq 0$ の場合は負の面積を考える．

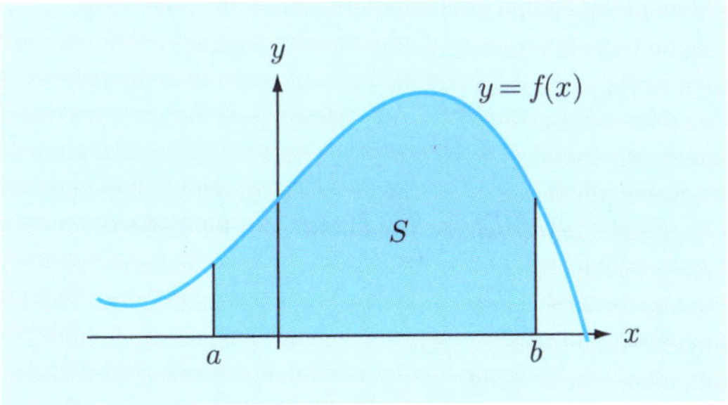

図 6.1　定積分と面積

詳しくいうと次の通りである．

定義 6.1　区間 $[a,b]$ において有界な関数 $f(x)$ が与えられたとする．$[a,b]$ を

$$a = x_0 < x_1 < x_2 < \cdots < x_n = b$$

のように n 個の小区間に分割する．$i = 1, 2, \cdots, n$ に対して，$x_{i-1} \leq t_i \leq x_i$ を満たす点 t_i を任意に取って，**リーマン和**を次式で定義する．

$$\sum_{i=1}^{n} f(t_i)\Delta_i, \quad \Delta_i := x_i - x_{i-1} \tag{6.1}$$

$[a,b]$ の分割を限りなく細かくするとき，(6.1) が分割の仕方や各 t_i の選び方によらず一定の値に近づくとき，$f(x)$ は $[a,b]$ において (リーマン) 積分可能であるといい，その値を $f(x)$ の区間 $[a,b]$ における**定積分**といって次式で表す．

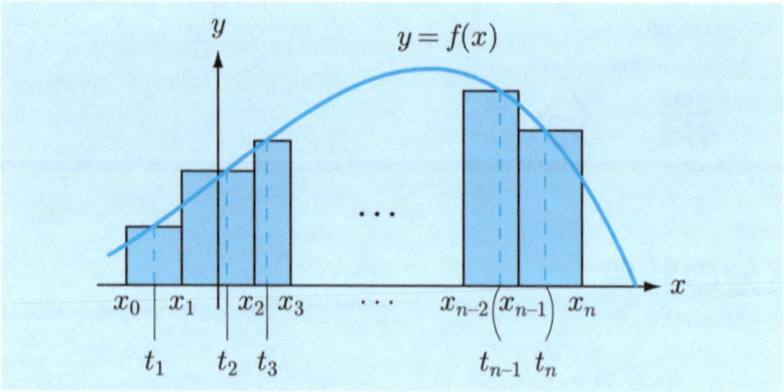

図 **6.2** リーマン和

$$\int_a^b f(x)dx := \lim_{\substack{n\to\infty \\ \max_i \Delta_i \to 0}} \sum_{i=1}^{n} f(t_i)\Delta_i \tag{6.2}$$

上の定義は $a < b$ を前提とするが，次式より $a > b$ や $a = b$ の場合にも拡張される．

$$\int_a^b f(x)dx = -\int_b^a f(x)dx, \quad \int_a^a f(x)dx = 0$$

計算上の注意 定積分の変数はどのように取っても変わらない．具体的には次の通りである．

$$\int_a^b f(x)dx = \int_a^b f(t)dt = \int_a^b f(\xi)d\xi$$

定理 6.1 （**定積分の諸性質**） $f(x)$, $g(x)$ が区間 $[a, b]$ で積分可能なとき，

(a) $\displaystyle\int_a^b \{f(x) + g(x)\}dx = \int_a^b f(x)dx + \int_a^b g(x)dx$

$\displaystyle\int_a^b cf(x)dx = c\int_a^b f(x)dx$ （c : 定数）

(b) $\displaystyle\int_a^b f(x)dx + \int_b^c f(x)dx = \int_a^c f(x)dx$

(c) $[a, b]$ において $f(x) \leq g(x) \Rightarrow \displaystyle\int_a^b f(x)dx \leq \int_a^b g(x)dx$

(d) $\displaystyle\left|\int_a^b f(x)dx\right| \leq \int_a^b |f(x)|dx$

(e) （**積分の平均値の定理**） $f(x)$, $g(x)$ が $[a, b]$ で連続，かつ $g(x) \geq 0 \Rightarrow$

$\displaystyle\int_a^b f(x)g(x)dx = f(c)\int_a^b g(x)dx$ なる $c \in (a, b)$ が少なくとも 1 つ存在．

コメント 関数 $f(x)$ が $[a,b]$ において有限個の**第 1 種不連続点**を除いて連続 (このような関数を**区分的に連続**な関数という) であるとき，$f(x)$ が連続であるような小区間ごとに積分を行い，性質 (b) を用いてそれらの和をとればよい．したがって，このような場合，有限閉区間で連続な関数の性質を調べれば十分である．

また次の定理は定積分の計算においてしばしば有用である．

定理 6.2 **1.** $f(x)$ が**偶関数**，つまり $f(-x)=f(x)$ のとき，次式が成り立つ．

$$\int_{-a}^{a} f(x)dx = 2\int_{0}^{a} f(x)dx$$

2. $f(x)$ が**奇関数**，つまり $f(-x)=-f(x)$ のとき，次式が成り立つ．

$$\int_{-a}^{a} f(x)dx = 0$$

これらはグラフを描いてみれば明らかであろう．

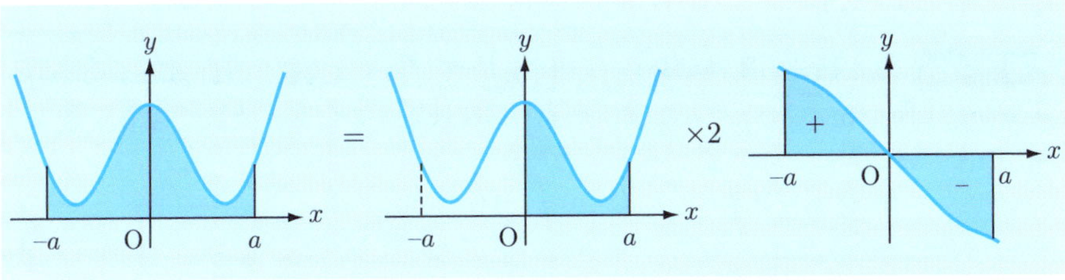

図 **6.3** 定積分と偶関数 (左)，奇関数 (右)

もっとも定積分を定義式 (6.2) を用いて直接計算するのは，楽ではない．これを解消するのが次の**微分積分学の基本定理**である．

定理 6.3 **(微分積分学の基本定理)** $y=f(x)$ が区間 $[a,b]$ において連続であるとする．関数 $S(x)$ を

$$S(x) = \int_{a}^{x} f(t)dt \quad (a \leq x \leq b) \tag{6.3}$$

で定義すると，$S(x)$ は $f(x)$ の原始関数の 1 つである．つまり次式が成り立つ．

$$\frac{d}{dx}\int_{a}^{x} f(t)dt = f(x) \tag{6.4}$$

この定理より，$F(x)$ を $f(x)$ の原始関数の 1 つとすると，C を適当な定数として，

$$S(x) = F(x) + C$$

が成立する．(6.3) に $x = b, a$ を代入して

$$S(b) = F(b) + C = \int_a^b f(t)dt$$

$$S(a) = F(a) + C = \int_a^a f(t)dt = 0$$

辺々引いて $$F(b) - F(a) = \int_a^b f(t)dt = \int_a^b f(x)dx$$

よって次の関係式が成り立つ．これは $f(x)$ の原始関数 $F(x)$ がわかれば $f(x)$ の定積分の値を次のように求めることができることを意味する．

$$\int_a^b f(x)dx = \Big[\ F(x)\ \Big]_a^b = F(b) - F(a)$$

定理 6.4 **(定積分の置換積分)** 区間 $[a, b]$ で $f(x)$ は連続，$g(t)$ は $a = g(\alpha)$, $b = g(\beta)$ かつ $a \leq g(t) \leq b$ を満たす C^1 級関数とするとき，次式が成立する．

$$\int_a^b f(x)dx = \int_\alpha^\beta f(g(t))g'(t)dt$$

定理 6.5 **(定積分の部分積分)** 区間 $[a, b]$ で $f(x), g(x)$ はともに C^1 級であるとする．このとき次式が成り立つ．

$$\int_a^b f'(x)g(x)dx = \Big[\, f(x)g(x)\,\Big]_a^b - \int_a^b f(x)g'(x)dx$$

例題 6.1 **定積分の計算**

次の定積分の値を求めよ.

(a) $\displaystyle\int_1^4 \frac{x^2 - 3x + 2\sqrt{x} - 1}{x} dx$　　(b) $\displaystyle\int_{-\frac{1}{2}}^{\frac{\sqrt{3}}{2}} \frac{dx}{\sqrt{1 - x^2}}$

(c) $\displaystyle\int_{-\frac{\pi}{6}}^{\frac{\pi}{6}} (3\tan x + \cos 2x) dx$　　(d) $\displaystyle\int_0^1 (4e^{2x} + e^{-x}) dx$

【解　答】 不定積分を利用して計算する.

(a)
$$\int_1^4 (x - 3 + 2x^{-\frac{1}{2}} - x^{-1}) dx = \left[\frac{1}{2}x^2 - 3x + 4x^{\frac{1}{2}} - \log|x| \right]_1^4$$
$$= 8 - 12 + 8 - \log 4 - \left(\frac{1}{2} - 3 + 4 - \log 1 \right) = \frac{5}{2} - 2\log 2$$

(b)
$$\int_{-\frac{1}{2}}^{\frac{\sqrt{3}}{2}} \frac{dx}{\sqrt{1 - x^2}} = \left[\operatorname{Arcsin} x \right]_{-\frac{1}{2}}^{\frac{\sqrt{3}}{2}} = \operatorname{Arcsin}\left(\frac{\sqrt{3}}{2} \right) - \operatorname{Arcsin}\left(-\frac{1}{2} \right)$$
$$= \frac{\pi}{3} - \left(-\frac{\pi}{6} \right) = \frac{\pi}{2}$$

(c) $\tan x$ は奇関数, $\cos 2x$ は偶関数であることに注意して, 定理 6.2 より
$$3\int_{-\frac{\pi}{6}}^{\frac{\pi}{6}} \tan x dx + \int_{-\frac{\pi}{6}}^{\frac{\pi}{6}} \cos 2x dx = 0 + 2\int_0^{\frac{\pi}{6}} \cos 2x dx$$
$$= \left[\sin 2x \right]_0^{\frac{\pi}{6}} = \frac{\sqrt{3}}{2}$$

(d)
$$\int_0^1 (4e^{2x} + e^{-x}) dx = \left[2e^{2x} - e^{-x} \right]_0^1 = 2e^2 - \frac{1}{e} - 1$$

問　題

1.1 次の定積分の値を求めよ.

(a) $\displaystyle\int_{-3}^1 (x^2 - 2x - 1) dx$　　(b) $\displaystyle\int_1^{\sqrt{3}} \frac{dx}{1 + x^2}$

(c) $\displaystyle\int_0^2 \frac{dx}{(x+1)(x+2)}$　　(d) $\displaystyle\int_0^{\frac{\pi}{2}} \sin^2 x dx$

1.2* 定積分 $\displaystyle\int_{-1}^2 \sqrt{4 - x^2}\, dx$ の値を求めよ.

ヒント　$y = \sqrt{4 - x^2}$ のグラフを調べよ.

例題 6.2 **定積分の置換積分**

次の定積分の値を求めよ．

(a) $\displaystyle\int_0^1 x(x^2+1)^3 dx$ (b) $\displaystyle\int_0^{\frac{\pi}{2}} \sin^4 x \cos x dx$

(c) $\displaystyle\int_{\frac{1}{e}}^{e} \frac{(\log x)^2}{x} dx$ (d)* $\displaystyle\int_0^{\frac{1}{2}} \frac{x^2}{\sqrt{1-x^2}} dx$

定積分の置換積分は積分区間の変更にも注意する．

【解 答】 (a) $t = x^2+1$ とおくと $dt = 2xdx$．また $x : 0 \to 1$ のとき $t : 1 \to 2$ であるから

$$\int_0^1 x(x^2+1)^3 dx = \int_1^2 t^3 \frac{1}{2} dt = \left[\frac{1}{8}t^4\right]_1^2 = \frac{15}{8}$$

(b) $t = \sin x$ とおくと $dt = \cos x dx$．また $x : 0 \to \frac{\pi}{2}$ のとき $t : 0 \to 1$ であるから

$$\int_0^{\frac{\pi}{2}} \sin^4 x \cos x dx = \int_0^1 t^4 dt = \left[\frac{1}{5}t^5\right]_0^1 = \frac{1}{5}$$

(c) $t = \log x$ とおくと $dt = \frac{dx}{x}$．また $x : \frac{1}{e} \to e$ のとき $t : -1 \to 1$ であるから

$$\int_{\frac{1}{e}}^{e} \frac{(\log x)^2}{x} dx = \int_{-1}^{1} t^2 dt$$

t^2 は偶関数なので定理 6.2 より

$$= 2\int_0^1 t^2 dt = 2\left[\frac{1}{3}t^3\right]_0^1 = \frac{2}{3}$$

(d) $x = \sin t$ とおくと $dx = \cos t dt$．また $x : 0 \to \frac{1}{2}$ のとき $t : 0 \to \frac{\pi}{6}$ であるから

$$\int_0^{\frac{1}{2}} \frac{x^2}{\sqrt{1-x^2}} dx = \int_0^{\frac{\pi}{6}} \frac{\sin^2 t}{\sqrt{1-\sin^2 t}} \cos t dt = \int_0^{\frac{\pi}{6}} \sin^2 t dt$$

$$= \frac{1}{2}\int_0^{\frac{\pi}{6}} (1-\cos 2t) dt = \frac{1}{2}\left[t - \frac{1}{2}\sin 2t\right]_0^{\frac{\pi}{6}} = \frac{\pi}{12} - \frac{\sqrt{3}}{8}$$

問 題

2.1 次の定積分の値を求めよ．

(a) $\displaystyle\int_0^4 \frac{x}{\sqrt{x^2+9}} dx$ (b) $\displaystyle\int_0^{\frac{\pi}{2}} \sin^3 x \cos^2 x dx$

例題 6.3 **定積分の部分積分**

次の定積分の値を求めよ．

(a) $\displaystyle\int_0^1 xe^{-x}dx$　　(b) $\displaystyle\int_0^{\sqrt{3}} \mathrm{Arctan}\, xdx$

(c) $\displaystyle\int_0^{\pi} e^x \cos xdx$　　(d) $\displaystyle\int_1^e (\log x)^2 dx$

【解　答】 (a)

$$\int_0^1 x(-e^{-x})'dx = \Big[-xe^{-x}\Big]_0^1 - \int_0^1(-e^{-x})dx = -\frac{1}{e} - \Big[e^{-x}\Big]_0^1$$
$$= -\frac{1}{e} - \left(\frac{1}{e} - 1\right) = 1 - \frac{2}{e}$$

(b) $$\int_0^{\sqrt{3}} x'\mathrm{Arctan}\, xdx = \Big[x\mathrm{Arctan}\, x\Big]_0^{\sqrt{3}} - \int_0^{\sqrt{3}} x\cdot\frac{1}{1+x^2}dx$$
$$= \sqrt{3}\ \mathrm{Arctan}\sqrt{3} - \left[\frac{1}{2}\log(1+x^2)\right]_0^{\sqrt{3}} = \frac{\pi}{\sqrt{3}} - \log 2$$

(c) $I = \displaystyle\int_0^{\pi} e^x \cos xdx$ とおくと

$$I = \int_0^{\pi} e^x(\sin x)'dx = \Big[e^x \sin x\Big]_0^{\pi} - \int_0^{\pi}(e^x)'\sin xdx = -\int_0^{\pi} e^x \sin xdx$$
$$= \int_0^{\pi} e^x(\cos x)'dx = \Big[e^x\cos x\Big]_0^{\pi} - \int_0^{\pi}(e^x)'\cos xdx = -e^{\pi} - 1 - I$$

I について解いて　$I = \displaystyle\int_0^{\pi} e^x\cos xdx = -\frac{e^{\pi}+1}{2}$

(d) $$\int_1^e x'(\log x)^2dx = \Big[x(\log x)^2\Big]_1^e - \int_1^e x\{(\log x)^2\}'dx$$

$\{(\log x)^2\}' = 2\log x(\log x)' = \dfrac{2\log x}{x}$ より

$$= e - 2\int_1^e \log xdx = e - 2\left\{\Big[x\log x\Big]_1^e - \int_1^e dx\right\} = e - 2$$

問　題

3.1 次の定積分の値を求めよ．

(a) $\displaystyle\int_0^1 x\log(x^2+1)dx$　　(b) $\displaystyle\int_0^{\frac{\sqrt{3}}{2}} \frac{x\mathrm{Arcsin}\, x}{\sqrt{1-x^2}}dx$

例題 6.4 **置換積分，部分積分の応用**

次の問に答えよ．

(a) $n=0,1,2,\cdots$ とする．$\displaystyle\int_0^{\frac{\pi}{2}} \sin^n x dx = \int_0^{\frac{\pi}{2}} \cos^n x dx$ を示せ．

(b) $\displaystyle I_n = \int_0^{\frac{\pi}{2}} \sin^n x dx$ とおくとき，I_0, I_1, I_2 を求めよ．

(c) $\displaystyle I_4 = \int_0^{\frac{\pi}{2}} \sin^4 x dx$ の値を求めよ．

【解　答】 (a) $t = \frac{\pi}{2} - x$ とおくと，$dt = -dx$．また $x : 0 \to \frac{\pi}{2}$ のとき $t : \frac{\pi}{2} \to 0$ なので

$$\int_0^{\frac{\pi}{2}} \sin^n x dx = \int_{\frac{\pi}{2}}^0 \left\{\sin\left(\frac{\pi}{2} - t\right)\right\}^n (-dt) = \int_0^{\frac{\pi}{2}} \cos^n t dt = \int_0^{\frac{\pi}{2}} \cos^n x dx$$

(b) $$I_0 = \int_0^{\frac{\pi}{2}} dx = \frac{\pi}{2}, \qquad I_1 = \int_0^{\frac{\pi}{2}} \sin x dx = \Big[-\cos x\Big]_0^{\frac{\pi}{2}} = 1$$

$$I_2 = \int_0^{\frac{\pi}{2}} \sin^2 x dx = \int_0^{\frac{\pi}{2}} \frac{1-\cos 2x}{2} dx = \left[\frac{x}{2} - \frac{1}{4}\sin 2x\right]_0^{\frac{\pi}{2}} = \frac{\pi}{4}$$

(c) $$I_4 = \int_0^{\frac{\pi}{2}} \sin^4 x dx = \int_0^{\frac{\pi}{2}} \sin^3 x \sin x dx = \int_0^{\frac{\pi}{2}} \sin^3 x(-\cos x)' dx$$

$$= \Big[-\sin^3 x \cos x\Big]_0^{\frac{\pi}{2}} + \int_0^{\frac{\pi}{2}} (\sin^3 x)' \cos x dx = \int_0^{\frac{\pi}{2}} 3\sin^2 x \cos^2 x dx$$

$$= \int_0^{\frac{\pi}{2}} 3\sin^2 x(1-\sin^2 x) dx = 3I_2 - 3I_4$$

移項して (b) の結果より　$\displaystyle I_4 = \frac{3}{4} I_2 = \frac{3}{16}\pi$

重要 $n \geq 2$ のとき以下の公式が成り立つ．

$$(*) : \int_0^{\frac{\pi}{2}} \sin^n x dx = \int_0^{\frac{\pi}{2}} \cos^n x dx = \begin{cases} \dfrac{n-1}{n}\dfrac{n-3}{n-2}\cdots\dfrac{2}{3} & (n : 奇数) \\[2ex] \dfrac{n-1}{n}\dfrac{n-3}{n-2}\cdots\dfrac{1}{2}\dfrac{\pi}{2} & (n : 偶数) \end{cases}$$

問　題

4.1 上の例題の I_n は漸化式 $I_n = \dfrac{n-1}{n} I_{n-2}$ $(n \geq 2)$ を満たすことを示し，公式 $(*)$ を示せ．次に I_{10} の値を求めよ．

6.2 広義積分

定積分は通常有限閉区間における連続関数 (少なくとも有界な積分可能な関数) に対して定義される．区間内の点で被積分関数 $f(x)$ が有界でなかったり (このような点を**特異点**という)，積分区間が無限大であったりする場合，定積分の定義を拡張する必要がある．

変格積分　積分区間 $[a, b]$ の端点 $x = a$ が $f(x)$ の特異点である場合を考える．$\varepsilon > 0$ を微小な正数として，定積分 $\displaystyle\int_{a+\varepsilon}^{b} f(x)dx$ が定義できる．この定積分が $\varepsilon \to +0$ の極限で値をもつならばこれを

$$\int_{a}^{b} f(x)dx = \lim_{\varepsilon \to +0} \int_{a+\varepsilon}^{b} f(x)dx$$

と表して，$f(x)$ の**変格積分**と呼ぶ．$x = a$ 以外の点が特異点である場合も，同様の考え方で定義する．

無限積分　次に積分区間が無限にわたる積分を考える．このような積分を**無限積分**と呼ぶ．具体的に $f(x)$ が区間 $[a, \infty)$ で連続な場合，$[a, M]$ における定積分 $\displaystyle\int_{a}^{M} f(x)dx$ を求め，$M \to \infty$ の極限が存在するときこの極限値を

$$\int_{a}^{\infty} f(x)dx = \lim_{M \to \infty} \int_{a}^{M} f(x)dx$$

と表す．変格積分と無限積分をまとめて**広義積分**と呼ぶ．

重要　特異点や無限区間を扱う広義積分は発散することもある．この場合，広義積分は存在しない．

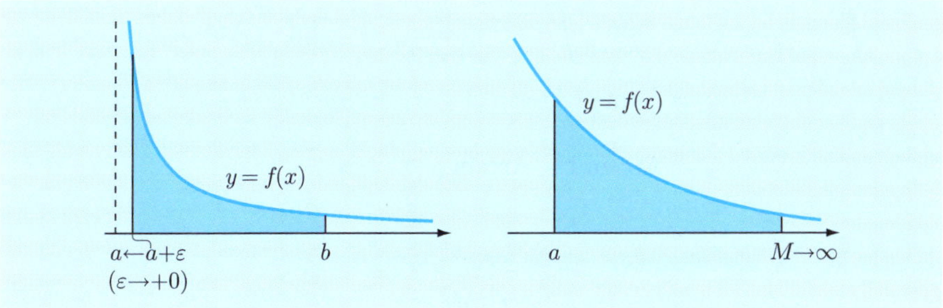

図 6.4　(左)：変格積分と (右)：無限積分

例題 6.5 **変格積分**

次の変格積分が存在すれば求めよ．

(a) $\displaystyle\int_0^1 \frac{dx}{\sqrt{x}}$ (b) $\displaystyle\int_0^1 \frac{dx}{x^2}$

(c) $\displaystyle\int_1^e \frac{dx}{x\log x}$ (d) $\displaystyle\int_{-1}^1 \frac{dx}{\sqrt{1-x^2}}$

【解 答】 (a) $x=0$ が特異点なので

$$\int_0^1 \frac{dx}{\sqrt{x}} = \lim_{\varepsilon\to+0}\int_\varepsilon^1 \frac{dx}{\sqrt{x}} = \lim_{\varepsilon\to+0}\Big[2\sqrt{x}\Big]_\varepsilon^1 = \lim_{\varepsilon\to+0}(2-2\sqrt{\varepsilon}) = 2$$

(b) $x=0$ が特異点なので

$$\int_0^1 \frac{dx}{x^2} = \lim_{\varepsilon\to+0}\int_\varepsilon^1 \frac{dx}{x^2} = \lim_{\varepsilon\to+0}\Big[-\frac{1}{x}\Big]_\varepsilon^1 = \lim_{\varepsilon\to+0}\left(-1+\frac{1}{\varepsilon}\right)$$

これは ∞ に発散する．よって (広義) 積分は存在しない．

(c) $x=1$ が特異点なので

$$\int_1^e \frac{dx}{x\log x} = \lim_{\varepsilon\to+0}\int_{1+\varepsilon}^e \frac{dx}{x\log x}$$

ここで $t=\log x$ とおくと $dt=\frac{dx}{x}$．$x: 1+\varepsilon\to e$ のとき $t: \log(1+\varepsilon)\to 1$ なので

$$= \lim_{\varepsilon\to+0}\int_{\log(1+\varepsilon)}^1 \frac{dt}{t} = \lim_{\varepsilon\to+0}\Big[\log t\Big]_{\log(1+\varepsilon)}^1 = \lim_{\varepsilon\to+0}\{-\log(\log(1+\varepsilon))\}$$

これは ∞ に発散する．よって (広義) 積分は存在しない．

(d) $x=-1,1$ に特異点をもつので

$$\int_{-1}^1 \frac{dx}{\sqrt{1-x^2}} = \lim_{\varepsilon,\delta\to+0}\int_{-1+\varepsilon}^{1-\delta} \frac{dx}{\sqrt{1-x^2}} = \lim_{\varepsilon,\delta\to+0}\Big[\mathrm{Arcsin}\,x\Big]_{-1+\varepsilon}^{1-\delta}$$
$$= \lim_{\varepsilon,\delta\to+0}\{\mathrm{Arcsin}\,(1-\delta)-\mathrm{Arcsin}\,(-1+\varepsilon)\}$$
$$= \mathrm{Arcsin}\,1-\mathrm{Arcsin}\,(-1) = \pi$$

問 題

5.1 a を正定数とする．変格積分 $\displaystyle\int_0^1 \frac{dx}{x^a}$ が存在するとき，a の値の範囲を求めよ．またそのとき変格積分の値を求めよ．

例題 6.6 **無限積分**

次の無限積分が存在すれば求めよ．

(a) $\displaystyle\int_1^\infty \frac{dx}{\sqrt{x}}$ (b) $\displaystyle\int_1^\infty \frac{dx}{x^2}$

(c) $\displaystyle\int_e^\infty \frac{dx}{x(\log x)^3}$ (d) $\displaystyle\int_0^\infty xe^{-ax}dx \quad (a>0)$

【解 答】 (a)

$$\int_1^\infty \frac{dx}{\sqrt{x}} = \lim_{M\to\infty}\int_1^M \frac{dx}{\sqrt{x}} = \lim_{M\to\infty}\Big[2\sqrt{x}\Big]_1^M = \lim_{M\to\infty}\Big(2\sqrt{M}-2\Big)$$

これは ∞ に発散する．よって (広義) 積分は存在しない．

(b) $$\int_1^\infty \frac{dx}{x^2} = \lim_{M\to\infty}\int_1^M \frac{dx}{x^2} = \lim_{M\to\infty}\Big[-\frac{1}{x}\Big]_1^M = \lim_{\varepsilon\to+0}\Big(-\frac{1}{M}+1\Big) = 1$$

(c) $$\int_e^\infty \frac{dx}{x(\log x)^3} = \lim_{M\to\infty}\int_e^M \frac{dx}{x(\log x)^3}$$

$t=\log x$ とおくと $dt=\dfrac{dx}{x}$. $x:e\to M$ のとき $t:1\to\log M$ なので

$$= \lim_{M\to\infty}\int_1^{\log M}\frac{dt}{t^3} = \lim_{M\to\infty}\Big[-\frac{1}{2t^2}\Big]_1^{\log M} = \lim_{M\to\infty}\Big\{-\frac{1}{2(\log M)^2}+\frac{1}{2}\Big\} = \frac{1}{2}$$

(d) $$\int_0^\infty xe^{-ax}dx = \lim_{M\to\infty}\int_0^M xe^{-ax}dx$$

$$\int_0^M xe^{-ax}dx = \int_0^M x\Big(-\frac{1}{a}e^{-ax}\Big)'dx = \Big[-x\frac{1}{a}e^{-ax}\Big]_0^M + \frac{1}{a}\int_0^M e^{-ax}dx$$

$$= -\frac{M}{ae^{aM}} + \Big[-\frac{1}{a^2}e^{-ax}\Big]_0^M = -\frac{M}{ae^{aM}} - \frac{1}{a^2e^{aM}} + \frac{1}{a^2}$$

$M\to\infty$ の極限をとって $\displaystyle\int_0^\infty xe^{-ax}dx = \frac{1}{a^2}$

問 題

6.1 a を正定数とする．無限積分 $\displaystyle\int_1^\infty \frac{dx}{x^a}$ が存在するとき，a の値の範囲を求めよ．またそのとき無限積分の値を求めよ．

6.2 ガンマ関数 $\Gamma(a) = \displaystyle\int_0^\infty x^{a-1}e^{-x}dx \quad (a>0)$ について以下の問に答えよ．

(a) $\Gamma(1)$, $\Gamma(2)$, $\Gamma(3)$ の値を求めよ．

(b) $\Gamma(a+1) = a\Gamma(a)$ であることを示し，n が自然数のとき $\Gamma(n) = (n-1)!$ であることを示せ．

6.3 定積分の応用

面積の計算　$y=f(x)$, x 軸および $x=a$, $x=b$ で囲まれる部分の**面積** S は

$$S=\int_a^b f(x)dx$$

で与えられる．なお $f(x) \leq 0$ $(a \leq x \leq b)$ の場合は S は負の面積を表す．

次に区間 $[a,b]$ において，2つの曲線 $y=f(x)$, $y=g(x)$ $(f(x) \geq g(x))$ の間にある部分の面積は

$$S=\int_a^b (f(x)-g(x))dx$$

で与えられる．区間 $[a,b]$ で $f(x) \geq g(x)$ とは限らない場合は次の通りである．

$$S=\int_a^b \Big|f(x)-g(x)\Big|dx$$

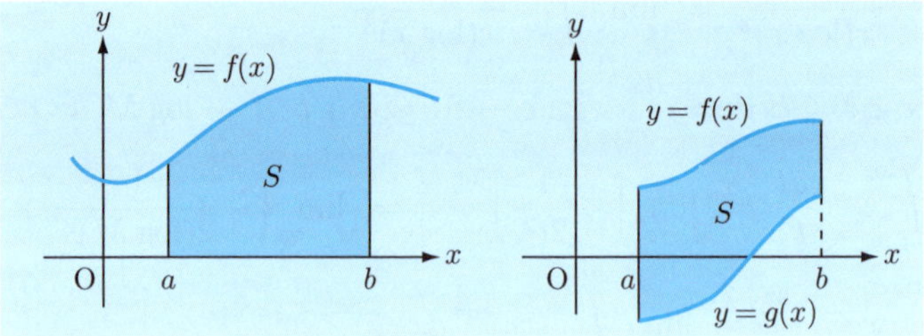

図 **6.5**　(左)：曲線と x 軸間の面積，(右)：2つの曲線間の面積

媒介変数表示された曲線 $x=x(t)$, $y=y(t)$ $(a \leq t \leq b)$ と x 軸および $x=x(a)$, $x=x(b)$ とで囲まれる部分の面積 S は次式で与えられる．

$$S=\int_{x(a)}^{x(b)} ydx=\int_a^b y\frac{dx}{dt}dt$$

極方程式 $r=f(\theta)$ $(\alpha \leq \theta \leq \beta)$ で表される曲線と $\theta=\alpha$, $\theta=\beta$ で表される半直線とで囲まれる部分の面積 S は次式で与えられる．

$$S=\frac{1}{2}\int_\alpha^\beta r^2 d\theta=\frac{1}{2}\int_\alpha^\beta \{f(\theta)\}^2 d\theta \qquad (6.5)$$

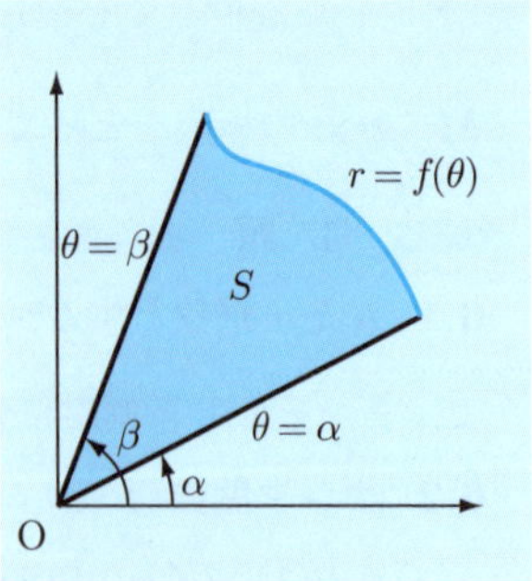

図 **6.6**　極方程式で表される曲線の面積

体積の計算 a, b を $a < b$ を満たす定数とする．右図のように，与えられた立体を，x 軸と点 $x \in [a, b]$ で垂直に交わる平面で切ったときの切り口の面積が $S(x)$ で与えられているとする (下図左参照)．立体の $x = a$ と $x = b$ との間にある部分の**体積** V は次式で与えられる．

$$V = \int_a^b S(x)dx \tag{6.6}$$

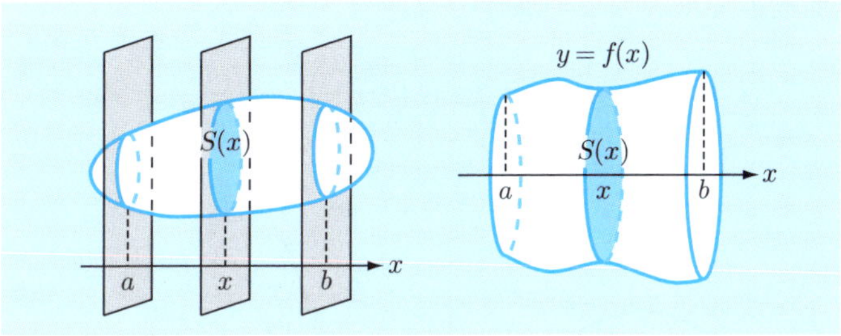

図 6.7 (左)：立体の体積，(右)：回転体の体積

特に曲線 $y = f(x)$ $(a \leq x \leq b)$ を x 軸のまわりに回転して得られる曲面と平面 $x = a, x = b$ で囲まれる立体 (回転体) の体積 V は (6.6) において $S(x) = \pi\{f(x)\}^2$ であることに注意して，次式で与えられる (上図右参照)．

$$V = \pi \int_a^b \{f(x)\}^2 dx \tag{6.7}$$

曲線の長さ $x_1(t)$, $x_2(t)$ $(a \leq t \leq b)$ を C^1 級の関数とする．3.5 節で学んだとおり，

$$C \ : \ \boldsymbol{x} = \boldsymbol{x}(t) = (x_1(t),\ x_2(t)) \quad (a \leq t \leq b)$$

は平面曲線を表した．この**曲線の長さ** l を定積分で表してみよう．

$\mathrm{A}(x_1(a), x_2(a))$，$\mathrm{B}(x_1(b), x_2(b))$ とし，点 A から C 上の点 $\mathrm{P}(x_1(t), x_2(t))$ までの曲線の長さを t の関数と考えて，$s = s(t)$ で表す．t が t から $t + \Delta t$ に変わるとき，$s(t)$, $x_1(t)$, $x_2(t)$ の増分をそれぞれ Δs, Δx_1, Δx_2 で表し，$t = t + \Delta t$ に対応する点を $\mathrm{Q}(x_1(t + \Delta t), x_2(t + \Delta t)) = (x_1 + \Delta x_1, x_2 + \Delta x_2)$ とする．$|\Delta t|$ が十分小さいとき，弧 PQ の長さ Δs は弦 PQ の長さ $|\Delta \boldsymbol{x}|$ にほぼ等しい，つまり

$$|\Delta s| \fallingdotseq |\Delta \boldsymbol{x}| = \sqrt{(\Delta x_1)^2 + (\Delta x_2)^2}$$

と考えてよい．両辺を $|\Delta t|$ で割って，$s(t)$ の単調増加性より Δt, Δs は同符号なので，

$$\frac{\Delta s}{\Delta t} \fallingdotseq \sqrt{\left(\frac{\Delta x_1}{\Delta t}\right)^2 + \left(\frac{\Delta x_2}{\Delta t}\right)^2}$$

である．ここで $\Delta t \to 0$ の極限で両辺の差は 0 に近づくから，Δ を d に置き換えると

$$\frac{ds}{dt} = \sqrt{\left(\frac{dx_1}{dt}\right)^2 + \left(\frac{dx_2}{dt}\right)^2}$$

両辺を $a \leq t \leq b$ で積分して，$s(a) = 0$，$s(b) = l$ に注意すると，曲線 C の長さ l は次式で与えられる．

$$l = s(b) - s(a) = \int_a^b \sqrt{\left(\frac{dx_1}{dt}\right)^2 + \left(\frac{dx_2}{dt}\right)^2}\, dt$$

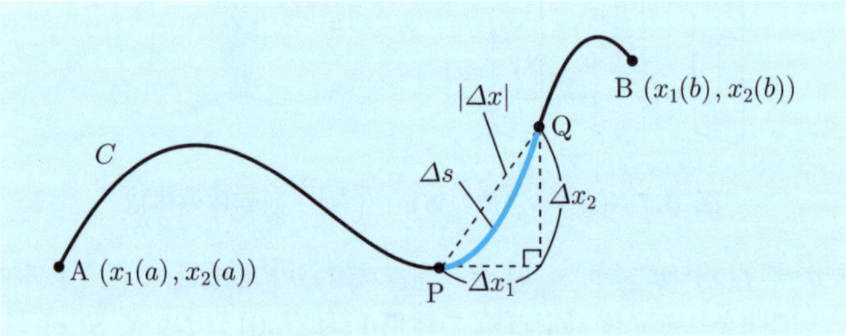

図 **6.8** 曲線の長さ

特に，$y = f(x)$ $(a \leq x \leq b)$ で与えられる曲線 C の長さ l は次式で与えられる．

$$l = \int_a^b \sqrt{1 + \{f'(x)\}^2}\, dx = \int_a^b \sqrt{1 + \left(\frac{dy}{dx}\right)^2}\, dx$$

極方程式 $r = f(\theta)$ $(a \leq \theta \leq b)$ で与えられる曲線 C の長さ l は次式で与えられる．

$$l = \int_\alpha^\beta \sqrt{r^2 + \left(\frac{dr}{d\theta}\right)^2}\, d\theta$$

質点の運動　直線上を運動する質点 P の時刻 t における**速度**を $v = v(t)$ とおくと，$t = a$ から $t = b$ までの点 P の**変位** (位置の変化量) は次式で与えられる．

$$\int_a^b v(t)dt$$

また $t = a$ から $t = b$ までの P の**道のり** (P が実際に通過した総距離) は次式で与えられる．

$$\int_a^b |v(t)|dt$$

定積分と和の極限　関数 $y=f(x)$ が区間 $[a,b]$ で連続で，$f(x)\geq 0$ とする．区間 $[a,b]$ を n 等分してその分点を $x_0=a, x_1, x_2, \cdots, x_n=b$ とする．$h=\frac{b-a}{n}$ とし，S_n を

$$S_n=\sum_{i=0}^{n-1} f(x_i)h=\frac{b-a}{n}\sum_{i=0}^{n-1} f\left(a+\frac{b-a}{n}i\right)$$

で定義すると，$n\to\infty$ で S_n は $S=\displaystyle\int_a^b f(x)dx$ に近づく．また S_n の代わりに

$$T_n=\sum_{i=1}^{n} f(x_i)h=\frac{b-a}{n}\sum_{i=1}^{n} f\left(a+\frac{b-a}{n}i\right)$$

で定義しても，$n\to\infty$ で T_n は $S=\displaystyle\int_a^b f(x)dx$ に近づく．つまり次の式が成り立つ．

$$\begin{aligned}\int_a^b f(x)dx &= \lim_{n\to\infty}\frac{b-a}{n}\sum_{i=0}^{n-1} f\left(a+\frac{b-a}{n}i\right)\\ &= \lim_{n\to\infty}\frac{b-a}{n}\sum_{i=1}^{n} f\left(a+\frac{b-a}{n}i\right)\end{aligned} \tag{6.8}$$

特に $a=0,\ b=1$ とおくと，次の等式が得られる．

$$\int_0^1 f(x)dx=\lim_{n\to\infty}\frac{1}{n}\sum_{i=0}^{n-1} f\left(\frac{i}{n}\right)=\lim_{n\to\infty}\frac{1}{n}\sum_{i=1}^{n} f\left(\frac{i}{n}\right) \tag{6.9}$$

コメント　**1.**　$f(x)$ は区間 $[a,b]$ で連続であれば，$f(x)\geq 0$ と仮定しなくても，(6.8), (6.9) は成り立つ．

2.　$f(x)$ の定積分を求める際，不定積分がわからなくても，(6.8), (6.9) の右辺において n を大きくして分割を細かくしていくと，左辺の定積分の近似計算が可能である．

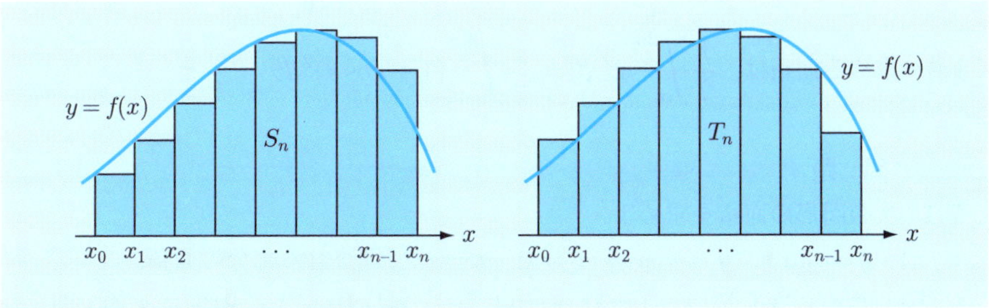

図 **6.9**　2 種類の定積分の近似

例題 6.7 **面積**

次の図形の面積を求めよ．

(a) $y=\sqrt[3]{x}$ と $y=x^2$ で囲まれた部分の面積．

(b) $y=\log x$ と $(e,1)$ における接線，および x 軸とで囲まれた部分の面積．

(c) 楕円 $(x,y)=(a\cos t, b\sin t)$ $(0\leq t\leq 2\pi)$ の面積 (a, b は正定数)．

(d) カージオイド $r=1+\cos\theta$ $(0\leq\theta\leq 2\pi)$ の面積

【解　答】

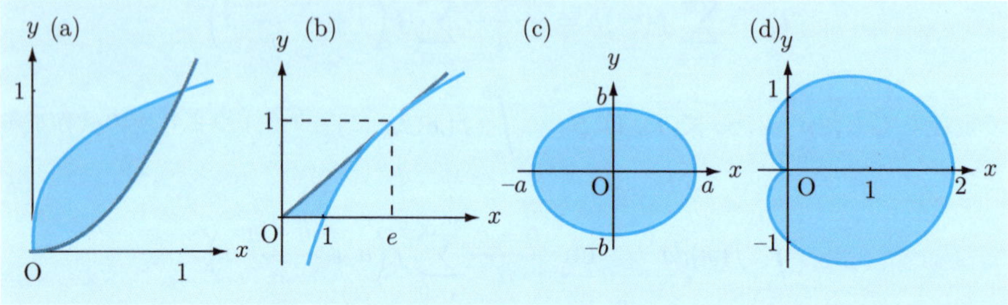

図 6.10

(a) $\displaystyle\int_0^1 (x^{\frac{1}{3}}-x^2)dx=\left[\frac{3}{4}x^{\frac{4}{3}}-\frac{1}{3}x^3\right]_0^1=\frac{5}{12}$

(b) 接線の式は $y=\dfrac{1}{e}(x-e)+1=\dfrac{x}{e}$ であるので，求める面積は

$$\frac{e}{2}-\int_1^e \log x dx=\frac{e}{2}-\Big[x\log x-x\Big]_1^e=\frac{e}{2}-1$$

(c) x, y 軸に関する線対称性より面積は $4\displaystyle\int_0^a y dx$．置換積分 $x=a\cos t$ によって，

$$4\int_{\frac{\pi}{2}}^0 y\frac{dx}{dt}dt=4\int_{\frac{\pi}{2}}^0 b\sin t(-a\sin t)dt=4ab\int_0^{\frac{\pi}{2}}\sin^2 t dt=\pi ab$$

(d) 求める面積は，$\dfrac{1}{2}\displaystyle\int_0^{2\pi} r^2 d\theta=\frac{1}{2}\int_0^{2\pi}(1+\cos\theta)^2 d\theta=\frac{3}{2}\pi$

問　題

7.1 次の図形の面積を求めよ．

(a) $y=\sin x$，$y=\cos x$，$x=0$，$x=\pi$ で囲まれる部分の面積．

(b) サイクロイド $(x,y)=(t-\sin t, 1-\cos t)$ $(0\leq t\leq 2\pi)$ と x 軸で囲まれる部分の面積．

例題 6.8 **体積**

次の立体の体積を求めよ．

(a) 円 $x^2+(y-b)^2=a^2$ を x 軸の周りに1回転させてできる立体（**トーラス**と呼ばれる）の体積．ただし $0<a<b$ とする．

(b) アステロイド $(x,y)=(\cos^3 t,\sin^3 t)$ $(0\leq t\leq 2\pi)$ を x 軸の周りに回転させてできる立体の体積．

【解 答】 (a) 円の上半分 $y=b+\sqrt{a^2-x^2}$ を x 軸の周りに回転してできる立体から，円の下半分 $y=b-\sqrt{a^2-x^2}$ を x 軸の周りに回転してできる立体を取り除いたものが求める立体である．つまり体積は

$$\pi\int_{-a}^{a}\left(b+\sqrt{a^2-x^2}\right)^2dx-\pi\int_{-a}^{a}\left(b-\sqrt{a^2-x^2}\right)^2dx$$
$$=4\pi b\int_{-a}^{a}\sqrt{a^2-x^2}\,dx$$

右辺の被積分関数 $y=\sqrt{a^2-x^2}$ は原点を中心とする半径 a の円の上部分であることに注意すると，

$$4\pi b\int_{-a}^{a}\sqrt{a^2-x^2}\,dx=4\pi b\times\frac{\pi a^2}{2}=2\pi^2a^2b$$

(b) 求める体積は置換積分 $x=\cos^3 t$ によって

$$\pi\int_{-1}^{1}y^2dx=\pi\int_{\pi}^{0}y^2\frac{dx}{dt}dt$$
$$=\pi\int_0^{\pi}\sin^6 t\times 3\sin t\cos^2 t\,dt=3\pi\int_0^{\pi}\sin^7 t\cos^2 t\,dt$$

ここで $s=\cos t$ とおいて再び置換積分すると，

$$=3\pi\int_{-1}^{1}(1-s^2)^3s^2ds=6\pi\int_0^1(s^2-3s^4+3s^6-s^8)ds$$
$$=6\pi\times\frac{16}{315}=\frac{32}{105}\pi$$

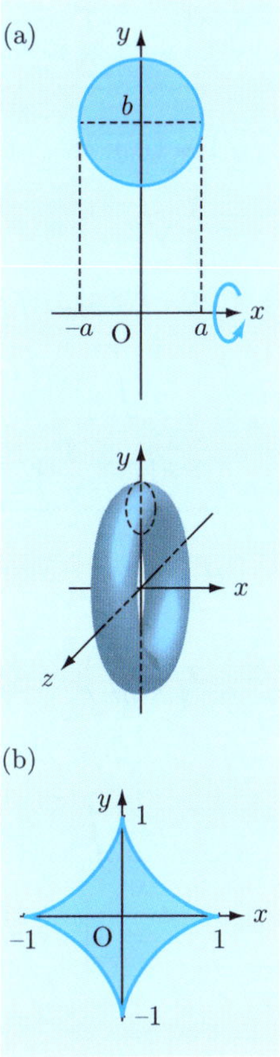

図 6.11

問 題

8.1 楕円 $\dfrac{x^2}{a^2}+\dfrac{y^2}{b^2}=1$ を x 軸の周りに回転させてできる立体の体積を求めよ．

例題 6.9 **曲線の長さ**

次の曲線の長さを求めよ．

(a) 懸垂線 $y = \dfrac{a}{2}(e^{x/a} + e^{-x/a})$ の $x = -a$ から $x = a$ までの長さ．a は正定数とする．

(b) アステロイド $(x, y) = (\cos^3 t, \sin^3 t)$ $(0 \leq t \leq 2\pi)$ の全周の長さ．

【解　答】 曲線の長さを l とする．

(a) $y' = \dfrac{1}{2}(e^{x/a} - e^{-x/a})$ より，

$$\sqrt{1 + (y')^2} = \sqrt{1 + \frac{1}{4}(e^{x/a} - e^{-x/a})^2}$$

$$= \frac{1}{2}\sqrt{2 + e^{2x/a} + e^{-2x/a}} = \frac{1}{2}(e^{x/a} + e^{-x/a})$$

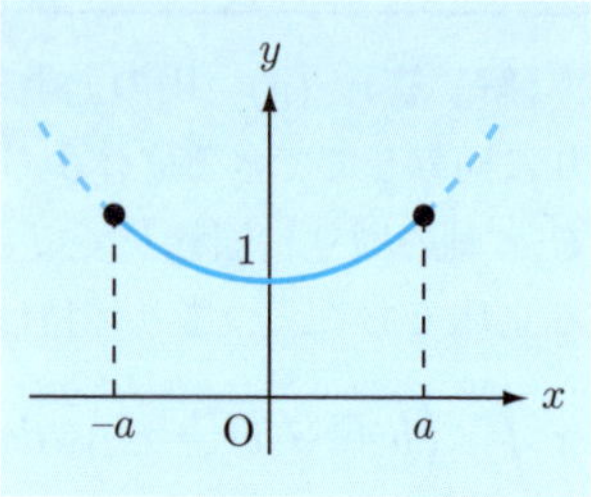

図 **6.12** 懸垂線

したがって曲線の長さは

$$l = \frac{1}{2}\int_{-a}^{a}(e^{x/a} + e^{-x/a})dx = \int_0^a (e^{x/a} + e^{-x/a})dx = a\left[e^{x/a} - e^{-x/a}\right]_0^a$$

$$= a\left(e - \frac{1}{e}\right)$$

(b) $\dfrac{dx}{dt} = -3\cos^2 t \sin t$, $\dfrac{dy}{dt} = 3\sin^2 t \cos t$ より

$$\sqrt{\left(\frac{dx}{dt}\right)^2 + \left(\frac{dy}{dt}\right)^2} = \sqrt{9\sin^2 t\cos^2 t(\cos^2 t + \sin^2 t)} = 3|\sin\, t\cos t|$$

したがって曲線の長さは

$$l = \int_0^{2\pi} 3|\sin\, t\cos t|dt = 12\int_0^{\pi/2} \sin t\cos t dt = 6\int_0^{\pi/2} \sin 2t dt$$

$$= 3\Big[-\cos 2t\Big]_0^{\pi/2} = 6$$

問　題

9.1 次の曲線の長さを求めよ．

(a) 曲線 $y = x\sqrt{x}$ の $x = 0$ から $x = 1$ までの長さ．

(b) サイクロイド $(x, y) = (a(t - \sin t), a(1 - \cos t))$ $(0 \leq t \leq 2\pi)$ の長さ．a は正定数とする．

例題 6.10 **質点の運動**

以下の問に答えよ．

(a) ある電車が発車してから t 秒後の速度が $v(t) = -at^2 + bt$ (a, b は正定数) で与えられるとする．この電車が発車して止まるまでに走った距離 s を求めよ．

(b) 単振動する質点の時刻 t における位置が $x(t) = A\sin\left(\frac{2\pi}{T}t+\alpha\right)$ で与えられているとする．このとき時刻 t における**運動エネルギー** $E_K(t) = \frac{1}{2}mv^2$ を求めよ．次に運動エネルギーの期待値 $\langle E_K \rangle = \dfrac{1}{T}\displaystyle\int_0^T E_K(t)dt$ を求めよ．

【解　答】 (a) 電車が発車後止まる時刻は $v(t) = -at^2 + bt = 0$ より $t = \dfrac{b}{a}$ であって，$0 < t < \dfrac{b}{a}$ で $v(t) = -at^2 + bt > 0$ だから，走った距離 s は

$$s = \int_0^{b/a} |v(t)|dt = \int_0^{b/a} (-at^2 + bt)dt = \left[-\frac{1}{3}at^3 + \frac{1}{2}bt^2\right]_0^{b/a} = \frac{b^3}{6a^2}$$

(b) 時刻 t での速度 v は

$$v = \frac{dx}{dt} = \frac{2\pi A}{T}\cos\left(\frac{2\pi}{T}t + \alpha\right)$$

より，運動エネルギーは

$$E_K(t) = \frac{1}{2}mv^2 = \frac{2\pi^2 mA^2}{T^2}\cos^2\left(\frac{2\pi}{T}t + \alpha\right)$$

次に運動エネルギーの期待値は

$$\begin{aligned}\langle E_K \rangle &= \frac{1}{T}\int_0^T E_K(t)dt = \frac{2\pi^2 mA^2}{T^3}\int_0^T \cos^2\left(\frac{2\pi}{T}t + \alpha\right)dt \\ &= \frac{2\pi^2 mA^2}{T^3}\int_0^T \frac{1 + \cos\left(\frac{4\pi}{T}t + 2\alpha\right)}{2}dt = \frac{\pi^2 mA^2}{T^2}\end{aligned}$$

問　題

10.1 直線上を運動する質点の時刻 t における速度が $v(t) = e^{-t}\sin t$ で与えられるとき，以下の問に答えよ．

(a) $t = 0$ から出発して最初に停止するまでに質点が通過する距離を求めよ．

(b)* $t \geq 0$ において質点が通過する総距離 $\displaystyle\int_0^\infty |v(t)|dt$ を求めよ．

例題 6.11 **定積分と和の極限**

次の極限値を求めよ．

(a) $\displaystyle\lim_{n\to\infty}\left\{\frac{1}{n+1}+\frac{1}{n+2}+\cdots+\frac{1}{n+n}\right\}$

(b) $\displaystyle\lim_{n\to\infty}\left\{\frac{n!}{n^n}\right\}^{\frac{1}{n}}$

【解　答】 lim の中身を I_n とおく．和の極限と定積分に関する次の公式を用いる．

$$\int_0^1 f(x)dx=\lim_{n\to\infty}\frac{1}{n}\sum_{i=0}^{n-1}f\left(\frac{i}{n}\right)=\lim_{n\to\infty}\frac{1}{n}\sum_{i=1}^{n}f\left(\frac{i}{n}\right)\qquad\cdots\quad(*)$$

(a)　$$I_n=\frac{1}{n}\left\{\frac{1}{1+\frac{1}{n}}+\frac{1}{1+\frac{2}{n}}+\cdots+\frac{1}{1+\frac{n}{n}}\right\}$$

これは $(*)$ の右辺の lim の中身で $f(x)=\dfrac{1}{1+x}$ とおいたものであることに注意すると，

$$\lim_{n\to\infty}I_n=\int_0^1\frac{dx}{1+x}=\Big[\log(1+x)\Big]_0^1=\log 2$$

(b)　指数型の極限は対数をとったものの極限を考えればよい．

$$\begin{aligned}\log I_n&=\frac{1}{n}\log\frac{1\times 2\times\cdots\times n}{n\times n\times\cdots\times n}\\&=\frac{1}{n}\left\{\log\frac{1}{n}+\log\frac{2}{n}+\cdots+\log\frac{n}{n}\right\}\end{aligned}$$

$(*)$ より

$$\begin{aligned}\lim_{n\to\infty}\log I_n&=\int_0^1\log x\,dx=\lim_{\varepsilon\to+0}\int_\varepsilon^1\log x\,dx=\lim_{\varepsilon\to+0}\Big[x\log x-x\Big]_\varepsilon^1\\&=\lim_{\varepsilon\to 0}(-1-\varepsilon\log\varepsilon+\varepsilon)=-1\end{aligned}$$

$$\therefore\quad\lim_{n\to\infty}I_n=\frac{1}{e}$$

問　題

11.1　次の極限値を求めよ．

(a) $\displaystyle\lim_{n\to\infty}\left\{\frac{n}{n^2+1^2}+\frac{n}{n^2+2^2}+\cdots+\frac{n}{n^2+n^2}\right\}$

(b) $\displaystyle\lim_{n\to\infty}\left\{\frac{(n+1)(n+2)\cdots(n+n)}{n^n}\right\}^{\frac{1}{n}}$

第 6 章演習問題

1. 次の定積分の値を求めよ.

(a) $\displaystyle\int_{-1}^{1}(x^4+x^3-5x+1)dx$

(b) $\displaystyle\int_{a}^{b}(x-a)(b-x)dx$

(c) $\displaystyle\int_{0}^{1}x\sqrt{x^2+1}\,dx$

(d) $\displaystyle\int_{0}^{\frac{\pi}{2}}\sin^3 x\cos x dx$

(e) $\displaystyle\int_{0}^{\frac{\pi}{3}}\tan x dx$

(f) $\displaystyle\int_{1}^{e}x^2\log x dx$

(g) $\displaystyle\int_{0}^{\pi}x^2\sin x dx$

(h) $\displaystyle\int_{0}^{1}\mathrm{Arcsin}\, x dx$

(i) $\displaystyle\int_{0}^{1}\frac{1+x}{1+x^2}dx$

(j) $\displaystyle\int_{0}^{3}\frac{dx}{(x+1)(x+3)}$

2. m, n を正の整数とするとき，次の定積分の値を求めよ.

(a) $\displaystyle\int_{0}^{2\pi}\cos mx\cos nx dx$

(b) $\displaystyle\int_{0}^{2\pi}\sin mx\sin nx dx$

(c) $\displaystyle\int_{0}^{2\pi}\cos mx\sin nx dx$

3. 次の面積の値を求めよ.

(a) $y=\dfrac{16}{x^2+4}$，$y=x$，$x=0$ で囲まれた部分の面積.

(b) $a, b>0$ のとき $\sqrt{\dfrac{x}{a}}+\sqrt{\dfrac{y}{b}}=1$ と x, y 軸で囲まれた図形.

(c) 極方程式 $r=1$ と $r=1+\sin\theta$ $(0\leq\theta\leq\pi)$ が表す曲線が囲む図形.

4. 次の体積の値を求めよ.

(a) 曲線 $y=\cosh x$ の $0\leq x\leq 1$ の部分を x 軸の周りに回転してできる立体.

(b) $y=x^2$ と $y=\sqrt{x}$ で囲まれた部分を x 軸の周りに回転させてできる立体.

(c) $y=\sin x$ $(-\frac{\pi}{2}\leq x\leq\frac{\pi}{2})$ を x 軸および y 軸の周りに回転させてできる立体の体積 V_x, V_y.

(d) $a>0$ とする．サイクロイド $(x,y)=(a(t-\sin t), a(1-\cos t))$ $(0\leq t\leq 2\pi)$ を x 軸の周りに回転させてできる立体.

5. 次の曲線の長さを求めよ．

(a)　$y = 2\log(4 - x^2)$ $(0 \leq x \leq 1)$.

(b)　$(x, y) = (e^t \cos t, e^t \sin t)$ $(0 \leq t \leq 2\pi)$.

(c)　$a > 0$ とする．カージオイド $r = a(1 + \cos\theta)$ $(0 \leq \theta \leq 2\pi)$ の全周の長さ．

6. 周期 T (> 0) の交流 $I(t)$ に対して，整流値および実効値を次式で定義する．

$$\text{整流値}\quad \bar{I} = \frac{1}{T}\int_0^T |I(t)|dt$$

$$\text{実効値}\quad I_{\mathrm{eff}} = \left(\frac{1}{T}\int_0^T I(t)^2 dt\right)^{\frac{1}{2}}$$

$I(t)$ が次式で与えられるとき，整流値および実効値を計算せよ．

(a)　$I(t) = I_0 \sin \dfrac{2\pi}{T} t$

(b)　$I(t) = \begin{cases} I_0 \cdot \frac{4t}{T} & (0 \leq t \leq \frac{T}{4}) \\ I_0\left(2 - \frac{4t}{T}\right) & (\frac{T}{4} \leq t \leq \frac{3T}{4}) \\ I_0\left(\frac{4t}{T} - 4\right) & (\frac{3T}{4} \leq t \leq T) \end{cases}$

7.* $a > -1$, $n = 0, 1, 2, \cdots$ に対して，広義積分 I_n を次式で定義する．

$$I_n = \int_0^1 x^a (\log x)^n dx$$

このとき，広義積分 I_n は存在するか? 存在するならばその値を求めよ．

8.* **調和級数** $\displaystyle\sum_{n=1}^{\infty} \frac{1}{n}$ は発散することを示せ (下のグラフを利用せよ).

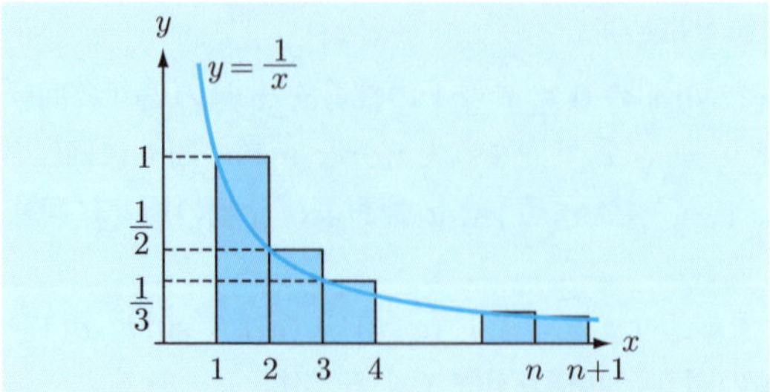

図 6.13　$y = \frac{1}{x}$ のグラフと調和級数

7 偏微分とその応用

7.1 2変数関数と偏微分

2つの変数 x, y の値が決まるとそれに応じて変数 z の値が決まるとき，z を x, y の**2変数関数**といって，$z = f(x, y)$ のように書き表す．3変数以上の関数についても同様である．

例 7.1　**1.** 縦，横の長さがそれぞれ x, y の長方形の面積を z とすると，z は x, y の2変数関数であって $z = xy$ と書ける．

2. 2辺の長さが x, y, その夾角（きょうかく）が θ の三角形のもう1辺の長さを z とすると，z は x, y, θ の3変数関数であって，$z = \sqrt{x^2 + y^2 - 2xy\cos\theta}$ と書ける．

$z = f(x, y)$ において (x, y) のとりうる値の範囲を**定義域**，(x, y) が定義域を動くとき z のとる値の範囲を**値域**という．また $z = f(x, y)$ において，(x, y) が定義域に属するときに，xyz 空間内の点 $\mathrm{P}(x, y, f(x, y))$ の集合がつくる曲面を2変数関数 $z = f(x, y)$ の**グラフ**という．

2変数関数と極限　xy 平面において点 $\mathrm{P}(x, y)$ が点 $\mathrm{A}(a, b)$ に限りなく近づくとき，**点 P の点 A への近づき方によらず**，$f(x, y)$ の値が一定値 α に近づくとき，

$$\lim_{(x,y)\to(a,b)} f(x, y) = \alpha$$

と書く．このとき $(x, y) \to (a, b)$ のとき関数 $f(x, y)$ は α に**収束**するといい，α をその**極限**という．

例 7.2　$\displaystyle\lim_{(x,y)\to(1,-2)} (x^2 - 2xy - 2y^2) = 1^2 - 2 \times 1 \times (-2) - 2(-2)^2 = -3$

また不定形の極限では，近づき方によって $f(x, y)$ の近づく先が異なる場合があり，その場合，極限は**存在しない**．具体的には極座標を用いるとうまくいく場合が多い．

例 7.3　次の極限を求めてみる．

$$\text{(i)} \quad \lim_{(x,y)\to(0,0)} \frac{xy}{x^2 + y^2} \qquad\qquad \text{(ii)} \quad \lim_{(x,y)\to(0,0)} \frac{xy^2}{x^2 + y^2}$$

$x = r\cos\theta,\ y = r\sin\theta$ とおく．$(x, y) \to (0, 0)$ は $r \to 0$ であることと同値なので，

(i) $$\lim_{(x,y)\to(0,0)} \frac{xy}{x^2+y^2} = \lim_{r\to 0} \frac{r^2\cos\theta\sin\theta}{r^2\cos^2\theta + r^2\sin^2\theta} = \cos\theta\sin\theta$$

(ii) $$\lim_{(x,y)\to(0,0)} \frac{xy^2}{x^2+y^2} = \lim_{r\to 0} \frac{r^3\cos\theta\sin^2\theta}{r^2\cos^2\theta + r^2\sin^2\theta} = \lim_{r\to 0} r\cos\theta\sin^2\theta = 0$$

(i) は結果が θ に依存する，つまり原点 $(0, 0)$ への近づき方で値が異なる．したがって極限値は存在しない．(ii) は極限が θ (近づき方) に関係なく 0 である．したがって極限値が存在してその値は 0 である．

定義 7.1 $z = f(x, y)$ が点 (a, b) で**連続**であるとは次の **1.**〜**3.** が成り立つことである．

1. $f(a, b)$ の値が定義されている．
2. 極限 $\displaystyle\lim_{(x,y)\to(a,b)} f(x, y)$ が存在する．
3. 上 2 つの値が等しい．

$f(x, y)$ が xy 平面の領域 D の任意の点で連続のとき，$f(x, y)$ は D において**連続**であるという．

偏微分 2 変数関数 $z = f(x, y)$ において，y の値を $y = b$ に固定すると，$f(x, b)$ は x だけの関数と見なせる．$f(x, b)$ が $x = a$ で微分可能なとき $f(x, y)$ は $(x, y) = (a, b)$ で x について**偏微分可能**であるといい，そのときの微分係数を x についての**偏微分係数**といって $f_x(a, b)$ で表す．つまり

$$f_x(a, b) = \lim_{h\to 0} \frac{f(a+h, b) - f(a, b)}{h}$$

x の値を $x = a$ に固定して，$f(a, y)$ を y だけの関数と見なして，同様の議論によって y についての偏微分係数 $f_y(a, b)$ を次式で定義する．

$$f_y(a, b) = \lim_{h\to 0} \frac{f(a, b+h) - f(a, b)}{h}$$

$z = f(x, y)$ が xy 平面内の領域 D の任意の点 (x, y) で偏微分可能なとき，(x, y) における x についての偏微分係数 $f_x(x, y)$ は x, y の関数と見なせる．これを $z = f(x, y)$ の x に関する**偏導関数**といい，

$$z_x, \quad \frac{\partial z}{\partial x}, \quad \frac{\partial f}{\partial x}, \quad \frac{\partial f}{\partial x}(x, y)$$

などと表す．同様に D 内の点 (x, y) における偏微分係数 $f_y(x, y)$ も x, y の関数と見なせる．これを $z = f(x, y)$ の y に関する**偏導関数**といい，次のように表す．

$$z_y,\quad \frac{\partial z}{\partial y},\quad \frac{\partial f}{\partial y},\quad \frac{\partial f}{\partial y}(x,y)$$

これらの偏導関数を求めることを**偏微分**するという．x に関する偏微分は y を定数と考えて x で微分，y に関する偏微分は x を定数と考えて y で微分することである．

高階偏導関数　$z_x = f_x(x,y)$, $z_y = f_y(x,y)$ はそれぞれ，x, y の関数である．これらがさらに偏微分可能なとき，これらの偏導関数として以下の 4 通りのものが考えられる

$$z_{xx} = \frac{\partial}{\partial x}\left(\frac{\partial z}{\partial x}\right) = \frac{\partial^2 z}{\partial x^2} = f_{xx}(x,y)$$
$$z_{xy} = \frac{\partial}{\partial y}\left(\frac{\partial z}{\partial x}\right) = \frac{\partial^2 z}{\partial y \partial x} = f_{xy}(x,y)$$
$$z_{yx} = \frac{\partial}{\partial x}\left(\frac{\partial z}{\partial y}\right) = \frac{\partial^2 z}{\partial x \partial y} = f_{yx}(x,y)$$
$$z_{yy} = \frac{\partial}{\partial y}\left(\frac{\partial z}{\partial y}\right) = \frac{\partial^2 z}{\partial y^2} = f_{yy}(x,y)$$

これらを **2 階偏導関数**という．同様に 3 階以上の偏導関数も考えることができる．

2 階偏導関数 $z_{xy} = f_{xy}(x,y)$ と $z_{yx} = f_{yx}(x,y)$ はともに連続であれば一致する．本書で扱う関数については $z_{xy} = z_{yx}$ が成り立つとして差し支えない．

合成関数の微分公式

定理 7.1　$z = f(x,y)$ が x, y についての 2 変数関数であって，$x = x(t)$, $y = y(t)$ がそれぞれ t の関数であるとき，z は t の関数と見なせ，z の t に関する導関数は次式で与えられる．

$$\frac{dz}{dt} = \frac{\partial z}{\partial x}\frac{dx}{dt} + \frac{\partial z}{\partial y}\frac{dy}{dt} \tag{7.1}$$

定理 7.2　$z = f(x,y)$ が x, y についての 2 変数関数であって，$x = x(u,v)$, $y = y(u,v)$ がそれぞれ u, v の 2 変数関数であるとき，$z = f(x(u,v), y(u,v))$ は u, v の関数と見なせ，z の u, v に関する偏導関数は次式で与えられる．

$$\begin{cases} \dfrac{\partial z}{\partial u} = \dfrac{\partial z}{\partial x}\dfrac{\partial x}{\partial u} + \dfrac{\partial z}{\partial y}\dfrac{\partial y}{\partial u} \\ \dfrac{\partial z}{\partial v} = \dfrac{\partial z}{\partial x}\dfrac{\partial x}{\partial v} + \dfrac{\partial z}{\partial y}\dfrac{\partial y}{\partial v} \end{cases} \tag{7.2}$$

例題 7.1 **偏導関数の計算**

次の関数について偏導関数 z_x, z_y を求めよ．

(a) $z = x^4 + 4x^3y^2 - 2y^3$ (b) $z = \sqrt{x^2 - xy + y^2}$

(c) $z = \mathrm{Arcsin}\, xy$ (d) $z = \dfrac{x-2y}{x^2+y^2}$

【解 答】 (a) $z_x = (x^4 + 4x^3y^2 - 2y^3)_x = (x^4)_x + 4(x^3y^2)_x - 2(y^3)_x$.
ここで $(x^4)_x = 4x^3$, $(x^3y^2)_x = (x^3)_xy^2 = 3x^2y^2$, $(y^3)_x = 0$ なので

$$z_x = 4x^3 + 12x^2y^2, \quad \text{同様に} \quad z_y = 8x^3y - 6y^2$$

(b)
$$z_x = \left\{(x^2 - xy + y^2)^{\frac{1}{2}}\right\}_x = (x^2 - xy + y^2)_x \cdot \frac{1}{2}(x^2 - xy + y^2)^{\frac{1}{2}-1}$$
$$= \frac{1}{2}(2x - y)(x^2 - xy + y^2)^{-\frac{1}{2}} = \frac{2x - y}{2\sqrt{x^2 - xy + y^2}}$$
$$z_y = (x^2 - xy + y^2)_y \cdot \frac{1}{2}(x^2 - xy + y^2)^{\frac{1}{2}-1} = \frac{-x + 2y}{2\sqrt{x^2 - xy + y^2}}$$

(c)
$$z_x = \frac{(xy)_x}{\sqrt{1-(xy)^2}} = \frac{y}{\sqrt{1-x^2y^2}},$$
$$z_y = \frac{(xy)_y}{\sqrt{1-(xy)^2}} = \frac{x}{\sqrt{1-x^2y^2}}$$

(d) 積や商の微分公式は偏微分についてもそのまま成立する．

$$z_x = \frac{(x-2y)_x(x^2+y^2) - (x-2y)(x^2+y^2)_x}{(x^2+y^2)^2}$$
$$= \frac{x^2 + y^2 - (x-2y) \cdot 2x}{(x^2+y^2)^2}$$
$$= \frac{-x^2 + 4xy + y^2}{(x^2+y^2)^2}$$
$$z_y = \frac{(x-2y)_y(x^2+y^2) - (x-2y)(x^2+y^2)_y}{(x^2+y^2)^2} = \frac{-2x^2 - 2xy + 2y^2}{(x^2+y^2)^2}$$

問 題

1.1 次の関数について偏導関数 z_x, z_y を求めよ．

(a) $z = -x^5 + 3x^2y^2 + y^3$ (b) $z = (x^2 + xy)e^{3x-y}$

(c) $z = \log|\cos(x + y^2)|$ (d) $z = \mathrm{Arctan}\, \dfrac{y}{x}$

例題 7.2 　　　　　　　　　　　　　　　　**高階偏導関数の計算**

次の関数について偏導関数 z_x, z_y, z_{xx}, z_{yy}, z_{xy}, z_{yx} を求めよ．

(a)　$z = x^5 - x^3y + 4y^3$　　(b)　$z = e^{x^2y}$　　(c)　$z = \log(x^2 + y^2)$

【解　答】 (a)

$$z_x = (x^5 - x^3y + 4y^3)_x = 5x^4 - 3x^2y$$

$$z_y = (x^5 - x^3y + 4y^3)_y = -x^3 + 12y^2$$

$$z_{xx} = (z_x)_x = (5x^4 - 3x^2y)_x = 20x^3 - 6xy$$

$$z_{yy} = (z_y)_y = (-x^3 + 12y^2)_y = 24y$$

$$z_{xy} = (z_x)_y = (5x^4 - 3x^2y)_y = -3x^2, \quad z_{yx} = (z_y)_x = (-x^3 + 12y^2)_x = -3x^2$$

(b)　$z_x = (e^{x^2y})_x = (x^2y)_x e^{x^2y} = 2xye^{x^2y}$

$$z_y = (e^{x^2y})_y = (x^2y)_y e^{x^2y} = x^2e^{x^2y}$$

$$z_{xx} = (2xye^{x^2y})_x = 2y(xe^{x^2y})_x = 2y\{(x)_x e^{x^2y} + x(e^{x^2y})_x\} = 2y(1 + 2x^2y)e^{x^2y}$$

$$z_{yy} = (x^2e^{x^2y})_y = x^2(e^{x^2y})_y = x^4e^{x^2y}$$

$$z_{xy} = (2xye^{x^2y})_y = 2x(ye^{x^2y})_y = 2x\{(y)_y e^{x^2y} + y(e^{x^2y})_y\} = 2x(1 + x^2y)e^{x^2y}$$

$$z_{yx} = (x^2e^{x^2y})_x = (x^2)_x e^{x^2y} + x^2(e^{x^2y})_x = 2x(1 + x^2y)e^{x^2y}$$

(c)　$z_x = \dfrac{(x^2 + y^2)_x}{x^2 + y^2} = \dfrac{2x}{x^2 + y^2}$,　$z_y = \dfrac{(x^2 + y^2)_y}{x^2 + y^2} = \dfrac{2y}{x^2 + y^2}$

$$z_{xx} = \left(\frac{2x}{x^2 + y^2}\right)_x = \frac{(2x)_x(x^2 + y^2) - 2x(x^2 + y^2)_x}{(x^2 + y^2)^2} = \frac{2(-x^2 + y^2)}{(x^2 + y^2)^2}$$

$$z_{yy} = \left(\frac{2y}{x^2 + y^2}\right)_y = \frac{(2y)_y(x^2 + y^2) - 2y(x^2 + y^2)_y}{(x^2 + y^2)^2} = \frac{2(x^2 - y^2)}{(x^2 + y^2)^2}$$

$$z_{xy} = 2x\left(\frac{1}{x^2 + y^2}\right)_y = -\frac{4xy}{(x^2 + y^2)^2}, \quad z_{yx} = 2y\left(\frac{1}{x^2 + y^2}\right)_x = -\frac{4xy}{(x^2 + y^2)^2}$$

コメント　これらの例からも分かるとおり通常 $z_{xy} = z_{yx}$ が成り立つ．

問　題

2.1 次の関数について偏導関数 z_x, z_y, z_{xx}, z_{xy}, z_{yy} を求めよ．

(a)　$z = x^2y^2 + 3xy + x - y$　　(b)　$z = \cos(x + y^2)$

(c)　$z = e^{x^2 - y^2}$　　(d)　$z = \log(3x + y)$

例題 7.3　　**合成関数の微分法 (1)**

(a)　$z = x^3 + x^2y + y^4$，$x = a\cos t$，$y = b\sin t$ で定義される合成関数に対し，導関数 $\dfrac{dz}{dt}$ を求めよ．

(b)　$z = \sqrt{x^2 + y^2}$，$x = e^u \cos v$，$y = e^{-u}\sin v$ で定義される合成関数に対し，偏導関数 $\dfrac{\partial z}{\partial u}$，$\dfrac{\partial z}{\partial v}$ を求めよ．

【解　答】(a)　合成関数の微分公式 $\dfrac{dz}{dt} = \dfrac{\partial z}{\partial x}\dfrac{dx}{dt} + \dfrac{\partial z}{\partial y}\dfrac{dy}{dt}$ において，

$$\frac{\partial z}{\partial x} = (x^3 + x^2y + y^4)_x = 3x^2 + 2xy,$$
$$\frac{\partial z}{\partial y} = (x^3 + x^2y + y^4)_y = x^2 + 4y^3,$$
$$\frac{dx}{dt} = -a\sin t, \quad \frac{dy}{dt} = b\cos t$$

を代入して

$$\frac{dz}{dt} = -a(3x^2 + 2xy)\sin t + b(x^2 + 4y^3)\cos t$$

(b)　合成関数の微分公式 $\dfrac{\partial z}{\partial u} = \dfrac{\partial z}{\partial x}\dfrac{\partial x}{\partial u} + \dfrac{\partial z}{\partial y}\dfrac{\partial y}{\partial u}$，$\dfrac{\partial z}{\partial v} = \dfrac{\partial z}{\partial x}\dfrac{\partial x}{\partial v} + \dfrac{\partial z}{\partial y}\dfrac{\partial y}{\partial v}$ において

$$\frac{\partial z}{\partial x} = \frac{x}{\sqrt{x^2 + y^2}}, \quad \frac{\partial z}{\partial y} = \frac{y}{\sqrt{x^2 + y^2}},$$
$$\frac{\partial x}{\partial u} = e^u\cos v, \quad \frac{\partial x}{\partial v} = -e^u\sin v, \quad \frac{\partial y}{\partial u} = -e^{-u}\sin v, \quad \frac{\partial y}{\partial v} = e^{-u}\cos v$$

を代入して

$$\frac{\partial z}{\partial u} = \frac{xe^u\cos v - ye^{-u}\sin v}{\sqrt{x^2 + y^2}}, \quad \frac{\partial z}{\partial v} = \frac{-xe^u\sin v + ye^{-u}\cos v}{\sqrt{x^2 + y^2}}.$$

コメント　x, y だけの式，t あるいは (u, v) だけの式に直してもよい．

問　題

3.1　合成関数 $z = x^2 + xy - y^2$，$x = t^2 + t + 1$，$y = t^3 + 1$ について，$\dfrac{dz}{dt}$ を求めよ．

3.2　合成関数 $z = \tan\dfrac{y}{x}$，$x = u^2 + v^2$，$y = uv$ について，$\dfrac{\partial z}{\partial u}$，$\dfrac{\partial z}{\partial v}$ を求めよ．

例題 7.4　**合成関数の微分法 (2)**

$z = f(x, y)$ を x, y の関数とする．変数変換 $x = r\cos\theta, y = r\sin\theta$ によって，z を r, θ の関数 $z = f(r\cos\theta, r\sin\theta)$ と見るとき，$\dfrac{\partial z}{\partial r}$, $\dfrac{\partial z}{\partial \theta}$ を $\dfrac{\partial z}{\partial x}$, $\dfrac{\partial z}{\partial y}$ の式で表せ．また次の関係式が成立することを示せ．

$$\left(\frac{\partial z}{\partial x}\right)^2 + \left(\frac{\partial z}{\partial y}\right)^2 = \left(\frac{\partial z}{\partial r}\right)^2 + \frac{1}{r^2}\left(\frac{\partial z}{\partial \theta}\right)^2 \qquad \cdots \quad (*)$$

【解　答】 合成関数の微分公式により，

$$\frac{\partial z}{\partial r} = \frac{\partial z}{\partial x}\frac{\partial x}{\partial r} + \frac{\partial z}{\partial y}\frac{\partial y}{\partial r} = \frac{\partial z}{\partial x}\frac{\partial}{\partial r}(r\cos\theta) + \frac{\partial z}{\partial y}\frac{\partial}{\partial r}(r\sin\theta)$$
$$= \cos\theta\frac{\partial z}{\partial x} + \sin\theta\frac{\partial z}{\partial y} \qquad \cdots \quad (1)$$
$$\frac{\partial z}{\partial \theta} = \frac{\partial z}{\partial x}\frac{\partial x}{\partial \theta} + \frac{\partial z}{\partial y}\frac{\partial y}{\partial \theta} = \frac{\partial z}{\partial x}\frac{\partial}{\partial \theta}(r\cos\theta) + \frac{\partial z}{\partial y}\frac{\partial}{\partial \theta}(r\sin\theta)$$
$$= -r\sin\theta\frac{\partial z}{\partial x} + r\cos\theta\frac{\partial z}{\partial y} \qquad \cdots \quad (2)$$

次に (1), (2) を (∗) の右辺に代入して整理すると，

$$\left(\frac{\partial z}{\partial r}\right)^2 + \frac{1}{r^2}\left(\frac{\partial z}{\partial \theta}\right)^2$$
$$= \left(\cos\theta\frac{\partial z}{\partial x} + \sin\theta\frac{\partial z}{\partial y}\right)^2 + \left(-\sin\theta\frac{\partial z}{\partial x} + \cos\theta\frac{\partial z}{\partial y}\right)^2$$
$$= (\cos^2\theta + \sin^2\theta)\left(\frac{\partial z}{\partial x}\right)^2 + (\cos^2\theta + \sin^2\theta)\left(\frac{\partial z}{\partial y}\right)^2 = \left(\frac{\partial z}{\partial x}\right)^2 + \left(\frac{\partial z}{\partial y}\right)^2$$

よって (∗) が示された．

コメント　(1), (2) を $\dfrac{\partial z}{\partial x}$, $\dfrac{\partial z}{\partial y}$ について解いた以下の式もしばしば有用である．

$$\frac{\partial z}{\partial x} = \cos\theta\frac{\partial z}{\partial r} - \frac{\sin\theta}{r}\frac{\partial z}{\partial \theta}, \quad \frac{\partial z}{\partial y} = \sin\theta\frac{\partial z}{\partial r} + \frac{\cos\theta}{r}\frac{\partial z}{\partial \theta}.$$

問　題

4.1*　上の例題において，次の関係式が成立することを示せ．

$$\frac{\partial^2 z}{\partial x^2} + \frac{\partial^2 z}{\partial y^2} = \frac{\partial^2 z}{\partial r^2} + \frac{1}{r}\frac{\partial z}{\partial r} + \frac{1}{r^2}\frac{\partial^2 z}{\partial \theta^2}$$

7.2 2変数関数の極値問題

$z=f(x,y)$ の極値　関数 $z = f(x,y)$ を点 (a,b) に近い点で考えたとき，$(x,y) \neq (a,b)$ なる任意の点 (x,y) に対して，

$$f(x,y) < f(a,b) \text{ ならば } f(x,y) \text{ は点 } (a,b) \text{ で}\textbf{極大}$$

$$f(x,y) > f(a,b) \text{ ならば } f(x,y) \text{ は点 } (a,b) \text{ で}\textbf{極小}$$

であるという．対応する $f(a,b)$ の値をそれぞれ**極大値**，**極小値**といい，極大値と極小値をあわせて**極値**という．

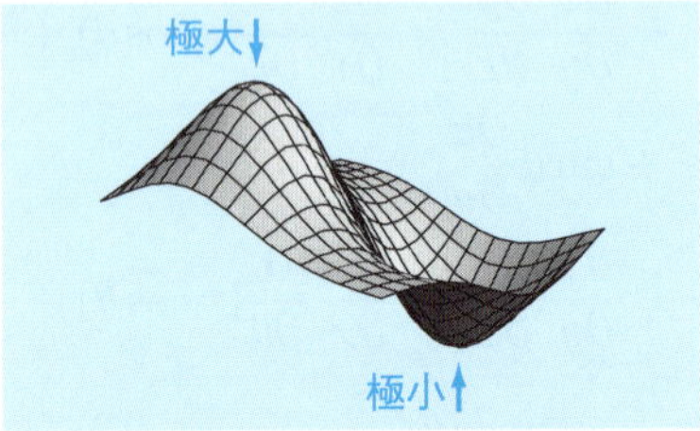

図 7.1　曲面の極大，極小

定理 7.3　関数 $z=f(x,y)$ が偏微分可能な点 (a,b) で極値をもつならば

$$f_x(a,b)=0, \quad f_y(a,b)=0$$

が成り立つ．逆は必ずしも成り立たない．

上の定理によって，$f(x,y)$ の極値の候補を絞り込むことができる．次に述べるように2階偏導関数を利用して，$f(x,y)$ の極値を判定することが可能である．

定理 7.4　関数 $z=f(x,y)$ が点 (a,b) において連続な2階偏導関数をもち，$f_x(a,b)=f_y(a,b)=0$ を満たすとする．

$$D(a,b)=\begin{vmatrix} f_{xx}(a,b) & f_{xy}(a,b) \\ f_{xy}(a,b) & f_{yy}(a,b) \end{vmatrix} = f_{xx}(a,b)f_{yy}(a,b)-\{f_{xy}(a,b)\}^2$$

とおくとき，次が成り立つ．

1. $D(a,b)>0$, $f_{xx}(a,b)>0$ ならば $f(a,b)$ は極小値．
2. $D(a,b)>0$, $f_{xx}(a,b)<0$ ならば $f(a,b)$ は極大値．
3. $D(a,b)<0$ ならば $f(a,b)$ は極値でない．

コメント 定理 7.3 の逆が成り立たない例，つまり $f_x = f_y = 0$ であるが極値でない例を 1 つ挙げる．$f(x,y) = -x^2 + y^2$ において $(x,y) = (0,0)$ は $f_x = f_y = 0$ を満たすので極値の候補点である．しかし，$z = -x^2 + y^2$ を xz 平面 $(y = 0)$ で切るとその断面は $z = -x^2$ であるので，この面では $f(0,0) = 0$ は極大値である．しかし一方で yz 平面 $(x = 0)$ で切ると，その断面は $z = y^2$ で，この断面上では $f(0,0) = 0$ は極小値である．つまり考える断面に応じて，極大にも極小にも見える，このような点は鞍点(あんてん)（「鞍」は馬の鞍(くら)を表す）と呼ばれ，極大でも極小でもない．

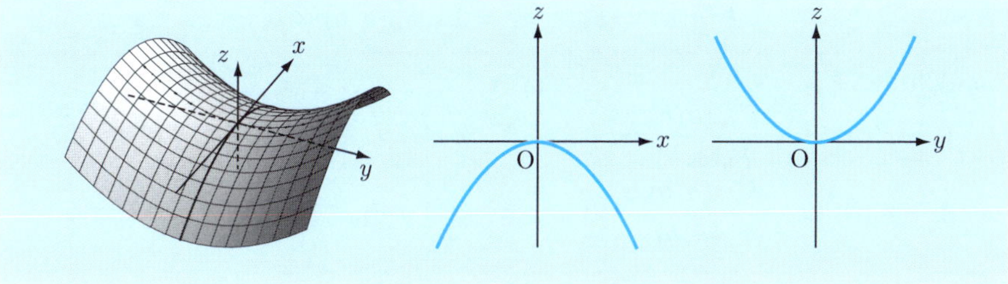

図 7.2 $y = -x^2 + y^2$ のグラフとその xz，yz 平面での断面図．$(x,y) = (0,0)$ が鞍点．

陰関数の微分法と極値問題*

定理 7.5 （陰関数定理） 関係式 $F(x,y) = 0$ に対して，$F(a,b) = 0$ を満たす 1 つの点を $\mathrm{A}(a,b)$ とする．この点が条件 $F_y(a,b) \neq 0$ を満たすとき，陰関数 $y = f(x)$，すなわち $x = a$ の近くで，

$$F(x, f(x)) = 0, \quad f(a) = b$$

を満たす関数 $y = f(x)$ がただ 1 つ存在する．さらに，導関数は次式で与えられる．

$$y' = -\frac{F_x(x,y)}{F_y(x,y)} \tag{7.3}$$

【略 証】 導関数の公式 (7.3) を示す．前節の合成関数の微分公式 (7.1) において，$t = x$ とすると，

$$0 = \frac{d}{dx}F(x,y) = \frac{dx}{dx}\,F_x(x,y) + \frac{dy}{dx}\,F_y(x,y)$$

これを $y' = dy/dx$ について解くと，求める式を得る． □

関係式 (7.3) で $y' = 0 \Leftrightarrow F_x(x,y) = 0$ および $F(x,y) = 0$ を解くことによって極値の候補点 $(x,y) = (a,b)$ を求めることができる．さらに極大極小を調べるには y''

を計算する必要があるが，これは (7.3) を x で微分 (偏微分ではない) して得られる

$$y'' = -\frac{F_{xx}(x,y)F_y(x,y)^2 - 2F_{xy}(x,y)F_x(x,y)F_y(x,y) + F_{yy}(x,y)F_x(x,y)^2}{F_y(x,y)^3}$$

において，$(x,y) = (a,b)$ を代入することによって，$F_x(a,b) = 0$ に注意すると，陰関数で定義された $y = y(x)$ の極値に関する次の定理が得られる．

定理 7.6　$F(x,y) = 0$ で定義される陰関数 $y = y(x)$ について，

$$F(a,b) = F_x(a,b) = 0, \quad F_y(a,b) \neq 0$$

が成り立つとき，

1. $y''(a) = -\dfrac{F_{xx}(a,b)}{F_y(a,b)} < 0$ のとき，y は $x = a$ で極大値 $y = b$ をとる．
2. $y''(a) = -\dfrac{F_{xx}(a,b)}{F_y(a,b)} > 0$ のとき，y は $x = a$ で極小値 $y = b$ をとる．

条件付き極値問題*　変数 (x,y) がある束縛条件 $g(x,y) = 0$ を満たしながら変化する場合，関数 $f(x,y)$ の極値を求める問題を**条件付き極値問題**と呼ぶ．

例 7.4　長方形の周の長さを一定 $(= L)$ にして面積を最大にせよという問題は条件付き極値問題である．実際に，縦，横の長さをそれぞれ x, y として，$g(x,y) = 2x + 2y - L$，$f(x,y) = xy$ とおけばよい．

条件付き極値問題の解法として次のラグランジュの未定乗数法が知られている．

定理 7.7　**(ラグランジュの未定乗数法)**　条件 $g(x,y) = 0$ のもとで $f(x,y)$ が点 (a,b) で極値をとり，$g_x(a,b)$ と $g_y(a,b)$ の少なくとも一方が 0 でなければ，

$$F(x,y,\lambda) = f(x,y) + \lambda g(x,y)$$

で定義される $F(x,y,\lambda)$ に対して，次式が成り立つ．

$$\begin{cases} F_x = f_x(a,b) + \lambda g_x(a,b) = 0 \\ F_y = f_y(a,b) + \lambda g_y(a,b) = 0 \\ F_\lambda = g(a,b) = 0 \end{cases} \tag{7.4}$$

(a,b,λ) についての連立方程式 (7.4) を解くことで，$f(x,y)$ を極大または極小にする点 (x,y) の候補点が求まる．

例題 7.5　　**2 変数関数の極値**

次の関数の極値を求めよ．

(a)　$f(x,y)=x^3+y^3+6xy$　　(b)　$f(x,y)=x^3+3xy^2-12x$

「極値を求めよ」という問題では，

(i)　極値をとる (x,y) の値　(ii)　極大極小の判別　(iii)　極値

の 3 点セットで答えること．

【解　答】 (a)　$f_x=3x^2+6y=3(x^2+2y)$，$f_y=3y^2+6x=3(y^2+2x)$．$f_x=f_y=0$ を解いて，極値をとる点の候補は $(x,y)=(0,0),(-2,-2)$．

次に $f_{xx}=6x$，$f_{xy}=6$，$f_{yy}=6y$ より，$D=f_{xx}f_{yy}-(f_{xy})^2=36(xy-1)$ として，

$(x,y)=(0,0)$ のとき $D=-36<0$，　$\therefore$　極値でない

$(x,y)=(-2,-2)$ のとき $D=108>0$，　$f_{xx}=-12<0$

$\therefore$　極大値 $f(-2,-2)=(-2)^3+(-2)^3+6\times(-2)\times(-2)=8$

よって，$(x,y)=(-2,-2)$ のとき極大値 8 をとる．

(b)　$f_x=3x^2+3y^2-12=3(x^2+y^2-4)$，$f_y=6xy$．$f_x=f_y=0$ を解いて，極値をとる点の候補は $(x,y)=(0,2)$，$(0,-2)$，$(2,0)$，$(-2,0)$．

次に $f_{xx}=6x$，$f_{xy}=6y$，$f_{yy}=6x$ より，$D=f_{xx}f_{yy}-(f_{xy})^2=36(x^2-y^2)$ として，

$(x,y)=(0,2)$ のとき $D=-144<0$，　$\therefore$　極値でない

$(x,y)=(0,-2)$ のとき $D=-144<0$，　$\therefore$　極値でない

$(x,y)=(2,0)$ のとき $D=144>0$，$f_{xx}=12>0$．

$\therefore$　極小値 $f(2,0)=-16$

$(x,y)=(-2,0)$ のとき $D=144>0$，$f_{xx}=-12<0$．

$\therefore$　極大値 $f(-2,0)=16$

以上によって，$(x,y)=(2,0)$ のとき極小値 -16，$(x,y)=(-2,0)$ のとき極大値 16 をとる．

問　題

5.1　次の関数の極値を求めよ．

(a)　$f(x,y)=4x^2+2xy+y^2-2x+4y$　　(b)　$f(x,y)=x^4+y^4+4xy$

例題 7.6 陰関数の微分，極値 *

次式で与えられる y の極値を求めよ．

$$2x^2 - 2xy + y^2 - 2x + 2y = 7$$

【解 答】 $F(x,y) = 2x^2 - 2xy + y^2 - 2x + 2y - 7$ とおく．定理 7.5 より

$$y' = -\frac{F_x(x,y)}{F_y(x,y)} = -\frac{4x - 2y - 2}{-2x + 2y + 2} = \frac{2x - y - 1}{x - y - 1}$$

よって極値の候補点は $2x - y - 1 = 0$ を満たし，これと $F(x,y) = 0$ から

$$2x^2 - 2x \times (2x - 1) + (2x - 1)^2 - 2x + 2(2x - 1) - 7 = 2x^2 - 8 = 0$$

より $(x,y) = (2,3), (-2,-5)$．

次に極大極小を調べるために $(x,y) = (2,3), (-2,-5)$ における y'' の正負を調べる．定理 7.6 より

$$y''(2) = -\frac{F_{xx}(2,3)}{F_y(2,3)} = -\frac{4}{-4+6+2} = -1 < 0$$

$$y''(-2) = -\frac{F_{xx}(-2,-5)}{F_y(-2,-5)} = -\frac{4}{4-10+2} = 1 > 0$$

これから $x = 2$ のとき極大値 $y = 3$，$x = -2$ のとき極小値 $y = -5$ をとる．

【別 解】 y' を求めるには与えられた式の両辺を x で微分 (偏微分ではない) した式，

$$4x - 2y - 2xy' + 2yy' - 2 + 2y' = 0 \Leftrightarrow (2x - y - 1) - y'(x - y - 1) = 0 \quad \cdots \quad (*)$$

を y' について解いて

$$y' = \frac{2x - y - 1}{x - y - 1}.$$

y'' を求めるには $(*)$ を x でさらに微分して，

$$(2 - y') - y''(x - y - 1) - y'(1 - y') = 0 \text{ より}$$

$$y'' = \frac{(y')^2 - 2y' + 2}{x - y - 1} = \frac{2x^2 - 2xy + y^2 - 2x + 2y + 1}{(x - y - 1)^3}$$

問 題

6.1* 次式で与えられる y の極値を求めよ．

$$4x^2 + 4xy + 3y^2 = 1$$

例題 7.7　　**ラグランジュの未定乗数法 ***

条件 $g(x,y) = x^2 + xy + y^2 - 1 = 0$ のもとで，$f(x,y) = xy$ の極値の候補を求めよ．

【解　答】 関数 $F(x,y)$ を

$$F(x,y) = f(x,y) + \lambda g(x,y) = xy + \lambda(x^2 + xy + y^2 - 1)$$

で定義して，ラグランジュの未定乗数法を適用する．

$$\begin{cases} F_x = 0 \text{ より } y + \lambda(2x + y) = 2\lambda x + (\lambda + 1)y = 0 & \cdots \quad (1) \\ F_y = 0 \text{ より } x + \lambda(x + 2y) = (\lambda + 1)x + 2\lambda y = 0 & \cdots \quad (2) \\ F_\lambda = 0 \text{ より } x^2 + xy + y^2 - 1 = 0 & \cdots \quad (3) \end{cases}$$

(1), (2) で $(x,y) = (0,0)$ とすると，(3) を満たさないので，x, y はともには 0 ではない．このとき (1), (2) が非自明解をもつ条件

$$(\lambda + 1)^2 - 4\lambda^2 = (3\lambda + 1)(-\lambda + 1) = 0$$

より $\lambda = 1, -\frac{1}{3}$．

(i)　$\lambda = 1$ のとき，$x = -y$．(3) に代入して $(x,y) = (1,-1), (-1,1)$．

(ii)　$\lambda = -\frac{1}{3}$ のとき, $x = y$．(3) に代入して $(x,y) = (\frac{1}{\sqrt{3}}, \frac{1}{\sqrt{3}}), (-\frac{1}{\sqrt{3}}, -\frac{1}{\sqrt{3}})$．

(i), (ii) より極値の候補は,

$$(x,y) = (\pm 1, \mp 1) \ \text{(複号同順) のとき}\ f(x,y) = -1,$$

$$(x,y) = \left(\pm\frac{1}{\sqrt{3}}, \pm\frac{1}{\sqrt{3}}\right) \ \text{(複号同順) のとき}\ f(x,y) = \frac{1}{3}.$$

発展　$g(x,y) = 0$ は楕円軌道を描く (姉妹書『工学基礎 線形代数』(矢嶋・及川著) を同時に参照されたい)．有界な閉集合 D で連続な 2 変数関数には，D における最大値最小値が存在する (定理 2.4 およびそのコメント参照) ことを利用すると，$f(\pm 1, \mp 1) = -1$ は最小値，$f(\pm\frac{1}{\sqrt{3}}, \pm\frac{1}{\sqrt{3}}) = \frac{1}{3}$ は最大値であることが分かる．初学者の範囲を超える内容なので，詳細は省略する．

問　題

7.1* 　条件 $g(x,y) = 3x^2 + y^2 - 3 = 0$ のもとで，$f(x,y) = x^2 + y^2$ の極値の候補を求めよ．

7.3 偏微分の応用

曲面のパラメータ表示 2つのパラメータで与えられる

$$\Sigma \ : \ x = x(u, v), \ y = y(u, v), \ z = z(u, v)$$

を一般に**曲面**と呼ぶ．

$v = v_0$ (一定) とすると，

$$C_1 \ : \ x = x(u, v_0), \ y = y(u, v_0), \ z = z(u, v_0)$$

は曲面 Σ 上の曲線を表す．同様に $u = u_0$ (一定) とすると，

$$C_2 \ : \ x = x(u_0, v), \ y = y(u_0, v), \ z = z(u_0, v)$$

も曲面 Σ 上の曲線を表す．

$(u, v) = (u_0, v_0)$ に対応する曲面上の点を P $(x(u_0, v_0), \ y(u_0, v_0), \ z(u_0, v_0))$ とする．

$$\left(\frac{\partial \boldsymbol{x}}{\partial u}\right)_{\mathrm{P}} = \frac{\partial \boldsymbol{x}}{\partial u}(u_0, v_0)$$

は点 P における曲線 C_1 に対する接ベクトルを表し，

$$\left(\frac{\partial \boldsymbol{x}}{\partial v}\right)_{\mathrm{P}} = \frac{\partial \boldsymbol{x}}{\partial v}(u_0, v_0)$$

は点 P における曲線 C_2 に対する接ベクトルを表す．これらのベクトル積

$$\boldsymbol{N} := \left(\frac{\partial \boldsymbol{x}}{\partial u}\right)_{\mathrm{P}} \times \left(\frac{\partial \boldsymbol{x}}{\partial v}\right)_{\mathrm{P}} = \big(y_u z_v - y_v z_u, z_u x_v - z_v x_u, x_u y_v - x_v y_u\big)(u_0, v_0)$$

の方向は曲面の点 P における法線方向を与える．

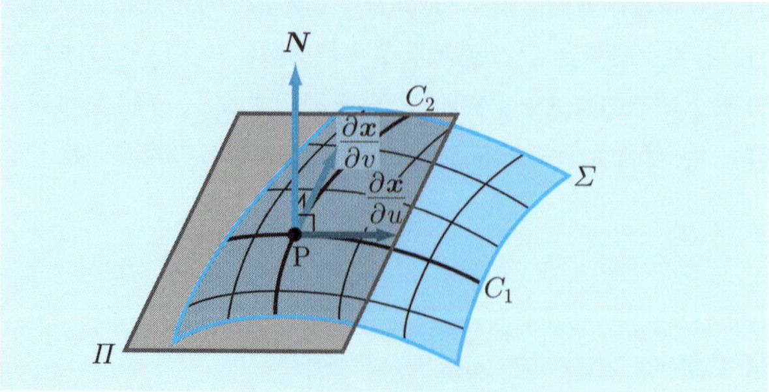

図 7.3 曲面と接平面

特に $u=x$, $v=y$ とするとき $z=z(x,y)$ であって法線方向は $(-z_x,-z_y,1)$ である．したがって，曲面 $z=f(x,y)$ の点 $(a,b,f(a,b))$ における**接平面** Π は次式で与えられる．

$$\Pi\ :\ z-f(a,b)=f_x(a,b)(x-a)+f_y(a,b)(y-b)$$

全微分　$z=f(x,y)$ が x,y について偏微分可能で，$f_x(x,y), f_y(x,y)$ が連続関数であるとする．x,y の値が $x+\Delta x, y+\Delta y$ に微小変化するとき，z の変化分 $f(x+\Delta x,y+\Delta y)-f(x,y)$ は $f_x(x,y)\Delta x+f_y(x,y)\Delta y$ で近似できる．そこで

$$dz=f_x(x,y)\Delta x+f_y(x,y)\Delta y$$

と定義し，これを $z=f(x,y)$ の**全微分**と呼ぶ．$f(x,y)$ として特に x および y ととれば $dx=\Delta x$, $dy=\Delta y$ が得られるから，

$$dz=f_x(x,y)dx+f_y(x,y)dy \tag{7.5}$$

と書ける．

これを $z=f(x,y)$ 上の点 P $(a,b,f(a,b))$ で適用して，dx, dy, dz をそれぞれ $x-a$, $y-b$, $z-f(a,b)$ で置き換えると，点 P における**接平面**

$$\Pi : z=f_x(a,b)(x-a)+f_y(a,b)(y-b)+f(a,b)$$

を得る．(7.5) はいわば曲面に対する接平面近似である．

2 変数関数のテイラー級数*　1 変数関数 $f(x)$ の $x=a$ の周りのテイラー級数は以下の通りであった．

$$f(x)=f(a)+f'(a)(x-a)+\frac{f''(a)}{2}(x-a)^2+\cdots+\frac{f^{(n)}(a)}{n!}(x-a)^n+\cdots$$

2 変数関数 $f(x,y)$ に対して $(x,y)=(a,b)$ の周りのテイラー級数は次式で与えられる．

$$\begin{aligned}f(x,y)&=f(a,b)+\{f_x(a,b)(x-a)+f_y(a,b)(y-b)\}\\&\quad+\frac{1}{2}\{f_{xx}(a,b)(x-a)^2+2f_{xy}(a,b)(x-a)(y-b)+f_{yy}(a,b)(y-b)^2\}\\&\quad+\cdots+\frac{1}{n!}\sum_{k=0}^{n}\binom{n}{k}\frac{\partial^n f}{\partial x^{n-k}\partial y^k}(a,b)(x-a)^{n-k}(y-b)^k+\cdots\end{aligned}$$

例題 7.8　　**全微分**

$z = x^3y^4$ について

(a)　全微分 dz を求めよ．

(b)　全微分を用いて，$(1.02)^3 \times (1.99)^4$ の近似値を計算せよ．

(c)　点 P $(1, 2, 16)$ における接平面の式を求めよ．

【解　答】 (a)

$$dz = \frac{\partial z}{\partial x}dx + \frac{\partial z}{\partial y}dy = 3x^2y^4dx + 4x^3y^3dy$$

(b)　$f(x, y) = x^3y^4$ とおくと，求めたい値は $f(1.02, 1.99)$ である．ここで全微分の定義によって，

$$f(x + dx, y + dy) \fallingdotseq f(x, y) + f_x(x, y)dx + f_y(x, y)dy$$

上の式で $x = 1,\ y = 2,\ dx = 0.02,\ dy = -0.01$ とおくと，

$$f(1.02, 1.99) \fallingdotseq f(1, 2) + f_x(1, 2) \times 0.02 + f_y(1, 2) \times (-0.01)$$

である．ここで

$$f(1, 2) = 1^3 \cdot 2^4 = 16, \quad f_x(1, 2) = 3 \cdot 1^2 \cdot 2^4 = 48,$$
$$f_y(1, 2) = 4 \cdot 1^3 \cdot 2^3 = 32$$

を代入して，

$$f(1.02, 0.99) \fallingdotseq 16 + 48 \times 0.02 - 32 \times 0.01 = 16.64$$

コメント　実際に電卓を用いると，$(1.02)^3 \times (1.99)^4 = 16.64227986014808$ であるから，小数第 2 位まで正しい．

(c)　接平面の式は

$$z = f_x(1, 2)(x - 1) + f_y(1, 2)(y - 2) + 16 = 48(x - 1) + 32(y - 2) + 16.$$

移項して整理すると $48x + 32y - z = 96$.

問　題

8.1　底面の半径が 1，高さ 2 の円柱において，半径が 0.02 大きくなって，高さが 0.03 小さくなったとき体積はどのように変わるか?

8.2　原点を中心とする半径 1 の球上の点 P $\left(\frac{1}{3}, -\frac{2}{3}, \frac{2}{3}\right)$ における接平面の方程式を求めよ．

例題 7.9 **2 変数のテイラー級数 ***

関数 $f(x,y) = e^y \sin(2x+y)$ の $(x,y) = (0,0)$ での周りのテイラー級数を 3 次の項まで求めよ.

【解　答】 2 変数のテイラー級数の公式

$$(*) : f(x,y) = f(0,0) + \{f_x(0,0)x + f_y(0,0)y\} + \frac{1}{2}\{f_{xx}(0,0)x^2 + 2f_{xy}(0,0)xy + f_{yy}(0,0)y^2\} + \frac{1}{6}\{f_{xxx}(0,0)x^3 + 3f_{xxy}(0,0)x^2y + 3f_{xyy}(0,0)xy^2 + f_{yyy}(0,0)y^3\} + \cdots$$

より $f(x,y)$ の 0, 1, 2, 3 階偏導関数の $(x,y) = (0,0)$ における値が分かればよい.

$$f(0,0) = 0$$
$$f_x(x,y) = 2e^y\cos(2x+y) \quad \text{より} \quad f_x(0,0) = 2$$
$$f_y(x,y) = e^y(\cos(2x+y) + \sin(2x+y)) \quad \text{より} \quad f_y(0,0) = 1$$
$$f_{xx}(x,y) = -4e^y\sin(2x+y) \quad \text{より} \quad f_{xx}(0,0) = 0$$
$$f_{xy}(x,y) = 2e^y(-\sin(2x+y) + \cos(2x+y)) \quad \text{より} \quad f_{xy}(0,0) = 2$$
$$f_{yy}(x,y) = 2e^y\cos(2x+y) \quad \text{より} \quad f_{yy}(0,0) = 2$$
$$f_{xxx}(x,y) = -8e^y\cos(2x+y) \quad \text{より} \quad f_{xxx}(0,0) = -8$$
$$f_{xxy}(x,y) = -4e^y(\cos(2x+y) + \sin(2x+y)) \quad \text{より} \quad f_{xxy}(0,0) = -4$$
$$f_{xyy}(x,y) = -4e^y\sin(2x+y) \quad \text{より} \quad f_{xyy}(0,0) = 0$$
$$f_{yyy}(x,y) = 2e^y(\cos(2x+y) - \sin(2x+y)) \quad \text{より} \quad f_{yyy}(0,0) = 2$$

以上を $(*)$ に代入して,

$$f(x,y) = 2x + y + 2xy + y^2 - \frac{4}{3}x^3 - 2x^2y + \frac{1}{3}y^3 + \cdots$$

【別　解】 指数関数, 三角関数のテイラー級数 $e^y = 1 + y + \frac{1}{2}y^2 + \cdots$, $\sin(2x+y) = 2x + y - \frac{1}{6}(2x+y)^3 + \cdots$ を代入, 展開して 3 次の項まで求めてもよい.

問　題

9.1* $f(x,y) = e^{x-y}(\sin x + \cos y)$ の以下の点の周りでのテイラー級数を 2 次の項まで求めよ.

(a) $(x,\ y) = (0,\ 0)$　　(b) $(x,\ y) = \left(\dfrac{\pi}{2},\ \dfrac{\pi}{2}\right)$

第7章演習問題

1. 次の関数について偏導関数 z_x, z_y, z_{xx}, z_{xy}, z_{yy} を求めよ．

(a) $z = xy(x^3 - y^3)$ (b) $z = \sqrt{x - 2y}$

(c) $z = \sin(x - y) + \cos(xy)$ (d) $z = \dfrac{x - y}{x + y}$

(e) $z = x^y \quad (x > 0)$ (f) $z = \log \dfrac{x^2}{y}$

2. 関係式 $\dfrac{\partial^2 z}{\partial x^2} + \dfrac{\partial^2 z}{\partial y^2} = 0$ を満たす関数 $z = z(x, y)$ を**調和関数**という．次の関数は調和関数か?

(a) $z = \log(x^2 + y^2)$ (b) $z = e^{ax}\sin(by) \quad (a, b$ は定数$)$

3. 次の関数の極値を求めよ．

(a) $f(x, y) = x^2 + 2xy + 4y^2 - 2x + 4y$

(b) $f(x, y) = -x^2 + 6y^2 + y^3$

(c) $f(x, y) = 2xy + \dfrac{4}{x} + \dfrac{1}{y}$

(d) $f(x, y) = e^{x-y}(x^2 + y^2)$

4. 次の合成関数について，(a), (b) は $\dfrac{dz}{dt}$ を，(c), (d) は $\dfrac{\partial z}{\partial u}$，$\dfrac{\partial z}{\partial v}$ を求めよ．

(a) $z = e^{x^2 y}$, $x = t^2 + t + 1$, $y = \log t$

(b) $z = x^3 + y^3 - xy$, $x = t^2 + 1$, $y = t^3$

(c) $z = \mathrm{Arcsin}\,(xy)$, $x = e^{-u^2 - v^2}$, $y = \sin(uv)$

(d) $z = \dfrac{1}{x} - \dfrac{1}{y}$, $x = u\cos v$, $y = u\sin v$

5. バネ定数 k のバネにつながれた質点 (質量 m) の単振動の周期 T は，$T = 2\pi\sqrt{\dfrac{m}{k}}$ で与えられる．k, m が微小量 $\Delta k, \Delta m$ だけ変化したときの周期 T の変化分を ΔT とおく．このとき以下の近似式が成り立つことを示せ．

$$\frac{\Delta T}{T} \fallingdotseq \frac{1}{2}\left(\frac{\Delta m}{m} - \frac{\Delta k}{k}\right)$$

またこれを利用して，$m = 1.03$, $k = 3.92$ のときの周期 T の近似値を求めよ．

6.* 次の問に答えよ．

(a) 周の長さが一定値 $2a$ である三角形のうちで面積が最大になるのはどのような場合か? またこのとき，面積の最大値を求めよ．

ヒント 3 辺の長さが x, y, z の三角形の面積 S は半周の長さを $s = \dfrac{x+y+z}{2}$ として，$S = \sqrt{s(s-x)(s-y)(s-z)}$ で与えられる (ヘロンの公式).

(b) 直径 a の球に内接する直方体の体積が最大になるのはどのような場合か? またこのとき，体積の最大値を求めよ．

7.* 幅 a の細長い長方形のトタン板から，図 7.4 のように，両端から x の位置で角度 θ だけ折り曲げて，樋(とい)を作りたい．樋に流れる水量を最大にするには x, θ をどのようにとればよいか? この結果を第 3 章章末問題 3 と比較せよ．

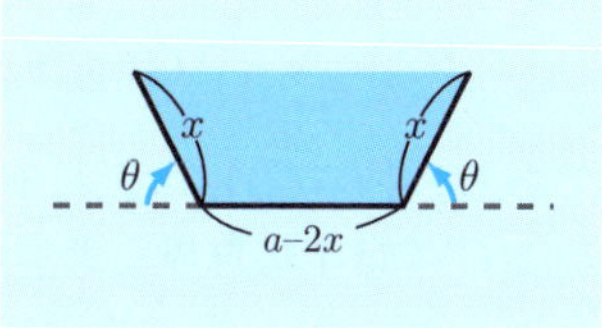

図 7.4

8.* 2 変量データ $(x_1, y_1), (x_2, y_2), \cdots, (x_n, y_n)$ が与えられたとき，(x_i, y_i) $(i = 1, 2, \cdots, n)$ の間に直線傾向が見られるとする (図 7.5 参照). このとき $y = a + bx$ を想定して，データに最も適合する係数 (a, b) を求めたい．1 つの手法として 2 乗誤差の和

$$S = \sum_{i=1}^{n} (a + bx_i - y_i)^2$$

を最小にするような (a, b) を求める手法を**最小 2 乗法**という．S が極値をとる条件から，(a, b) に関する次の正規方程式を導出せよ．

$$\begin{cases} na + \left(\displaystyle\sum_{i=1}^{n} x_i\right) b = \displaystyle\sum_{i=1}^{n} y_i \\ \left(\displaystyle\sum_{i=1}^{n} x_i\right) a + \left(\displaystyle\sum_{i=1}^{n} x_i^2\right) b = \displaystyle\sum_{i=1}^{n} x_i y_i \end{cases}$$

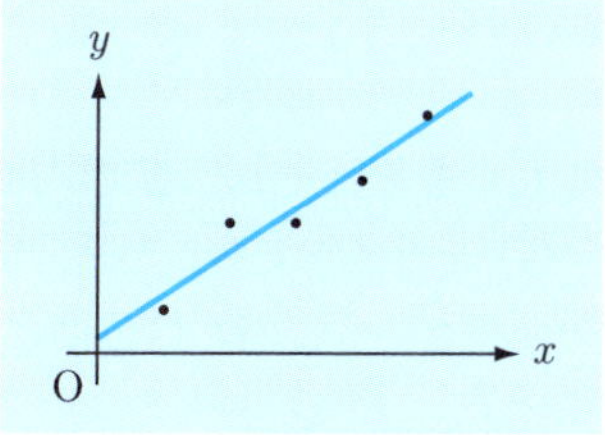

図 7.5

8 重積分とその応用

8.1 2重積分の定義と累次積分

集合の面積　Gを平面の有界な集合とする．Gを一辺の長さが$1/2^n$である正方形の網目で覆う．G内にすっかり含まれる正方形の面積の和を$s_n(G)$，Gと少なくとも1点を共有する正方形の面積の和を$S_n(G)$とする．このとき

$$s_n(G) \le s_{n+1}(G) \le S_{n+1}(G) \le S_n(G)$$

である．$\{s_n(G)\}$は上に有界な単調増加数列，$\{S_n(G)\}$は下に有界な単調減少数列であるから，これらは$n \to \infty$で収束する．つまり

$$\lim_{n\to\infty} s_n(G) = s(G),$$

$$\lim_{n\to\infty} S_n(G) = S(G).$$

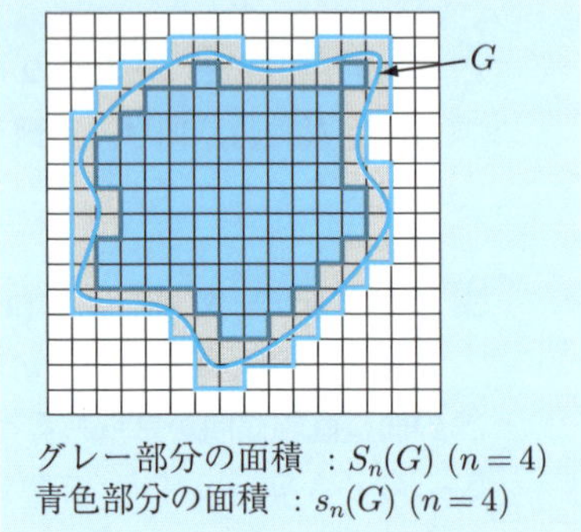

図 **8.1**　領域$s_n(G)$, $S_n(G)$

これらをそれぞれ，Gの内面積，外面積という．これらが一致するとき，すなわち$s(G) = S(G)$であるとき，集合Gは(リーマン)**可測**であるといい，この値を集合Gの面積という．特に区分的に正則な曲線で囲まれた領域Gは可測である．

2重積分の定義　平面上の有界閉領域Dを可測な微小領域$\Delta S_1, \Delta S_2, \cdots, \Delta S_n$に分割する．各微小領域$\Delta S_i$内の任意の点を$(x_i, y_i)$として和

$$\sum_{i=1}^{n} f(x_i, y_i)\Delta S_i$$

を作る．ΔS_iは微小領域の面積であり，微小領域と同じ記号で示した．領域の分割を一様に細かくしたとき，この和が収束するならば，$f(x, y)$はDにおいて**積分可能**であるといい，その値を

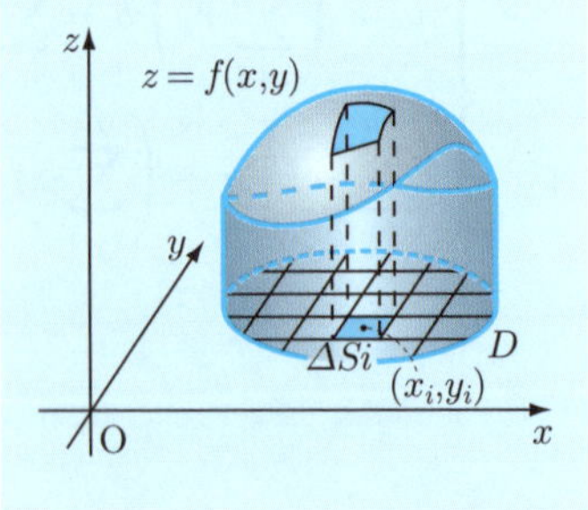

図 **8.2**　2重積分と体積

$$\iint_D f(x,y)dS$$

と書いて，$f(x,y)$ の D 上の **2 重積分**と呼ぶ．2 重積分 $\displaystyle\iint_D f(x,y)dS$ は関数 $z = f(x,y)$ が領域 D 上につくる柱体の体積を表す．領域 D の分割の仕方は任意であるが，x 軸，y 軸に平行な辺をもつ微小な長方形に分割することが通常便利であるから，2 重積分は

$$\iint_D f(x,y)dxdy$$

と書かれることも多い．dS や $dxdy$ を**面積要素**と呼ぶ．

特に有界閉領域 D で連続な関数は (リーマン) 積分可能である．

コメント　注意したいことは，測度が 0 の集合 (零集合という) を D に加えたり差し引いたりしても，積分の値は変わらないということである．零集合とは平面上では有限個の点や線分などで，可測で面積が 0 である集合のことであり，後述の 3 次元空間における 3 重積分においては，有限個の点，線分，単純な面など可測であって体積が 0 である集合のことである．

長方形領域における 2 重積分　xy 平面における長方形領域

$$D = \{(x,y) \mid a \leq x \leq b,\ c \leq y \leq d\}$$

および D 上で定義された関数 $f(x,y)$ が与えられているとする．

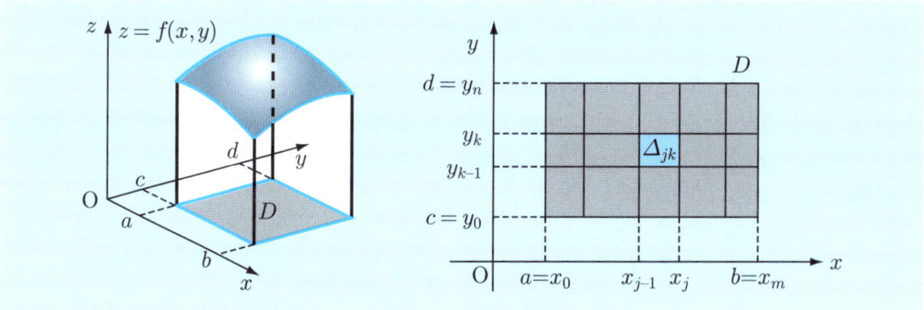

図 8.3　(左)：長方形領域 D 上の 2 重積分，(右)：D の分割

ここで区間 $[a,b]$ および $[c,d]$ を

$$a = x_0 < x_1 < x_2 < \cdots < x_m = b$$

$$c = y_0 < y_1 < y_2 < \cdots < y_n = d$$

のように分割し，Δ_{jk} $(1 \leq j \leq m,\ 1 \leq k \leq n)$ を小区間

$$\Delta_{jk} = [x_{j-1}, x_j] \times [y_{k-1}, y_k] = \{(x, y) \mid x_{j-1} \leq x \leq x_j, y_{k-1} \leq y \leq y_k\}$$

で定義する．このとき重積分 $\displaystyle\iint_D f(x,y)dxdy$ は Δ_{jk} 内の点として

$$(\xi_j, \eta_k) \quad x_{j-1} \leq \xi_j \leq x_j, \quad y_{k-1} \leq \eta_k \leq y_k$$

を選び，

$$\sum_{j=1}^{m}\sum_{k=1}^{n} f(\xi_j, \eta_k)|\Delta_{jk}| = \sum_{j=1}^{m}\sum_{k=1}^{n} f(\xi_j, \eta_k)(x_j - x_{j-1})(y_k - y_{k-1}) \tag{8.1}$$

の分割を“一様に”細かくした，言い換えると「Δ_{jk} の対角線の最大値」$\to 0$ とした極限として定義できる．(8.1) は次のように書くことができる．

$$\begin{aligned}
&\sum_{j=1}^{m}\sum_{k=1}^{n} f(\xi_j, \eta_k)(x_j - x_{j-1})(y_k - y_{k-1}) \\
&= \sum_{j=1}^{m}\left(\sum_{k=1}^{n} f(\xi_j, \eta_k)(y_k - y_{k-1})\right)(x_j - x_{j-1}) \\
&= \sum_{k=1}^{n}\left(\sum_{j=1}^{m} f(\xi_j, \eta_k)(x_j - x_{j-1})\right)(y_k - y_{k-1})
\end{aligned}$$

ここで一様に分割を細かくすれば，上式のどれも収束して

$$\iint_D f(x,y)dxdy = \int_a^b \left\{\int_c^d f(x,y)dy\right\}dx = \int_c^d \left\{\int_a^b f(x,y)dx\right\}dy \tag{8.2}$$

が成り立つ．この結果を**フビニの定理**と呼ぶ．

(8.2) の 2 項目は $f(x,y)$ を y で積分した後 x で積分したものを表す．また 3 項目は x で積分した後 y で積分したものを表し，これらを**累次積分**と呼ぶ．

記法　累次積分 (8.2) は “{　}”を省略して次のようにも書く．

$$\int_a^b\int_c^d f(x,y)dydx = \int_c^d\int_a^b f(x,y)dxdy$$

コメント　累次積分 (8.2) は次のように考えることもできる．(8.2) の第 2 項において，内側の y に関する積分 $\displaystyle\int_c^d f(x,y)dy$ は x の関数であり，これを $S(x)$ とおく．$S(x)$ は曲面 $z = f(x,y)$ と D との間にある立体を K として，x 軸上の 1 点 $\mathrm{P}(x,0,0)$ を通り x 軸に垂直な平面による立体 K の切り口の断面積を表す．これを $a \leq x \leq b$ において積分したものは立体 K の体積に等しい．

一方，(8.2) の第 3 項において，内側の x に関する積分 $\int_a^b f(x,y)dx$ は y の関数であり，これを $T(y)$ とおく．$T(y)$ は y 軸上の 1 点 $\mathrm{Q}(0,y,0)$ を通り y 軸に垂直な平面による立体 K の切り口の断面積を表す．これを $c \leq y \leq d$ において積分したものは立体 K の体積に等しい．

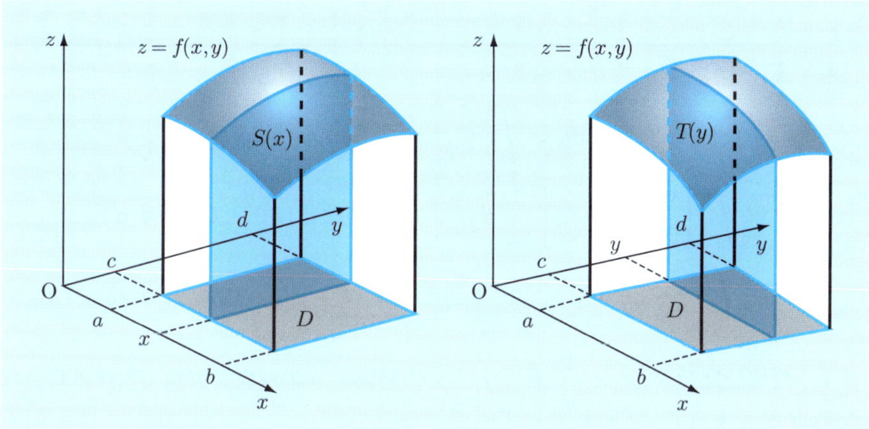

図 **8.4**　立体 K を x, y 軸に垂直な平面で切ったときの断面

次の定理は比較的有用である．

定理 8.1　被積分関数 $f(x,y)$ が x の関数 $g(x)$ と y の関数 $h(y)$ の積 $f(x,y) = g(x)h(y)$ で，領域 D が長方形である場合，次式が成立する．

$$\int_c^d \int_a^b g(x)h(y)dxdy = \left\{\int_a^b g(x)dx\right\}\left\{\int_c^d h(y)dy\right\} \tag{8.3}$$

【証　明】

$$\int_c^d \int_a^b g(x)h(y)dxdy = \int_c^d h(y)\left\{\int_a^b g(x)dx\right\}dy = \left\{\int_a^b g(x)dx\right\}\int_c^d h(y)dy$$

最後の式変形で，$\left\{\int_a^b g(x)dx\right\}$ は定数なので積分の外に出ることを用いた．　□

例題 8.1 **長方形領域における 2 重積分**

次の 2 重積分の値を計算せよ．

(a) $\displaystyle\iint_D (x+3y^2)dxdy, \quad D=\{(x,y)\mid 0\le x\le 2,\ 1\le y\le 2\}$

(b) $\displaystyle\iint_D \frac{x^2}{y}dxdy, \quad D=\{(x,y)\mid -1\le x\le 1,\ 1\le y\le 2\}$

【解　答】 (a) 累次積分の形にする．

$$\iint_D (x+3y^2)dxdy = \int_1^2 \left\{\int_0^2 (x+3y^2)dx\right\} dy$$

$$= \int_1^2 \left[\frac{1}{2}x^2+3y^2x\right]_{x=0}^{x=2} dy \qquad (y\text{ を定数として } x\text{ で積分する})$$

$$= \int_1^2 (2+6y^2)dy = \left[2y+2y^3\right]_1^2 = (4+16)-(2+2) = 16$$

(b) 被積分関数が $x^2 \times \dfrac{1}{y}$ のように x の関数と y の関数との積で書ける場合は定理 8.1 より次のように変形するとよい．

$$\iint_D \frac{x^2}{y}dxdy = \left\{\int_{-1}^1 x^2dx\right\}\times\left\{\int_1^2 \frac{dy}{y}\right\} = \left\{2\int_0^1 x^2dx\right\}\times\left\{\int_1^2 \frac{dy}{y}\right\}$$

$$= 2\left[\frac{1}{3}x^3\right]_0^1 \times \left[\log y\right]_1^2 = \frac{2}{3}\log 2$$

コメント 長方形領域の場合は y で先に積分しても結果は同様である．実際 (a) の場合，

$$\iint_D (x+3y^2)dxdy = \int_0^2 \left\{\int_1^2 (x+3y^2)dy\right\} dx$$

$$= \int_0^2 \left[xy+y^3\right]_{y=1}^{y=2} dx \qquad (x\text{ を定数として } y\text{ で積分する})$$

$$= \int_0^2 \{(2x+8)-(x+1)\}dx = \int_0^2 (x+7)dx = \left[\frac{1}{2}x^2+7x\right]_0^2 = 2+14 = 16$$

問　題

1.1 次の 2 重積分の値を求めよ．

(a) $\displaystyle\iint_D \sin(x+2y)dxdy, \quad D=\left\{(x,y)\,\middle|\, 0\le x\le \frac{\pi}{2},\ 0\le y\le \frac{\pi}{3}\right\}$

(b) $\displaystyle\iint_D \sqrt{x-y}\ dxdy, \quad D=\{(x,y)\mid 1\le x\le 2,\ 0\le y\le 1\}$

8.2 一般の領域における 2 重積分

次に，領域 D が長方形とは限らない場合について考える．$f_1(x), f_2(x)$ が区間 $[a, b]$ における連続関数で $f_1(x) \leq f_2(x)$ $(a \leq x \leq b)$ を満たすとする．領域 D を

$$D = \{(x, y) \mid a \leq x \leq b,\ f_1(x) \leq y \leq f_2(x)\}$$

で定義するとき，与えられた関数 $f(x, y)$ の D における 2 重積分

$$\iint_D f(x, y)dxdy \tag{8.4}$$

の計算法を考えよう．

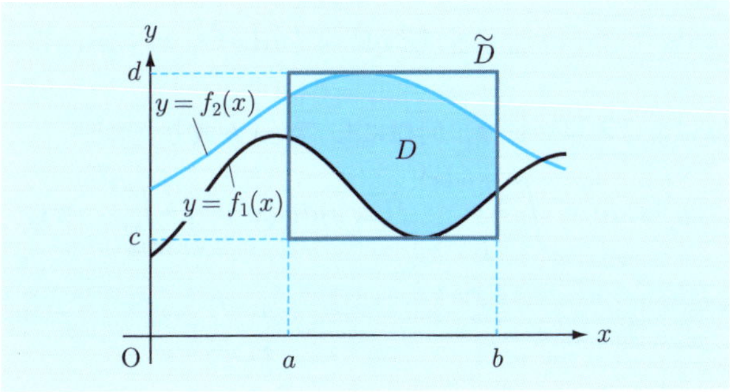

図 8.5 領域 D, $\widetilde{D}$

連続関数 $f_1(x), f_2(x)$ は閉区間 $[a, b]$ において最大値，最小値をもつ (定理 2.4) ので

$$c = \min_{a \leq x \leq b} f_1(x), \quad d = \max_{a \leq x \leq b} f_2(x)$$

とおいて，領域 $\widetilde{D} = \{(x, y) \mid a \leq x \leq b,\ c \leq y \leq d\}$ を定義すると，$\widetilde{D}$ は D を含む．次に $\chi_D(x, y)$ を**特性関数**

$$\chi_D(x, y) = \begin{cases} 1 & (x, y) \in D \\ 0 & (x, y) \notin D \end{cases}$$

とすると，2 重積分 (8.4) は

$$\iint_D f(x, y)dxdy = \iint_{\widetilde{D}} \chi_D(x, y) f(x, y)dxdy$$

と書ける．$\widetilde{D}$ は長方形領域なので，前節の結果より $\widetilde{D}$ 上の 2 重積分を累次積分の形に直して計算すると，

$$\iint_{\widetilde{D}} \chi_D(x,y)f(x,y)dxdy$$
$$= \int_a^b \left\{ \int_c^d \chi_D(x,y)f(x,y)dy \right\} dx = \int_a^b \left\{ \int_{f_1(x)}^{f_2(x)} f(x,y)dy \right\} dx$$

次に閉区間 $[c,d]$ で定義された連続関数 $g_1(y)$，$g_2(y)$ $(g_1(y) \leq g_2(y))$ に対して，領域 D が $D = \{(x,y) \mid g_1(y) \leq x \leq g_2(y),\ c \leq y \leq d\}$ によって定義されているとき，同様にして，次式が得られる．

$$\iint_D f(x,y)dxdy = \int_c^d \left\{ \int_{g_1(y)}^{g_2(y)} f(x,y)dx \right\} dy$$

D が

$$D = \{a \leq x \leq b,\ f_1(x) \leq y \leq f_2(x)\} = \{g_1(y) \leq x \leq g_2(y),\ c \leq y \leq d\} \tag{8.5}$$

のように 2 通りに書ける場合には，同様にして次式が成り立つ．

$$\iint_D f(x,y)dxdy = \int_a^b \int_{f_1(x)}^{f_2(x)} f(x,y)dydx = \int_c^d \int_{g_1(y)}^{g_2(y)} f(x,y)dxdy$$

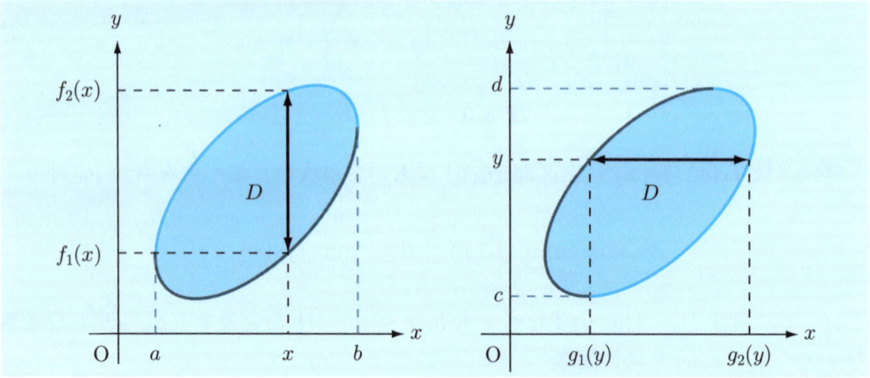

図 8.6　(8.5) で表される領域 D

例 8.1　重要な例として，D が直線 $y = x$，$x = 1$ および x 軸で囲まれた領域の場合を考える．この場合，次式が成り立つ．

$$\iint_D f(x,y)dxdy = \int_0^1 \int_0^x f(x,y)dydx = \int_0^1 \int_y^1 f(x,y)dxdy \tag{8.6}$$

領域 D が 1 つの不等式 $0 \leq y \leq x \leq 1$ で表されることに注意すると，等式 (8.6) は自動的に導くことができるであろう．$0, 1$ をそれぞれ a, b (a, b は $a < b$ なる定数) で

置き換えた次の変換公式 (**ディリクレの変換**) もしばしば用いられる.

$$\int_a^b \int_a^x f(x,y)dydx = \int_a^b \int_y^b f(x,y)dxdy$$

例題 8.2　　　**一般領域上の 2 重積分 (1)**

直線 $x=1$, $y=x$ および x 軸で囲まれた領域を D とするとき, 2 重積分 $\displaystyle\iint_D \frac{1}{1+x^2}dxdy$ を 2 通りの累次積分で表し, 計算せよ.

【解　答】 (i)　先に x で積分する場合, 内側の積分は y を固定すると, x の動く範囲は図 8.7 (左) より $y \le x \le 1$, y の動く範囲は $0 \le y \le 1$ なので, 求める積分は

$$\int_0^1 \int_y^1 \frac{1}{1+x^2}dxdy = \int_0^1 \Big[\mathrm{Arctan}\, x\Big]_{x=y}^{x=1} dy = \int_0^1 (\mathrm{Arctan}\, 1 - \mathrm{Arctan}\, y)dy$$

$$= \int_0^1 \frac{\pi}{4}dy - \int_0^1 \mathrm{Arctan}\, y dy = \frac{\pi}{4} - \int_0^1 y' \mathrm{Arctan}\, y dy \qquad \left({}' = \frac{d}{dy}\right)$$

$$= \frac{\pi}{4} - \left[y \mathrm{Arctan}\, y - \frac{1}{2}\log(1+y^2)\right]_0^1 = \frac{\pi}{4} - \frac{\pi}{4} + \frac{1}{2}\log 2 = \frac{1}{2}\log 2$$

(ii)　先に y で積分する場合, 内側の積分は x を固定すると, y の動く範囲は図 8.7 (右) より $0 \le y \le x$, x の動く範囲は $0 \le x \le 1$ なので, 求める積分は

$$\int_0^1 \int_0^x \frac{1}{1+x^2}dydx = \int_0^1 \left[\frac{1}{1+x^2}y\right]_{y=0}^{y=x} dx = \int_0^1 \frac{x}{1+x^2}dx = \frac{1}{2}\log 2.$$

コメント　(i) に比べて (ii) の方が逆三角関数の積分をしなくて済む分, 計算は楽である. このように積分の順序によって積分計算の難易度がかなり変わることがある. 極端な場合はどちらかの順序でしか積分計算ができないということもある.

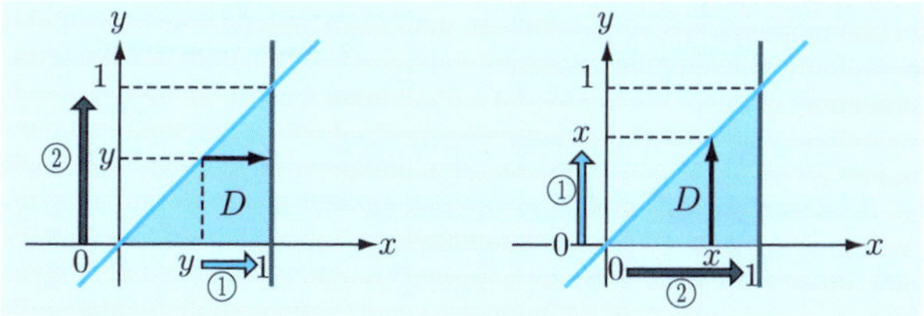

図 8.7　(左) : x で先に積分, (右) : y で先に積分

問　題

2.1　上の例題と同じ領域について, 次の 2 重積分を求めよ.

(a) $\displaystyle\iint_D \frac{e^x}{x}dxdy$　　　　(b) $\displaystyle\iint_D \frac{1}{y^2-2y+3}dxdy$

例題 8.3 ——— **一般領域上の 2 重積分 (2)**

$D = \{(x,y) \mid x^2+y^2 \le a^2,\ y \ge 0\}$ とするとき，2 重積分 $\iint_D (x+y)dxdy$ を 2 通りの累次積分で表し，計算せよ．a は正の定数とする．

【解　答】 (i)　最初に y を固定して x で積分する場合，下図左より

$$\iint_D (x+y)dxdy = \int_0^a \int_{-\sqrt{a^2-y^2}}^{\sqrt{a^2-y^2}} (x+y)dxdy = 2\int_0^a \int_0^{\sqrt{a^2-y^2}} ydxdy$$

$$= 2\int_0^a y\sqrt{a^2-y^2}\,dy \overset{t=a^2-y^2}{=} \int_0^{a^2} \sqrt{t}\,dt = \left[\frac{2}{3}t^{\frac{3}{2}}\right]_0^{a^2} = \frac{2}{3}a^3$$

(ii)　最初に x を固定して y で積分する場合，下図右より

$$\iint_D (x+y)dxdy = \int_{-a}^a \int_0^{\sqrt{a^2-x^2}} (x+y)dydx$$

$$= \int_{-a}^a \left[xy + \frac{1}{2}y^2\right]_{y=0}^{y=\sqrt{a^2-x^2}} dx = \int_{-a}^a \left(x\sqrt{a^2-x^2} + \frac{1}{2}(a^2-x^2)\right)dx$$

$$= \int_0^a (a^2-x^2)dx = \left[a^2x - \frac{1}{3}x^3\right]_0^a = \frac{2}{3}a^3$$

注意　重積分の表記において，外側の積分の上限，下限は必ず x, y によらない定数であることに注意する．

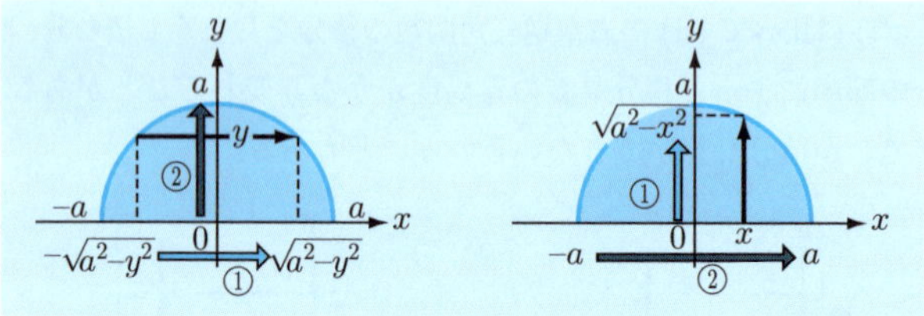

図 8.8　(左)：x で先に積分，(右)：y で先に積分

問　題

3.1　次の 2 重積分の値を求めよ．

(a)　$\displaystyle\iint_D \frac{x^2}{y^2}dxdy,\qquad D = \{(x,y) \mid 0 \le x \le \sqrt{y},\ 1 \le y \le 3\}$

(b)　$\displaystyle\iint_D (x-y)dxdy,\qquad D = \{(x,y) \mid 0 \le x \le \pi,\ 0 \le y \le \sin x\}$

(c)　$\displaystyle\iint_D \cos(x+y)dxdy,\quad D = \left\{(x,y)\ \middle|\ x \ge 0,\ y \ge 0,\ x+y \le \frac{\pi}{2}\right\}$

8.3　2重積分の変数変換

1変数関数の置換積分の公式は以下の通りであった．

$$\int_a^b f(x)dx = \int_\alpha^\beta f(g(t))g'(t)dt \quad (x = g(t),\ x : a \to b \text{ のとき } t : \alpha \to \beta)$$

2重積分

$$\iint_D f(x, y)dxdy$$

に対して，変数変換

$$x = x(u, v), \quad y = y(u, v)$$

を行うと，積分はどのように変化するだろうか．

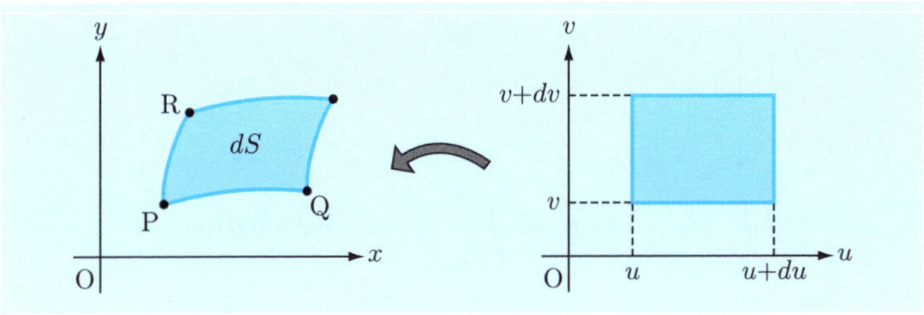

図 8.9　uv 平面から xy 平面への変数変換

v の値を一定に保って，u の値が u から $u + du$ に変化するとき，xy 平面では点 P から点 Q に変化して，

$$\overrightarrow{\mathrm{PQ}} = x_u(u, v)du\boldsymbol{i} + y_u(u, v)du\boldsymbol{j}$$

が成り立つ．また u の値を一定に保って v の値が v から $v + dv$ に変化するとき，xy 平面では点 P から点 R に変化して，

$$\overrightarrow{\mathrm{PR}} = x_v(u, v)dv\boldsymbol{i} + y_v(u, v)dv\boldsymbol{j}$$

が成り立つ．uv 平面における面積要素 $dudv$ に対応する xy 平面の面積要素 dS はベクトル $\overrightarrow{\mathrm{PQ}}$, $\overrightarrow{\mathrm{PR}}$ の成す平行四辺形の面積に等しい．つまり

$$dS = \left|\overrightarrow{\mathrm{PQ}} \times \overrightarrow{\mathrm{PR}}\right| = |x_u y_v - y_u x_v|dudv = |J|dudv$$

$$J = \frac{\partial(x, y)}{\partial(u, v)} = \begin{vmatrix} x_u & x_v \\ y_u & y_v \end{vmatrix}$$

である．$\times$ はベクトル積 (p.158 コメント参照) を表す．

以上の議論から (x, y) が D 上を動くとき，(u, v) の動く領域を $\widetilde{D}$ として，2 重積分版の次の置換積分公式が成り立つ．

$$\iint_D f(x,y)dxdy = \iint_{\widetilde{D}} f(x(u,v), y(u,v))|J|dudv$$

$$J = \begin{vmatrix} x_u & x_v \\ y_u & y_v \end{vmatrix} = x_u y_v - x_v y_u$$

行列式 J は**ヤコビアン**と呼ばれる．

2 重積分の変数変換でよく用いられるのは**極座標**による変数変換

$$x = r\cos\theta, \quad y = r\sin\theta$$

である．このときのヤコビアンは

$$J = \begin{vmatrix} (r\cos\theta)_r & (r\cos\theta)_\theta \\ (r\sin\theta)_r & (r\sin\theta)_\theta \end{vmatrix} = \begin{vmatrix} \cos\theta & -r\sin\theta \\ \sin\theta & r\cos\theta \end{vmatrix} = r$$

である．$r \geq 0$ より $|J| = |r| = r$ であることに注意すると，

$$\iint_D f(x,y)dxdy = \iint_{\widetilde{D}} f(r\cos\theta, r\sin\theta)rdrd\theta$$

が成り立つ．領域 D が円，あるいは扇形，平面のドーナツ形 (アニュラスともいう) など円に関連する図形の場合は極座標による変数変換が有効である．

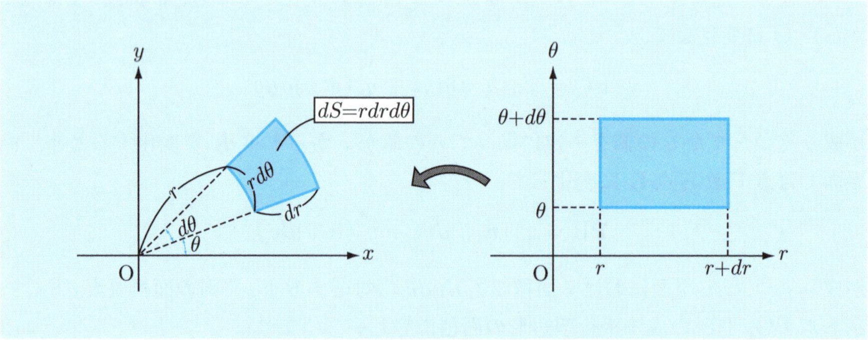

図 **8.10**　2 重積分の極座標による変数変換

例題 8.4 **2重積分の変数変換**

次の2重積分の値を求めよ．

$$\iint_D \sin 2x dxdy, \quad D = \left\{(x, y) \,\middle|\, 0 \leq x + y \leq \frac{\pi}{2},\ 0 \leq x - y \leq \frac{\pi}{2}\right\}$$

【解　答】 変数変換 $u = x + y,\ v = x - y$ $\left(\Leftrightarrow x = \dfrac{u+v}{2},\ y = \dfrac{u-v}{2}\right)$ を行う．このとき D は uv 平面上の領域 $\widetilde{D} = \{(u, v) \mid 0 \leq u \leq \frac{\pi}{2},\ 0 \leq v \leq \frac{\pi}{2}\}$ に対応する．ヤコビアンは

$$J = \begin{vmatrix} \left(\frac{u+v}{2}\right)_u & \left(\frac{u+v}{2}\right)_v \\ \left(\frac{u-v}{2}\right)_u & \left(\frac{u-v}{2}\right)_v \end{vmatrix} = \begin{vmatrix} \frac{1}{2} & \frac{1}{2} \\ \frac{1}{2} & -\frac{1}{2} \end{vmatrix} = -\frac{1}{2}. \qquad \therefore \quad |J| = \frac{1}{2}.$$

$$\iint_D \sin 2x dxdy = \iint_{\widetilde{D}} \sin(u+v)\frac{1}{2}dudv = \frac{1}{2}\int_0^{\frac{\pi}{2}}\int_0^{\frac{\pi}{2}} \sin(u+v)dudv$$

$$= \frac{1}{2}\int_0^{\frac{\pi}{2}} \Big[-\cos(u+v)\Big]_{u=0}^{u=\frac{\pi}{2}} dv = \frac{1}{2}\int_0^{\frac{\pi}{2}} \left\{-\cos\left(\frac{\pi}{2}+v\right) + \cos v\right\} dv$$

$$= \frac{1}{2}\int_0^{\frac{\pi}{2}} (\sin v + \cos v)dv = \frac{1}{2}\Big[\sin v - \cos v\Big]_0^{\frac{\pi}{2}} = 1$$

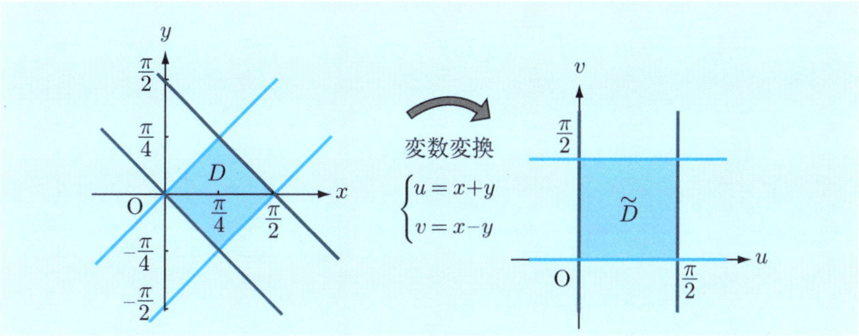

図 8.11　直交座標の変数変換

問　題

4.1 次の2重積分の値を求めよ．

(a) $\displaystyle\iint_D (x+y)dxdy, \quad D = \{(x, y) \mid 0 \leq 2x + y \leq 1,\ -1 \leq x - 2y \leq 1\}$

(b) $\displaystyle\iint_D x dxdy, \quad D = \{(x, y) \mid \sqrt{x} + \sqrt{y} \leq 1\}$

例題 8.5 **極座標変換による 2 重積分**

次の 2 重積分を求めよ．

(a) $\displaystyle\iint_D x^2 dxdy, \qquad D = \{(x, y) \mid x^2 + y^2 \leq 4,\ y \geq 0\}$

(b) $\displaystyle\iint_D \frac{1}{x^2 + y^2} dxdy, \quad D = \{(x, y) \mid 1 \leq x^2 + y^2 \leq 9\}$

【解　答】 (a)　領域 D は原点を中心とする半径 2 の円の上半分を表し (下図左)，極座標 $x = r\cos\theta$, $y = r\sin\theta$ に変換すると，$\widetilde{D} = \{(r, \theta) \mid 0 \leq r \leq 2,\ 0 \leq \theta \leq \pi\}$ に対応する．このとき重積分は

$$\iint_D x^2 dxdy = \iint_{\widetilde{D}} (r\cos\theta)^2 r dr d\theta = \int_0^\pi \int_0^2 r^3 \cos^2\theta dr d\theta$$
$$= \int_0^\pi \cos^2\theta \left[\frac{r^4}{4}\right]_{r=0}^{r=2} d\theta = \int_0^\pi 4\cos^2\theta d\theta = \int_0^\pi (2 + 2\cos 2\theta) d\theta$$
$$= \Big[2\theta + \sin 2\theta\Big]_0^\pi = 2\pi$$

(b)　領域 D は下図右の通りであり，極座標 $x = r\cos\theta$, $y = r\sin\theta$ に変換すると，$\widetilde{D} = \{(r, \theta) \mid 1 \leq r \leq 3,\ 0 \leq \theta \leq 2\pi\}$ に対応する．このとき重積分は

$$\iint_D \frac{1}{x^2 + y^2} dxdy = \iint_{\widetilde{D}} \frac{1}{r^2\cos^2\theta + r^2\sin^2\theta} r dr d\theta = \int_0^{2\pi} \int_1^3 \frac{1}{r} dr d\theta$$
$$= \int_0^{2\pi} \Big[\log r\Big]_{r=1}^{r=3} d\theta = \int_0^{2\pi} \log 3 d\theta = 2\pi \log 3$$

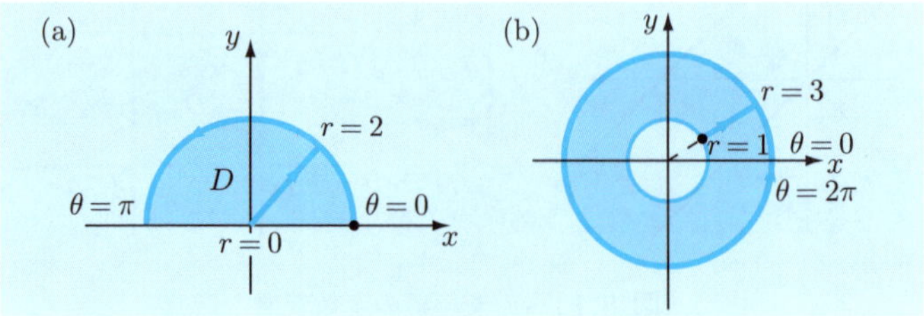

図 8.12

問　題

5.1　次の 2 重積分を求めよ．

$$\iint_D \sqrt{1 - x^2 - y^2}\, dxdy, \quad D = \{(x, y) \mid x^2 + y^2 \leq 1, 0 \leq y \leq x\}$$

8.4 広義重積分*

2 変数関数 $f(x,y)$ の領域 D 内の重積分 $\displaystyle\iint_D f(x,y)dxdy$ について，積分領域 D 内に $f(x,y)$ の特異点が存在する場合や，領域 D が無限に広がっている場合でも重積分が定義できることもある．このような積分を**広義重積分**という．ここではいくつかの例題を通して広義重積分を計算するにとどめる．

例題 8.6 **広義重積分 (1)***

次の広義重積分を計算せよ．

$$I = \iint_D \frac{1}{\sqrt{x^2+y^2}}\,dxdy, \quad D = \{(x,y) \mid x^2+y^2 \leq 1\}$$

【解　答】 $f(x,y) = \dfrac{1}{\sqrt{x^2+y^2}}$ は原点に特異点をもつので領域 D_n を

$$D_n = \left\{(x,y) \,\middle|\, \frac{1}{n^2} \leq x^2+y^2 \leq 1\right\}$$

で定義し，D_n 上の重積分 I_n を極座標変換を用いて計算する．

$$\begin{aligned} I_n &= \iint_{D_n} \frac{1}{\sqrt{x^2+y^2}}\,dxdy \\ &= \int_0^{2\pi}\int_{\frac{1}{n}}^{1} \frac{1}{r}\,rdrd\theta \\ &= 2\pi\left(1-\frac{1}{n}\right) \end{aligned}$$

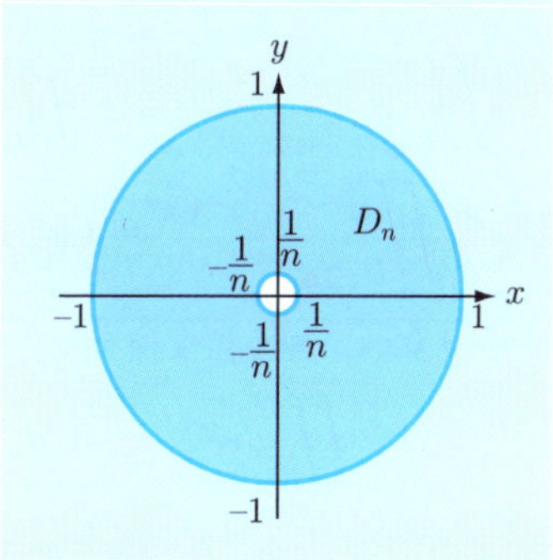

図 **8.13**　原点が特異点の円

ここで $n \to \infty$ とすると，$D_n \to D$，$I_n \to 2\pi$ となるので，

$$I = \iint_D \frac{1}{\sqrt{x^2+y^2}}\,dxdy = 2\pi$$

問　題

6.1 次の広義重積分を計算せよ．$a > 0$ とする．

$$I = \iint_D \frac{1}{(x^2+y^2)^a}\,dxdy, \quad D = \{(x,y) \mid x^2+y^2 \leq 1\}$$

例題 8.7　　**広義重積分 (2)***

次の広義重積分を計算せよ．

$$I = \iint_{\mathbb{R}^2} e^{-x^2-y^2}dxdy = \int_{-\infty}^{\infty}\int_{-\infty}^{\infty} e^{-x^2-y^2}dxdy$$

【解　答】 S_R を正方領域

$$S_R = \{(x,y) \mid |x| \leq R, |y| \leq R\}$$

で定義すると，

$$I = \lim_{R\to\infty}\iint_{S_R} e^{-x^2-y^2}dxdy$$

$$= \lim_{R\to\infty}\int_{-R}^{R}\int_{-R}^{R} e^{-x^2-y^2}dxdy$$

一方 $D_R = \{(x,y) \mid x^2+y^2 \leq R^2\}$ として，被積分関数 $e^{-x^2-y^2}$ が正であるので

$$\iint_{D_R} e^{-x^2-y^2}dxdy \leq \iint_{S_R} e^{-x^2-y^2}dxdy$$

$$\leq \iint_{D_{\sqrt{2}R}} e^{-x^2-y^2}dxdy$$

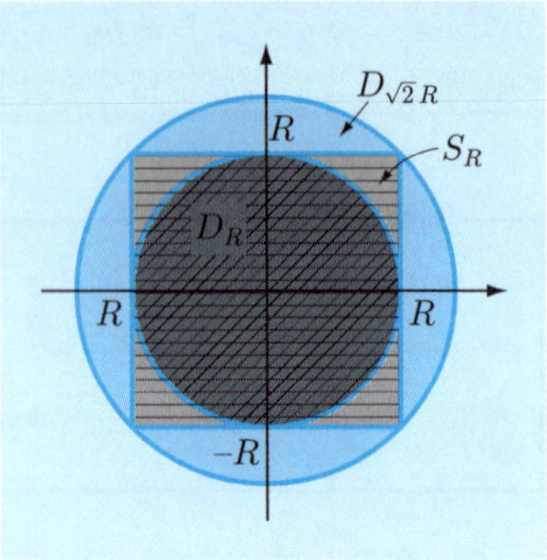

図 8.14

が成り立つ．極座標変換を行うと上式第 1 項は

$$\iint_{D_R} e^{-x^2-y^2}dxdy = \int_0^{2\pi}\int_0^R e^{-r^2}rdrd\theta = \pi\left(1-e^{-R^2}\right)$$

第 3 項は R を $\sqrt{2}\,R$ で置き換えて同様に，

$$\pi\left(1-e^{-R^2}\right) \leq \iint_{S_R} e^{-x^2-y^2}dxdy \leq \pi\left(1-e^{-2R^2}\right)$$

$R\to\infty$ の極限ではさみうちの原理によって，

$$I = \iint_{\mathbb{R}^2} e^{-x^2-y^2}dxdy = \lim_{R\to\infty}\iint_{S_R} e^{-x^2-y^2}dxdy = \pi$$

発展　$I = \left\{\int_{-\infty}^{\infty} e^{-x^2}dx\right\}\left\{\int_{-\infty}^{\infty} e^{-y^2}dy\right\} = \left\{\int_{-\infty}^{\infty} e^{-x^2}dx\right\}^2$ であることから，$\int_{-\infty}^{\infty} e^{-x^2}dx = \sqrt{\pi}$ が成り立つ．これを**ガウス積分**または**確率積分**と呼ぶ．

問　題

7.1　$a>0$ とする．広義重積分 $\iint_{\mathbb{R}^2}\frac{1}{(1+x^2+y^2)^a}dxdy$ の値を求めよ．

8.5 重積分の応用*

体積　2 重積分 $\displaystyle\iint_D f(x,y)dxdy$ は関数 $z=f(x,y)$ が領域 D 上につくる柱体の体積を表す (8.1～8.3 節参照).

曲面の表面積　2 つのパラメータで与えられる

$$\Sigma\ :\ x=x(u,v),\quad y=y(u,v),\quad z=z(u,v)$$

を一般に**曲面**と呼んだ. (u,v) が有界な領域 D を動くとき, 対応する曲面の**表面積** S を求めよう. (u,v) 平面上を点 (u_0,v_0) から u 軸に沿って du だけ移動したとき対応する曲面上の変位は, P $(x(u_0,v_0),y(u_0,v_0),z(u_0,v_0))$ として,

$$\boldsymbol{x}(u_0+du,v_0)-\boldsymbol{x}(u_0,v_0)=\left(\frac{\partial\boldsymbol{x}}{\partial u}\right)_{\mathrm{P}}du,$$

点 (u_0,v_0) から v 軸に沿って dv だけ移動したとき対応する曲面上の変位は

$$\boldsymbol{x}(u_0,v_0+dv)-\boldsymbol{x}(u_0,v_0)=\left(\frac{\partial\boldsymbol{x}}{\partial v}\right)_{\mathrm{P}}dv$$

である. (u,v) 平面上の長方形が曲面 Σ 上の $\left(\frac{\partial\boldsymbol{x}}{\partial u}\right)_{\mathrm{P}}du$ と $\left(\frac{\partial\boldsymbol{x}}{\partial v}\right)_{\mathrm{P}}dv$ が成す (近似的な) 平行四辺形に対応する. これらのベクトル積

$$\boldsymbol{N}=\left(\frac{\partial\boldsymbol{x}}{\partial u}\right)_{\mathrm{P}}du\times\left(\frac{\partial\boldsymbol{x}}{\partial v}\right)_{\mathrm{P}}dv$$

を作ると, このベクトルの大きさは平行四辺形の面積に等しく, 面積要素 dS は

$$\begin{aligned}dS&=\left|\frac{\partial\boldsymbol{x}}{\partial u}\times\frac{\partial\boldsymbol{x}}{\partial v}\right|dudv\\&=\sqrt{(y_uz_v-z_uy_v)^2+(z_ux_v-x_uz_v)^2+(x_uy_v-y_ux_v)^2}\ dudv\end{aligned}$$

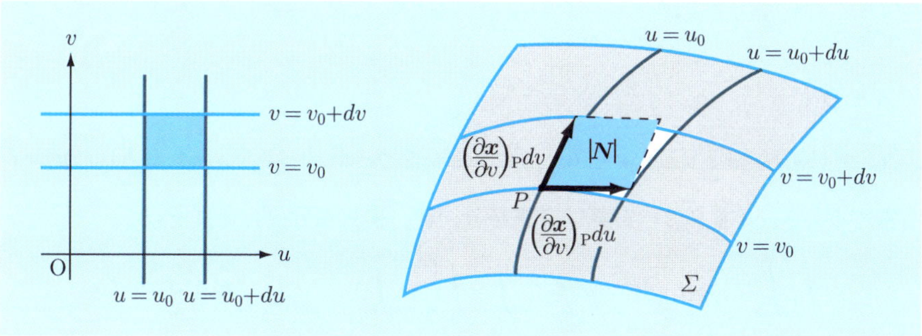

図 8.15　曲面を微小領域に分割する

である．したがって曲面の表面積 S は次式で与えられる．

$$S = \iint_D \left| \frac{\partial \boldsymbol{x}}{\partial u} \times \frac{\partial \boldsymbol{x}}{\partial v} \right| dudv$$
$$= \iint_D \sqrt{(y_u z_v - y_v z_u)^2 + (z_u x_v - z_v x_u)^2 + (x_u y_v - x_v y_u)^2}\ dudv$$

特に $u = x$, $v = y$ とするとき $z = z(x, y)$，法線方向は $(-z_x, -z_y, 1)$ であって，面積要素は $dS = \sqrt{1 + z_x^2 + z_y^2}\ dxdy$ である．D を xy 平面内の領域とするとき，$z = z(x, y)$ $((x, y) \in D)$ の表す曲面の表面積 S は次式で与えられる．

$$S = \iint_D \sqrt{1 + z_x^2 + z_y^2}\ dxdy$$

3 重積分　3 重積分の定義も 2 重積分と同様である．D を 3 次元空間における有界閉領域とし，$f(x, y, z)$ を D で定義された 3 変数関数とする．D を小領域 $\Delta V_1, \Delta V_2, \cdots, \Delta V_n$ と分割し，ΔV_i 内の任意の点を (x_i, y_i, z_i) とする．

$$\sum_{i=1}^{n} f(x_i, y_i, z_i) \Delta V_i \quad (\Delta V_i \text{は小領域} \Delta V_i \text{の体積で同じ記号を用いた})$$

を分割を一様に細かくしたときの極限を

$$\iiint_D f(x, y, z) dV, \quad \iiint_D f(x, y, z) dxdydz$$

などと書いて，これを D 上の $f(x, y, z)$ の **3 重積分**と呼ぶ．dV, $dxdydz$ は**体積要素**と呼ばれる．

コメント　$f(x, y, z)$ を点 (x, y, z) における単位体積あたりの質量とすると，3 重積分 $\iiint_D f(x, y, z)dV$ は D の質量を表す．また $f(x, y, z) \equiv 1$ のとき，$\iiint_D dV$ は D の体積を表す．

領域 D が

$$D = \{(x, y, z) \mid a_1 \leq x \leq a_2, g_1(x) \leq y \leq g_2(x), h_1(x, y) \leq z \leq h_2(x, y)\}$$

と書けるとき，3 重積分の計算は 2 重積分同様，累次積分を行えばよい．

$$\iiint_D f(x, y, z) dxdydz = \int_{a_1}^{a_2} \int_{g_1(x)}^{g_2(x)} \int_{h_1(x,y)}^{h_2(x,y)} f(x, y, z) dzdydx$$

3 重積分の置換積分 変数変換

$$x = x(u, v, w), \quad y = y(u, v, w), \quad z = z(u, v, w)$$

によって体積要素がどのように変化するのかを考えよう．

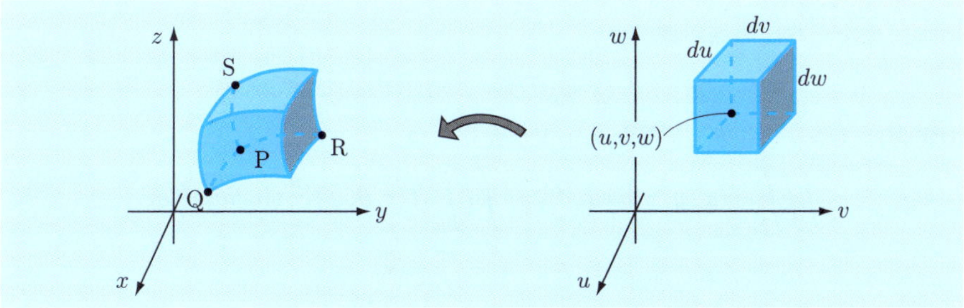

図 8.16 3 重積分の変数変換

$v = v$, $w = w$ (v, w : 一定) として，u の値が u から $u + du$ に変化するとき，xyz 空間では点 $\mathrm{P}(x, y, z)$ から点 Q に変化し，

$$\overrightarrow{\mathrm{PQ}} = x_u du\boldsymbol{i} + y_u du\boldsymbol{j} + z_u du\boldsymbol{k}$$

が成り立つ．$w = w$, $u = u$ (w, u : 一定) として，v の値が v から $v + dv$ に変化するとき，xyz 空間では点 P から点 R に変化し，

$$\overrightarrow{\mathrm{PR}} = x_v dv\boldsymbol{i} + y_v dv\boldsymbol{j} + z_v dv\boldsymbol{k}$$

である．$u = u$, $v = v$ (u, v : 一定) として，w の値が w から $w + dw$ に変化するとき，xyz 空間では点 P から点 S に変化し，

$$\overrightarrow{\mathrm{PS}} = x_w dw\boldsymbol{i} + y_w dw\boldsymbol{j} + z_w dw\boldsymbol{k}$$

である．したがって，uvw 空間の体積要素 $dudvdw$ に対応する xyz 空間の体積要素は $\overrightarrow{\mathrm{PQ}}, \overrightarrow{\mathrm{PR}}, \overrightarrow{\mathrm{PS}}$ の作る平行六面体の体積であって次式で与えられる．

$$\left|\left(\overrightarrow{\mathrm{PQ}} \times \overrightarrow{\mathrm{PR}}\right) \cdot \overrightarrow{\mathrm{PS}}\right| = |J| dudvdw$$

J はヤコビアン

$$J = \begin{vmatrix} x_u & x_v & x_w \\ y_u & y_v & y_w \\ z_u & z_v & z_w \end{vmatrix}$$

である．以上の議論から置換積分の公式

$$\iiint_D f(x,y,z)dxdydz = \iiint_{\widetilde{D}} \widetilde{f}(u,v,w)|J|dudvdw$$

が成立する．ここで $\widetilde{f}(u,v,w) = f(x(u,v,w), y(u,v,w), z(u,v,w))$，$\widetilde{D}$ は D に対応する uvw 空間内の領域である．

特に 3 次元空間の極座標変換

$$(x,y,z) = (r\sin\theta\cos\varphi, r\sin\theta\sin\varphi, r\cos\theta)$$

の場合は $J = r^2\sin\theta$，すなわち次式が成り立つ．

$$\iiint_D f(x,y,z)dxdydz = \iiint_{\widetilde{D}} \widetilde{f}(r,\theta,\varphi)r^2\sin\theta drd\theta d\varphi$$

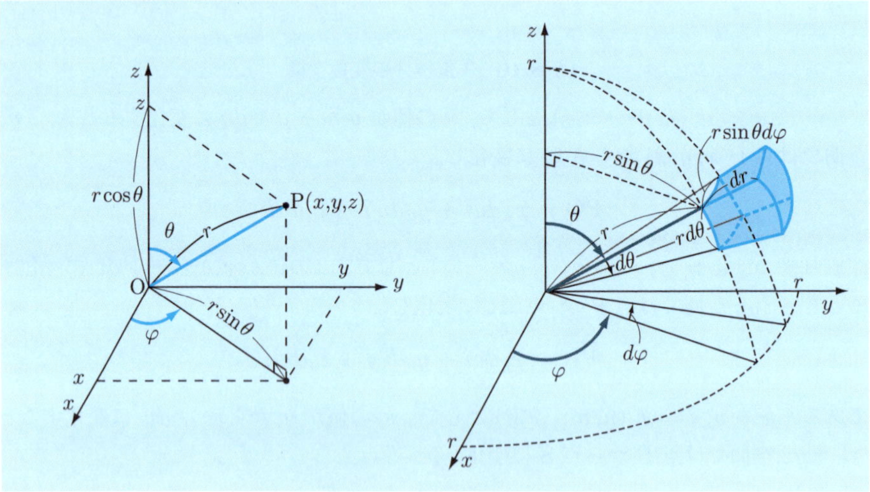

図 8.17　3 次元極座標

コメント　3 次元ベクトル $\boldsymbol{a} = (a_1, a_2, a_3)$，$\boldsymbol{b} = (b_1, b_2, b_3)$ に対して，**ベクトル積** $\boldsymbol{v} := \boldsymbol{a} \times \boldsymbol{b}$ を次式で定義する．

$$\boldsymbol{v} := \boldsymbol{a} \times \boldsymbol{b} = (a_2b_3 - a_3b_2, a_3b_1 - a_1b_3, a_1b_2 - a_2b_1)$$

$\boldsymbol{v}$ は $\boldsymbol{a}$, $\boldsymbol{b}$ と直交し，$\boldsymbol{a}$, $\boldsymbol{b}$, $\boldsymbol{v}$ がこの順に右手系を作る向きである．大きさ $|\boldsymbol{v}| = |\boldsymbol{a} \times \boldsymbol{b}|$ は $\boldsymbol{a}$, $\boldsymbol{b}$ の成す平行四辺形の面積に等しい．次に $\boldsymbol{c} = (c_1, c_2, c_3)$ として **3 重積** $(\boldsymbol{a}, \boldsymbol{b}, \boldsymbol{c}) \in \mathbb{R}$ を次式で定義する．

$$(\boldsymbol{a}, \boldsymbol{b}, \boldsymbol{c}) = (\boldsymbol{a} \times \boldsymbol{b}) \cdot \boldsymbol{c} = \begin{vmatrix} a_1 & a_2 & a_3 \\ b_1 & b_2 & b_3 \\ c_1 & c_2 & c_3 \end{vmatrix}$$

3 重積の絶対値 $|(\boldsymbol{a}, \boldsymbol{b}, \boldsymbol{c})|$ は $\boldsymbol{a}$, $\boldsymbol{b}$, $\boldsymbol{c}$ の成す平行六面体の体積を表す．

例題 8.8 **立体の体積 ***

球面 $x^2+y^2+z^2=a^2$ $(a>0)$ および円柱面 $x^2+y^2=ax$ とで囲まれた部分の体積 V を求めよ．

【解 答】 V は半球面 $z=\sqrt{a^2-x^2-y^2}$ (≥ 0)) が $D=\{(x,y)\,|\,x^2+y^2-ax\leq 0\}$ 上でつくる体積の 2 倍

$$V=2\iint_D \sqrt{a^2-x^2-y^2}\,dxdy$$

に等しい．極座標変換すると，対応する領域は

$$\widetilde{D}=\{(r,\theta)\mid 0\leq r\leq a\cos\theta,\ \ -\tfrac{\pi}{2}\leq\theta\leq\tfrac{\pi}{2}\}$$

であるから，求める体積 V は

$$\begin{aligned}V&=2\iint_{\widetilde{D}}\sqrt{a^2-r^2}\ rdrd\theta=2\int_{-\frac{\pi}{2}}^{\frac{\pi}{2}}\int_0^{a\cos\theta}\sqrt{a^2-r^2}\ rdrd\theta\\&=2\int_{-\frac{\pi}{2}}^{\frac{\pi}{2}}\left[-\frac{1}{3}(a^2-r^2)^{\frac{3}{2}}\right]_{r=0}^{r=a\cos\theta}d\theta=\frac{2}{3}a^3\int_{-\frac{\pi}{2}}^{\frac{\pi}{2}}(1-|\sin^3\theta|)d\theta\\&=\frac{4}{3}a^3\int_0^{\frac{\pi}{2}}(1-\sin^3\theta)d\theta=\frac{2(3\pi-4)}{9}\,a^3\end{aligned}$$

$$\left(\because\ \int_0^{\frac{\pi}{2}}\sin^3\theta d\theta=\int_0^{\frac{\pi}{2}}(\sin\theta-\cos^2\theta\sin\theta)d\theta=\left[-\cos\theta+\frac{1}{3}\cos^3\theta\right]_0^{\frac{\pi}{2}}=\frac{2}{3}\right)$$

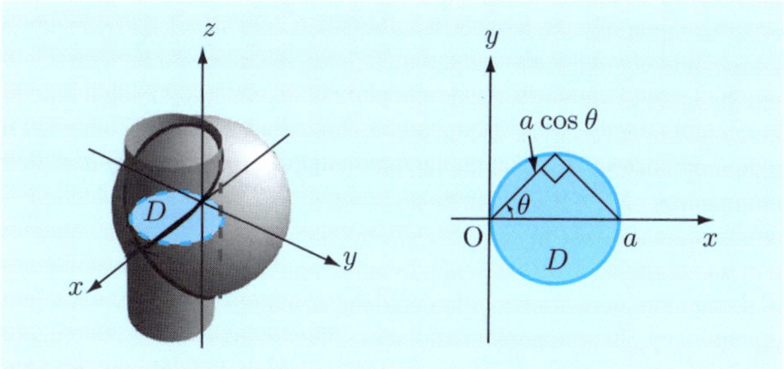

図 8.18 球面と円柱面の共通部分

問 題

8.1* 2 つの円柱面 $x^2+y^2=a^2$, $x^2+z^2=a^2$ $(a>0)$ で囲まれた部分の体積を求めよ．

ヒント 立体の $x\geq 0$, $y\geq 0$, $z\geq 0$ の部分の体積を求めて，それを 8 倍する．

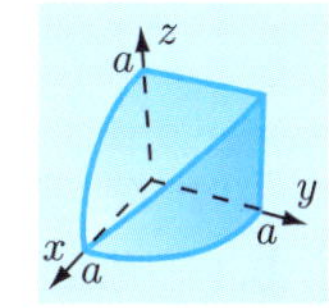

図 8.19

例題 8.9　　**曲面の表面積 ***

2 重積分を用いて半径 a の球の表面積 S を求めよ．

【解　答】 求める表面積 S は球面 $x^2+y^2+z^2=a^2$ の上半分 $z=\sqrt{a^2-x^2-y^2}$ の $D=\{(x,y) \mid x^2+y^2 \leq a^2\}$ における表面積の 2 倍に等しいので，

$$S = 2\iint_D \sqrt{1+z_x^2+z_y^2}\ dxdy$$

ここで

$$z_x = \frac{1}{2}(a^2-x^2-y^2)^{-\frac{1}{2}}(a^2-x^2-y^2)_x = \frac{-x}{\sqrt{a^2-x^2-y^2}}$$

$$z_y = \frac{1}{2}(a^2-x^2-y^2)^{-\frac{1}{2}}(a^2-x^2-y^2)_y = \frac{-y}{\sqrt{a^2-x^2-y^2}}$$

$$1+z_x^2+z_y^2 = 1+\frac{x^2}{a^2-x^2-y^2}+\frac{y^2}{a^2-x^2-y^2} = \frac{a^2}{a^2-x^2-y^2}$$

を代入して

$$S = 2a\iint_D \frac{1}{\sqrt{a^2-x^2-y^2}}dxdy$$

極座標変換を行うと，

$$S = 2a\int_0^{2\pi}\int_0^a \frac{1}{\sqrt{a^2-r^2}}rdrd\theta$$

ここで

$$\int_0^a \frac{r}{\sqrt{a^2-r^2}}dr = \lim_{\varepsilon\to+0}\int_0^{a-\varepsilon}\frac{r}{\sqrt{a^2-r^2}}dr = \lim_{\varepsilon\to+0}\left[-\sqrt{a^2-r^2}\right]_{r=0}^{r=a-\varepsilon} = a$$

より $S=4\pi a^2$.

【別　解】 S 上の点は

$$\boldsymbol{r} = (a\sin\theta\cos\varphi, a\sin\theta\sin\varphi, a\cos\theta) \quad (0\leq\theta\leq\pi,\ 0\leq\varphi<2\pi)$$

なので，表面積は次の方法でも計算できる．

$$S = \int_0^{2\pi}\int_0^{\pi}|\boldsymbol{r}_\theta\times\boldsymbol{r}_\varphi|d\theta d\varphi = \int_0^{2\pi}\int_0^{\pi}a^2\sin\theta d\theta d\varphi = 4\pi a^2$$

問　題

9.1* 曲面 $z=xy$ の円柱面 $x^2+y^2=1$ の内部にある部分の曲面積を求めよ．

例題 8.10 **3 重積分 ***

次の 3 重積分の値を求めよ．

(a) $\iiint_V (4x-3y+z)dxdydz$

$V=\{(x, y, z) \mid 0 \leq x \leq 1, 0 \leq y \leq 2, -1 \leq z \leq 2\}$

(b) $\iiint_V yzdxdydz, \quad V=\{(x, y, z) \mid 0 \leq x \leq y \leq z \leq 2\}$

(c) $\iiint_V xdxdydz, \quad V=\{(x, y, z) \mid x+y+z \leq 1, x \geq 0, y \geq 0, z \geq 0\}$

【解　答】 (a)

$$\iiint_V (4x-3y+z)dxdydz = \int_{-1}^{2}\int_0^2\int_0^1 (4x-3y+z)dxdydz$$

$$= \int_{-1}^{2}\int_0^2 \left[2x^2 - 3yx + zx\right]_{x=0}^{x=1} dydz = \int_{-1}^{2}\int_0^2 (2-3y+z)dydz$$

$$= \int_{-1}^{2} \left[2y - \frac{3}{2}y^2 + zy\right]_{y=0}^{y=2} dz$$

$$= \int_{-1}^{2} (-2+2z)dz = \left[-2z+z^2\right]_{-1}^{2} = -3$$

(b)

$$\iiint_V yzdxdydz = \int_0^2\int_0^z\int_0^y yzdxdydz = \int_0^2\int_0^z y^2zdydz$$

$$= \int_0^2 \left[\frac{1}{3}y^3z\right]_{y=0}^{y=z} dz = \int_0^2 \frac{1}{3}z^4dz = \left[\frac{1}{15}z^5\right]_0^2 = \frac{32}{15}$$

(c) $V = \{(x,y,z) \mid 0 \leq x \leq 1,\ 0 \leq y \leq 1-x,\ 0 \leq z \leq 1-x-y\}$ と表すと

$$\iiint_V xdxdydz = \int_0^1\int_0^{1-x}\int_0^{1-x-y} xdzdydx$$

$$= \int_0^1\int_0^{1-x} x(1-x-y)dydx = \int_0^1 \frac{1}{2}x(1-x)^2dx$$

$$= \frac{1}{2}\left[\frac{1}{2}x^2 - \frac{2}{3}x^3 + \frac{1}{4}x^4\right]_0^1 = \frac{1}{24}$$

問　題

10.1* 半径 $a\ (>0)$ の球の体積を 3 重積分を用いて求めよ．

例題 8.11 **慣性モーメント** *

xy 平面内の領域 D の x 軸に関する**慣性モーメント** I_x および y 軸に関する慣性モーメント I_y を次式で定義する.

$$I_x = \rho \iint_D y^2 dxdy, \quad I_y = \rho \iint x^2 dxdy$$

ただし ρ は D の単位面積あたりの質量 (面密度) を表す. D を長方形領域

$$D = \{ (x, y) \mid |x| \leq a, |y| \leq b \}$$

とするとき, 慣性モーメント I_x, I_y を求めよ. なお D の質量は m で密度は一様であるとする.

【解 答】 単位面積あたりの質量は $\dfrac{m}{4ab}$ なので, 慣性モーメントは

$$\begin{aligned} I_x &= \frac{m}{4ab} \iint_D y^2 dxdy = \frac{m}{4ab} \int_{-b}^{b} \int_{-a}^{a} y^2 dxdy \\ &= \frac{m}{4ab} \int_{-b}^{b} 2ay^2 dy = \frac{m}{b} \int_0^b y^2 dy = \frac{m}{b} \cdot \frac{b^3}{3} = \frac{1}{3} mb^2 \end{aligned}$$

$$\begin{aligned} I_y &= \frac{m}{4ab} \iint_D x^2 dxdy = \frac{m}{4ab} \int_{-b}^{b} \int_{-a}^{a} x^2 dxdy \\ &= \frac{m}{4ab} \int_{-b}^{b} \frac{2a^3}{3} dy \\ &= \frac{m}{4ab} \cdot 2b \cdot \frac{2a^3}{3} = \frac{1}{3} ma^2 \end{aligned}$$

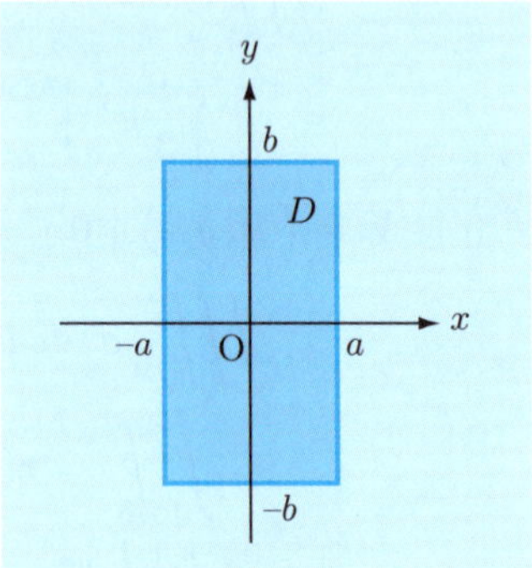

図 8.20

コメント 軸の周りに D を回転させるとき, 慣性モーメントが小さければ小さいほど回転をさせやすくなる. 今の問題では $a < b$ と仮定すると $I_y < I_x$ となって, y 軸の周りに回転させた方が回転しやすくなる.

問 題

11.1* D を楕円領域 $D = \left\{ (x, y) \;\middle|\; \dfrac{x^2}{a^2} + \dfrac{y^2}{b^2} \leq 1 \right\}$ とするとき, 慣性モーメント I_x, I_y を求めよ. なお D の質量は m で密度は一様であるとする.

第8章演習問題

1. 次の 2 重積分の値を求めよ.

(a) $\displaystyle\iint_D xy(x+y)dxdy, \quad D=\{(x,y)\mid 0\leq x\leq 2,\ 0\leq y\leq 3\}$

(b) $\displaystyle\iint_D x\sin(x+y)dxdy, \quad D=\left\{(x,y)\,\middle|\, 0\leq x\leq \frac{\pi}{2},\ 0\leq y\leq \frac{\pi}{2}\right\}$

(c) $\displaystyle\iint_D \frac{1}{(x+y)^2}dxdy, \quad D=\{(x,y)\mid 1\leq x\leq y\leq 3\}$

(d) $\displaystyle\iint_D xydxdy, \quad D=\{(x,y)\mid x^2\leq y\leq \sqrt{x}\}$

(e) $\displaystyle\iint_D xe^{x^3}dxdy, \quad D=\{(x,y)\mid 0\leq y\leq x\leq 1\}$

2. 変数変換を用いて次の 2 重積分の値を求めよ.

(a) $\displaystyle\iint_D xydxdy, \quad D=\{(x,y)\mid 0\leq x+y\leq 2, -1\leq x-y\leq 1\}$

(b) $\displaystyle\iint_D y^2dxdy, \quad D=\{(x,y)\mid x^2+y^2\leq 4,\ y\geq 0\}$

(c) $\displaystyle\iint_D \log\sqrt{x^2+y^2}\,dxdy, \quad D=\{(x,y)\mid 1\leq x^2+y^2\leq 9,\ x\geq 0\}$

(d) $\displaystyle\iint_D \mathrm{Arctan}\,\frac{y}{x}dxdy, \quad D=\{(x,y)\mid 0\leq y\leq x,\ 1\leq x^2+y^2\leq 9\}$

3.* 次の 3 重積分の値を求めよ.

(a) $\displaystyle\iiint_D (x+y)dxdydz,$

$$D=\{(x,y,z)\mid x+y+z\leq 2, x\geq 0, y\geq 0, z\geq 0\}$$

(b) $\displaystyle\iiint_D x^2dxdydz, \quad D=\{(x,y,z)\mid x^2+y^2+z^2\leq a^2\}$

(c) $\displaystyle\iiint_D (x^2+y^2+z^2)dxdydz$

$$D=\left\{(x,y,z)\,\middle|\,\frac{x^2}{a^2}+\frac{y^2}{b^2}+\frac{z^2}{c^2}\leq 1\right\} \quad (a,b,c>0)$$

4.* 半径 $R\ (>0)$ の 4 次元球の体積

$$\iiiint_D dx_1dx_2dx_3dx_4$$
$$D=\{\,(x_1,x_2,x_3,x_4)\in\mathbb{R}^4 \mid x_1^2+x_2^2+x_3^2+x_4^2\le R^2\,\}$$

を求めよ．

ヒント x_4 を一定にしたときの 4 次元球の切り口はどうなるか?

5.* xy 平面内の密度一様な図形 D の**重心** $(\overline{x},\ \overline{y})$ を次式で定義する．

$$(\overline{x},\ \overline{y})=\left(\frac{1}{S}\iint_D xdxdy,\ \frac{1}{S}\iint_D ydxdy\right),$$
$$S=\iint_D dxdy\quad (S\ \text{は}\ D\ \text{の面積}).$$

次の図形の重心を求めよ．a は正の定数とする．

(a) $D=\{(x,y)\mid x^2+y^2\le a^2,\ y\ge 0\}$

(b) $D=\{\sqrt{x}+\sqrt{y}\le\sqrt{a},\ x\ge 0,\ y\ge 0\}$

6.* 次の問に答えよ．

(a) 広義積分 $\displaystyle\int_0^1 \frac{dx}{\sqrt{x(1-x)}}$ の値を求めよ．

(b) 与えられた関数 $f(x)$ に対して新たな関数 $I[f(x)]$ を次式で定義する．

$$I[f(x)]=\frac{1}{\sqrt{\pi}}\int_0^x \frac{f(t)}{\sqrt{x-t}}dt$$

このとき次式を証明せよ．

$$I[I[f(x)]]=\frac{1}{\sqrt{\pi}}\int_0^x \frac{1}{\sqrt{x-t}}\left(\frac{1}{\sqrt{\pi}}\int_0^t \frac{f(s)}{\sqrt{t-s}}ds\right)dt=\int_0^x f(t)dt$$

コメント $f(x)$ に I を 2 回作用させると，$f(x)$ の原始関数になる．このことから I をリーマン-リウヴィルの $\frac{1}{2}$ 階積分作用素と呼ぶ．

A 常微分方程式入門

$y=y(x)$ を x についての未知関数とする．y とその導関数 $y', y'', \cdots, y^{(n)}$ を含む方程式

$$F(x, y, y', y'', \cdots, y^{(n)}) = 0$$

を y に関する**常微分方程式**という．未知関数 y のことを**従属変数**，変数 x のことを**独立変数**という．

詳しい議論は姉妹書『工学基礎 微分方程式』(及川・永井・矢嶋共著) に譲り，ここでは $n=1,2$ の簡単な場合について常微分方程式の初等解法について述べる．

A.1 常微分方程式の初等解法

本節では主として **1 階常微分方程式**

$$F(x, y', y) = 0$$

を扱う．特に y' について解いた**正規型**

$$y' = f(x, y)$$

と呼ばれる型の微分方程式を中心に扱う．

一般解と特解　1 階常微分方程式の解は通常 $y=y(x;C)$ のように**任意定数** C を含む形で書くことができる．任意定数 C を含む解を微分方程式の**一般解**と呼ぶ．一方，一般解に含まれる任意定数に特定の値を代入して得られる解を**特解**という．

例 A.1　**1.** $y' = \cos x$ の一般解は x で積分して，$y = \sin x + C$ である．また $y = \sin x$, $y = \sin x + 3$, $y = \sin x - \sqrt{2}$ はそれぞれ 1 つの特解の例である．

2. $y''' = 24x$ の一般解は x で 3 回積分して，$y = x^4 + C_1x^2 + C_2x + C_3$ である (C_1, C_2, C_3 は任意定数)．また $y = x^4$，$y = x^4 - x^2 + 5x - 3$，$y = x^4 + \sqrt{2}\,x^2 - \log 2$ はそれぞれ 1 つの特解の例である．

微分方程式の解き方　　与えられた微分方程式の一般解を求めることを，**微分方程式を解く**という．以下にいくつかの初等的な1階常微分方程式のタイプとその解き方を記す．

- $y' = f(x)$ のタイプ：
  x について積分して，一般解は $y = \int f(x)dx + C$.

参考　$y^{(n)} = f(x)$ のタイプ：
同様に x について n 階積分する．一般解は

$$y = \underbrace{\int \cdots \int}_{n\text{ 回}} f(x)dx \cdots dx + C_1 x^{n-1} + \cdots + C_{n-1}x + C_n$$

- $y' = f(x)g(y)$ のタイプ (**変数分離形**)：
  $\dfrac{dy}{g(y)} = f(x)dx$ の形に変数分離して積分.

- $y' + p(x)y = f(x)$ のタイプ (**1階線形常微分方程式**)：以下の2つの解法がある.

  1. 両辺に積分因子 $\exp(P(x))$ ($P(x)$ は $p(x)$ の原始関数) を乗じて積分.
  2. **同次方程式** $y' + p(x)y = 0$ の解を $y = Cy_0(x)$ (C は任意定数) として，$y = C(x)y_0(x)$ の解を仮定 (**定数変化法**).

1階線形常微分方程式の解の公式は次式で与えられる.

$$y = \exp(-P(x)) \int \exp(P(x))f(x)dx + C\exp(-P(x)),$$
$$P(x) = \int p(x)dx.$$

- $y' = f\left(\dfrac{y}{x}\right)$ のタイプ (**同次形**)：
  $u(x) = \dfrac{y}{x}$ $(y = xu(x))$ とおくと，$u = u(x)$ についての変数分離形に帰着する.

初期値問題　　1階常微分方程式の解のうち，**初期条件** $y(x_0) = y_0$ を満たすものを求めよという問題を**初期値問題**または**コーシー問題**という．初期値問題を解くには，通常，一般解を求めた後，$x = x_0, y = y_0$ を代入，任意定数 C について解けばよい.

例題 A.1　　　　$y' = f(x)$

常微分方程式 $y' = e^x + \sin x$ の一般解を求めよ．次に初期条件 $y(0) = 1$ を満たす解を求めよ．

【解　答】 y を求めるには 1 回積分を実行すればよい．

$$y = \int (e^x + \sin x)dx + C = e^x - \cos x + C \quad (C \text{ は定数}) \qquad \cdots \quad (*)$$

次に初期条件 $y(0) = 1$ より，$(*)$ に $x = 0, y = 1$ を代入して，$1 = e^0 - \cos 0 + C$．これを C について解いて $C = 1$．初期値問題の解は $y = e^x - \cos x + 1$．

コメント　以後「C は定数」という言葉は省略する．

例題 A.2　　　　$y^{(n)} = f(x)$

常微分方程式 $y'' = \cos(\pi x) - \dfrac{1}{x^2}$ の一般解を求めよ．次に初期条件 $y(1) = y'(1) = 0$ を満たす解を求めよ．

【解　答】 y を求めるには 2 回積分を実行すればよい．

$$y' = \int \left(\cos(\pi x) - \frac{1}{x^2}\right) dx + C_1 = \frac{1}{\pi}\sin(\pi x) + \frac{1}{x} + C_1$$

$$y = \int \left(\frac{1}{\pi}\sin(\pi x) + \frac{1}{x} + C_1\right) dx = -\frac{1}{\pi^2}\cos(\pi x) + \log|x| + C_1 x + C_2$$

次に初期条件より C_1, C_2 を決定する．

$$\begin{cases} y'(1) = 0 \quad \text{より} \quad 1 + C_1 = 0 \\ y(1) = 0 \quad \text{より} \quad \dfrac{1}{\pi^2} + \log 1 + C_1 + C_2 = 0 \end{cases}$$

これを解いて，$C_1 = -1, C_2 = 1 - \dfrac{1}{\pi^2}$．

よって初期値問題の解は $y = -\dfrac{1}{\pi^2}\cos(\pi x) + \log|x| - x + 1 - \dfrac{1}{\pi^2}$．

問　題

2.1　次の常微分方程式の初期値問題を解け．

(a)　$(1 + x^2)y' = 1,\ y(1) = 0$

(b)　$y''' = 24x + 18,\ y(-1) = y'(-1) = y''(-1) = 0$

例題 A.3 **変数分離形**

次の微分方程式の一般解を求めよ．

(a) $\dfrac{dy}{dx} + xy\sin x = 0$ (b) $(e^{2x}+1)\dfrac{dy}{dx} = y^2 e^x$

【解 答】 (a) $y \neq 0$ のときは変数分離して

$$\frac{dy}{y} = -x\sin x dx$$

積分して $$\log|y| = -\int x\sin x dx + C$$

右辺は部分積分することによって，

$$\int x(\cos x)' dx = x\cos x - \int x'\cos x dx = x\cos x - \sin x$$

y について解いて

$$y = \pm e^{x\cos x - \sin x + C} = \pm e^C e^{x\cos x - \sin x}$$

$\pm e^C$ は定数なのでこれを改めて C とおいて，一般解は

$$y = Ce^{x\cos x - \sin x}$$

$y = 0$ はもとの微分方程式の解であるが，これは上の一般解で $C = 0$ とおけばよい．

(b) $y \neq 0$ のとき両辺を変数分離して積分すると

$$\frac{dy}{y^2} = \frac{e^x}{e^{2x}+1}dx$$

$$-\frac{1}{y} = \int \frac{e^x}{e^{2x}+1}dx + C = \int \frac{1}{(e^x)^2+1}(e^x)' dx + C = \mathrm{Arctan}\, e^x + C$$

$$y = -\frac{1}{\mathrm{Arctan}\, e^x + C}$$

$y = 0$ は一般解の式で $C \to \infty$ の極限で得られる．

コメント 以後は分母が 0 であるかどうか断らないことにする．

問 題

3.1 次の微分方程式を括弧内の初期条件の下で解け

(a) $\dfrac{dy}{dx} = 3\sqrt{x(1-y^2)}$ $(y(1) = 0)$

(b) $x\dfrac{dy}{dx} = 1 - y^2$ $\left(y(1) = \dfrac{1}{2}\right)$

例題 A.4 ―――― **1 階線形常微分方程式 (1)**

次の常微分方程式の一般解を求めよ．(c)〜(e) は両辺に括弧内の関数 $\mu(x)$ (**積分因子**) を掛けることによって求めよ．

(a) $xy' + y = e^x$

(b) $y' \sin x + y \cos x = 1$

(c) $y' - 2y = e^x \qquad (\mu(x) = e^{-2x})$

(d) $y' + 2xy = e^{-x^2+2x} \qquad (\mu(x) = e^{x^2})$

(e) $y' + y\cos x = \sin x \cos x \qquad (\mu(x) = e^{\sin x})$

【解　答】 (a), (b) の左辺は積の微分公式を逆に用いると，$xy' + x'y = (xy)'$, $y' \sin x + y(\sin x)' = (y \sin x)'$ と書けることに注意する．(c), (d), (e) は積分因子を乗ずると (a), (b) のタイプに帰着する．

(a) $(xy)' = e^x$ を積分して $xy = e^x + C$. $\quad \therefore \quad y = \dfrac{e^x + C}{x}$

(b) $(y \sin x)' = 1$ を積分して $y \sin x = x + C$. $\quad \therefore \quad y = \dfrac{x + C}{\sin x}$

(c) e^{-2x} を乗じて $e^{-2x}y' - 2e^{-2x}y\,(= e^{-2x}y' + (e^{-2x})'y) = e^{-x}$

$\Leftrightarrow (e^{-2x}y)' = e^{-x}$. 両辺積分して $e^{-2x}y = -e^{-x} + C$. $\quad \therefore \quad y = -e^x + Ce^{2x}$

(d) e^{x^2} を乗じて $e^{x^2}y' + 2xe^{x^2}y\,(= e^{x^2}y' + (e^{x^2})'y) = e^{2x}$

$\Leftrightarrow (e^{x^2}y)' = e^{2x}$. 両辺積分して $e^{x^2}y = \dfrac{1}{2}e^{2x} + C$. $\quad \therefore \quad y = \dfrac{1}{2}e^{-x^2+2x} + Ce^{-x^2}$

(e) $e^{\sin x}$ を乗じて $e^{\sin x}y' + \cos x e^{\sin x}y = e^{\sin x}y' + (e^{\sin x})'y = \sin x \cos x\, e^{\sin x}$

$\Leftrightarrow (e^{\sin x}y)' = \sin x \cos x\, e^{\sin x}$. 積分して $e^{\sin x}y = \displaystyle\int \sin x \cos x\, e^{\sin x} dx + C$

$= \displaystyle\int te^t dt + C$ (置換積分 $t = \sin x$) $= (t-1)e^t + C = (\sin x - 1)e^{\sin x} + C$

$$\therefore \quad y = \sin x - 1 + Ce^{-\sin x}.$$

問　題

4.1 次の常微分方程式の一般解を括弧内の積分因子を掛けることで求めよ．

(a) $y' + \dfrac{1}{x^2}y = \dfrac{1}{x^3} \qquad (\mu(x) = e^{-\frac{1}{x}})$

(b) $y' + y \tan x = \cos x \qquad \left(\mu(x) = \dfrac{1}{\cos x}\right)$

例題 A.5　　　1 階線形常微分方程式 (2)

$y' + p(x)y = f(x)$ の解の公式を適当な積分因子 $\mu(x)$ を両辺に掛けることで導出せよ (**ヒント** 前の例題 A.4 (c)〜(e) において，y の係数 $p(x)$ と $\mu(x)$ との関係を調べよ)．また次の常微分方程式の一般解を求めよ．

(a)　$y' + 3y = e^{-3x}$　　　(b)　$y' + \left(1 + \dfrac{1}{x}\right)y = 1$

前例題 (c)〜(e) において，y の係数 $p(x)$ と積分因子 $\mu(x)$ は右表の通りであった．このことから，積分因子は指数関数の形で書かれており，指数部分は $p(x)$ の原始関数になっていることに気付くであろう．

	(c)	(d)	(e)
$p(x)$	-2	$2x$	$\cos x$
$\mu(x)$	e^{-2x}	e^{x^2}	$e^{\sin x}$

【解　答】 $P(x)$ を $p(x)$ の原始関数の 1 つとして，与えられた微分方程式の両辺に $\exp(P(x))$ を掛ける．
$(\exp(P(x))' = P'(x)\exp(P(x)) = p(x)\exp(P(x))$ より，

$$\exp(P(x))y' + (\exp(P(x))'y = (\exp(P(x))y)' = \exp(P(x))f(x)$$

積分して　$$\exp(P(x))y = \int \exp(P(x))f(x)dx + C$$

$\therefore$　一般解は　$$y = \exp(-P(x))\int \exp(P(x))f(x)dx + C\exp(-P(x))$$

(a)　両辺に積分因子 e^{3x} を乗じて変形すると，$e^{3x}y' + (e^{3x})'y = (e^{3x}y)' = 1$．
積分して $e^{3x}y = x + C$．$\therefore$　一般解は $y = xe^{-3x} + Ce^{-3x}$．

(b)　$\displaystyle\int \left(1 + \frac{1}{x}\right)dx = x + \log x$ より積分因子 $e^{x+\log x} = e^x e^{\log x} = xe^x$ を掛けて，
$xe^x y' + (x+1)e^x y = xe^x y' + (xe^x)'y = (xe^x y)' = xe^x$．
積分して $\displaystyle xe^x y = \int xe^x dx + C = (x-1)e^x + C$．　$\therefore$　一般解は $\displaystyle y = 1 - \frac{1}{x} + \frac{C}{xe^x}$．

重要　1 階線形常微分方程式の一般解は $y = y_1(x) + Cy_0(x)$ の形に書くことができる．ただし，$y = y_0(x)$ は同次方程式 $y' + p(x)y = 0$ の解であり**余関数**と呼ばれる．また $y = y_1(x)$ は $y' + p(x)y = f(x)$ の 1 つの解を与え，**特解**と呼ばれる．

問　題

5.1　次の常微分方程式の一般解を求めよ．

(a)　$y' + y = \cosh x$　　　(b)　$y' + \dfrac{x}{x^2+1}y = x$

例題 A.6 同次形

次の微分方程式の一般解を求めよ．

$$x(3x^2+y^2)\frac{dy}{dx} = y(3x^2+2y^2) \quad \cdots \quad (*)$$

【解　答】 $(*)$ は次のように変形できるので同次形である．

$$\frac{dy}{dx} = \frac{y}{x}\cdot\frac{3x^2+2y^2}{3x^2+y^2} = \frac{y}{x}\cdot\frac{3+2(y/x)^2}{3+(y/x)^2}$$

$u(x) := y/x$ $(y = xu)$ とおいて整理すると，変数分離形を得る．

$$\begin{aligned} &x\frac{du}{dx} + u = u\frac{3+2u^2}{3+u^2} \\ &x\frac{du}{dx} = u\frac{3+2u^2}{3+u^2} - u = \frac{u^3}{3+u^2} \\ &\frac{3+u^2}{u^3}du = \frac{dx}{x} \end{aligned}$$

積分して

$$-\frac{3}{2}u^{-2} + \log|u| = \log|x| + C$$

$u = y/x$ を代入，整理して，$(*)$ の一般解は

$$-\frac{3}{2}\left(\frac{x}{y}\right)^2 + \log\left|\frac{y}{x^2}\right| = C$$

コメント 本例題の解は $F(x,y) = C$ という形に表示されており (陰関数表示), $y = f(x)$ の形に表現することはできない．しかし，y の導関数を含まない形になっているので，陰関数表示された形も解である．

問　題

6.1 次の微分方程式を括弧内の初期条件の下で解け．

(a) $\dfrac{dy}{dx} = \dfrac{x^2+y^2}{2xy}$ $\qquad (y(1) = 0)$

(b) $\dfrac{dy}{dx} = \dfrac{y}{x} + \sin^2\dfrac{y}{x}$ $\qquad \left(y(1) = \dfrac{\pi}{4}\right)$

A.2 定数係数2階線形常微分方程式

本節では2階線形常微分方程式を扱う．

$$y'' + py' + qy = f(x)$$

ここで p, q は実定数，$f(x)$ は与えられた関数とする．

同次方程式 はじめに本節では**同次方程式**

$$y'' + py' + qy = 0 \tag{A.1}$$

を扱う．解の候補として $y = e^{\lambda x}$ を (A.1) に代入すると，$e^{\lambda x} \neq 0$ であるから

$$\lambda^2 + p\lambda + q = 0 \tag{A.2}$$

を得る．これを (A.1) の**特性方程式**という．特性方程式の解を λ とすれば，$e^{\lambda x}$ が (A.1) の解であるが，次の3つの場合に区別される．

1. 特性方程式 (A.2) が相異なる2実数解 $\lambda = \alpha,\ \beta$ を持つ場合は $y = e^{\alpha x}, e^{\beta x}$ が (A.1) の解を与える．
2. 特性方程式 (A.2) が重解 $\lambda = \alpha$ を持つ場合 $y = e^{\alpha x}$ が (A.1) の解を与えるが，$xe^{\alpha x}$ も (A.1) の解であることが代入することによって確かめられる．
3. 特性方程式 (A.2) が共役複素数解 $\lambda = \alpha \pm \beta i$ (i は虚数単位 $\sqrt{-1}$) を持つ場合は $y = e^{(\alpha+\beta i)x}, e^{(\alpha-\beta i)x}$ が (A.1) の解を与える．

重ね合わせの原理 次の**重ね合わせの原理**は線形微分方程式論の中核を成す重要な原理である．

> **定理 A.1** 同次線形微分方程式 (A.1) の **1 次独立**な2つの解を $y = y_1(x)$, $y_2(x)$ とする ($y_1(x)$, $y_2(x)$ が1次独立であるとは，$C_1y_1(x) + C_2y_2(x)$ が恒等的に0となるのは $C_1 = C_2 = 0$ のときに限ること，すなわち $y_1(x) = Cy_2(x)$ (C : 定数) と表せないことをいう)．このときこれらの関数の1次結合
>
> $$y = C_1y_1(x) + C_2y_2(x)$$
>
> も (A.1) の解でありかつ一般解である．

1次独立な2つの解 $y_1(x)$, $y_2(x)$ を微分方程式の**基本解**または解空間の**基底**と呼ぶ．以上により，同次線形微分方程式 (A.1) の解の公式について次の定理が成立する．

定理 A.2 (解の公式) 微分方程式 (A.1) の一般解は以下の通りである.

1. 特性方程式 (A.2) が相異なる 2 実数解 $\lambda = \alpha,\ \beta$ を持つ場合,

$$y = C_1 e^{\alpha x} + C_2 e^{\beta x}$$

2. 特性方程式 (A.2) が重解 $\lambda = \alpha$ を持つ場合,

$$y = C_1 e^{\alpha x} + C_2 x e^{\alpha x}$$

3. 特性方程式 (A.2) が共役複素数解 $\lambda = \alpha \pm \beta i\ (i = \sqrt{-1})$ を持つ場合,

$$y = C_1 e^{(\alpha+\beta i)x} + C_2 e^{(\alpha-\beta i)x} = C_1' e^{\alpha x}\cos\beta x + C_2' e^{\alpha x}\sin\beta x$$

3. の場合, **オイラーの公式** $e^{i\theta} = \cos\theta + i\sin\theta$ を用いた.

非同次方程式の場合　次に非同次方程式

$$y'' + py' + qy = f(x) \tag{A.3}$$

を扱う. 次の定理が成り立つ.

定理 A.3 微分方程式 (A.3) の 1 つの解 (**特解**) を何らかの方法で見つけたとして, 次の公式が成立する.

$$((\text{A.3}) \text{ の一般解}) = ((\text{A.3}) \text{ の特解}) + ((\text{A.1}) \text{ の一般解}). \tag{A.4}$$

公式 (A.4) の右辺第 2 項は**余関数**と呼ばれ, その求め方については定理 A.2 の通り. よって (A.3) の特解を 1 つ決定すればよい. $f(x)$ が特別な関数形の場合について特解の求め方を述べる.

$f(x)$ が n 次多項式の場合　$f(x)$ が多項式ならば, 微分方程式 (A.3) の特解も多項式であることが予想できる. そこで特解の候補として y に

$$y = A_n x^n + A_{n-1}x^{n-1} + \cdots + A_0 \tag{A.5}$$

を代入して係数 $A_i\ (i = 0, \cdots, n)$ を決定する. ただし $y = 1$ が同次方程式の解の場合（つまり $q = 0$ の場合は）は特解の候補として, (A.5) に代えて

$$y = x(A_n x^n + A_{n-1}x^{n-1} + \cdots + A_0)$$

を，$y=1$ および x が同次方程式の解となる場合は特解の候補として (A.5) に代えて

$$y = x^2(A_n x^n + A_{n-1}x^{n-1} + \cdots + A_0)$$

を代入すればよい．

$f(x)$ が指数関数の場合　$f(x)=e^{ax}$ (a は定数) の場合は，特解も指数関数になることが予想できる．

1. $a^2+pa+q \neq 0$ のとき，特解の候補として $y=Ae^{ax}$ を代入して，A を決定する．特解は

$$y = \frac{1}{a^2+pa+q}e^{ax}$$

2. $a^2+pa+q=0, 2a+p \neq 0$ (a が特性方程式の解であるが重解ではない場合) のとき，特解の候補として $y=Axe^{ax}$ を代入して，A を決定する．特解は

$$y = \frac{1}{2a+p}xe^{ax}$$

3. $a^2+pa+q=0, 2a+p=0$ (a が特性方程式の重解である場合) のとき，特解の候補として $y=Ax^2e^{ax}$ を代入して，A を決定する．特解は

$$y = \frac{1}{2}x^2e^{ax}$$

$f(x)$ が三角関数の場合　$f(x)=\cos ax$ (または $\sin ax$) の場合，特解は三角関数になることが予想される．

1. $p=0, q=a^2$ を除く場合，特解の候補として，$y=A\cos ax+B\sin ax$ を代入して，A, B を決定する．

2. $p=0, q=a^2$ の場合，特解の候補として，$y=Ax\cos ax+Bx\sin ax$ を代入して，A, B を決定する．

または**オイラーの公式** $e^{iax}=\cos ax+i\sin ax$ を用いる方法もある．微分方程式

$$y'' + py' + qy = e^{iax}$$

の特解を非同次項 $f(x)$ が指数関数の場合と同様にして求める．この特解を $y=\psi(x)=\psi_1(x)+i\psi_2(x)$ のように実部と虚部に分けて，上の微分方程式に代入すると，

$$(\psi_1+i\psi_2)'' + p(\psi_1+i\psi_2)' + q(\psi_1+i\psi_2) = e^{iax}$$
$$(\psi_1''+p\psi_1'+q\psi_1) + i(\psi_2''+p\psi_2'+q\psi_2) = \cos ax + i\sin ax$$

を得る．両辺の実部と虚部を比較して，次式が成立する．

$$(y'' + py' + qy = \cos ax \text{ の特解}) = \psi_1(x) = \mathrm{Re}\,\psi(x)$$
$$(y'' + py' + qy = \sin ax \text{ の特解}) = \psi_2(x) = \mathrm{Im}\,\psi(x)$$

例題 A.7　　同次方程式

(a)　微分方程式

$$y'' - 2y' - 15y = 0 \quad \cdots \quad (1)$$

について，$y = e^{\lambda x}$ が解となるように λ の値を定めよ．また一般解を求めよ．

(b)　(a) と同様の手法により次の微分方程式の一般解を求めよ．

$$y'' + 4y' + 6y = 0 \quad \cdots \quad (2)$$

【解　答】 (a)　$y = e^{\lambda x}$ を微分方程式 (1) に代入し，特性方程式

$$\lambda^2 - 2\lambda - 15 = (\lambda + 3)(\lambda - 5) = 0$$

を解いて $\lambda = -3, 5$．したがって，$y = e^{-3x}, e^{5x}$ は (1) の 1 次独立な解である．重ね合わせの原理より，一般解はそれらの 1 次結合である．

$$y = C_1 e^{-3x} + C_2 e^{5x}$$

(b)　$y = e^{\lambda x}$ を微分方程式 (2) に代入し，特性方程式

$$\lambda^2 + 4\lambda + 6 = 0$$

を解いて $\lambda = -2 \pm \sqrt{2}\,i$．したがって一般解は $y = C_1 e^{(-2+\sqrt{2}\,i)x} + C_2 e^{(-2-\sqrt{2}\,i)x}$．次にオイラーの公式 $e^{i\theta} = \cos\theta + i\sin\theta$ を用いると，一般解は

$$y = (C_1 + C_2)e^{-2x}\cos\sqrt{2}\,x + i(C_1 - C_2)e^{-2x}\sin\sqrt{2}\,x$$

ここで $(C_1 + C_2), i(C_1 - C_2)$ は定数なのでこれらを改めて C_1', C_2' と書くことにすると一般解は

$$y = C_1' e^{-2x}\cos\sqrt{2}\,x + C_2' e^{-2x}\sin\sqrt{2}\,x$$

問　題

7.1　a を実定数とする．微分方程式 $y'' + 6y' + ay = 0$ の一般解を，a の値の範囲によって場合分けして求めよ．

例題 A.8 **非同次 2 階線形常微分方程式 – 右辺が多項式の場合**

(a) 微分方程式

$$y'' - 2y' - 3y = x \quad \cdots \quad (*)$$

の 1 つの特解を，特解の候補として $y = ax + b$ を代入して求めよ．

(b) (a) で求めた $(*)$ の特解を $y = y_1(x)$ とする．$y'' - 2y' - 3y = x$ の一般解を，$z = y - y_1$ の満たす微分方程式を導出することによって求めよ．

(c) 微分方程式 $y'' - 2y' = x$ の一般解を求めよ．

右辺が x の多項式の場合は，微分方程式も多項式を特解に持つことが予想される．

【解　答】 (a) 特解の候補として，$y = ax + b$ を微分方程式 $(*)$ に代入すると

$$y'' - 2y' - 3y = -3ax - 2a - 3b = x$$

係数比較して $a = -\frac{1}{3}$, $b = \frac{2}{9}$．よって 1 つの特解は $y = -\frac{1}{3}x + \frac{2}{9}$．

(b) $y_1(x) = -\frac{1}{3}x + \frac{2}{9}$ とおくと，(a) より，$y_1'' - 2y_1' - 3y_1 = x$．これと $(*)$ を辺々引いて $z = y - y_1$ とおくと，z は同次微分方程式 $z'' - 2z' - 3z = 0$ を満たし，一般解は $z = C_1e^{3x} + C_2e^{-x}$ である．よって $(*)$ の一般解は

$$y = y_1 + z = -\frac{1}{3}x + \frac{2}{9} + C_1e^{3x} + C_2e^{-x}.$$

(c) 同次方程式 $y'' - 2y' = 0$ の一般解は $y = C_1 + C_2e^{2x}$ である．

次に非同次方程式 $y'' - 2y' = x$ の特解の候補として，$y = ax + b$ を代入すると

$$y'' - 2y' = -2a$$

より，x に等しくない．次候補として，$y = x(ax + b) = ax^2 + bx$ を代入すると，

$$y'' - 2y' = -4ax + 2a - 2b = x$$

係数比較して $a = b = -\frac{1}{4}$．したがって 1 つの特解は $y = -\frac{x^2}{4} - \frac{x}{4}$．一般解は

$$y = -\frac{x^2}{4} - \frac{x}{4} + C_1 + C_2e^{2x}$$

問　題

8.1 次の微分方程式の一般解を求めよ．

(a) $y'' - 2y' + y = x^2 - 2x$　　(b) $y'' + 3y' = 3x + 4$

例題 A.9－非同次 2 階線形常微分方程式 ― 右辺が指数関数, 三角関数の場合

次の微分方程式の一般解を求めよ．

(a)　$y'' - 2y' + 2y = 0$　　(b)　$y'' - 2y' + 2y = e^{2x}$

(c)　$y'' - 2y' + 2y = \cos x$　　(d)　$y'' - 2y' + 2y = 4e^{2x} - 5\cos x$

【解　答】 (a)　特性方程式 $\lambda^2 - 2\lambda + 2 = 0$ を解いて，$\lambda = 1 \pm i$．よって一般解は $y = C_1 e^x \cos x + C_2 e^x \sin x$.

(b)　右辺から特解の候補は，$y = ae^{2x}$ と予想される．これを微分方程式に代入して，

$$y'' - 2y' + 2y = 2ae^{2x} = e^{2x}$$

したがって $a = \dfrac{1}{2}$ より特解は $y = \dfrac{e^{2x}}{2}$．一般解は

$$y = \frac{e^{2x}}{2} + C_1 e^x \cos 2x + C_2 e^x \sin x.$$

(c)　右辺から特解の候補は，$y = a\cos x + b\sin x$ と予想される．このとき

$$y'' - 2y' + 2y = (a - 2b)\cos x + (2a + b)\sin x = \cos x$$

したがって，$a = \dfrac{1}{5}$, $b = -\dfrac{2}{5}$ にとればよい．一般解は

$$y = \frac{\cos x - 2\sin x}{5} + C_1 e^x \cos x + C_2 e^x \sin x.$$

(d)　(b), (c) の右辺に着目すると，

$$((\text{d}) \text{ の特解}) = 4 \times ((\text{b}) \text{ の特解}) - 5 \times ((\text{c}) \text{ の特解}) = 2e^{2x} - \cos x + 2\sin x$$

したがって一般解は

$$y = 2e^{2x} - \cos x + 2\sin x + C_1 e^x \cos x + C_2 e^x \sin x.$$

【別　解】　(c) の別解として，$e^{ix} = \cos x + i\sin x$ を用いる方法がある．微分方程式 $y'' - 2y' + 2y = e^{ix}$ $\cdots$ $(*)$ の特解の候補として，$y = ae^{ix}$ を代入．$y'' - 2y' + 2y = (1 - 2i)ae^{ix} = e^{ix}$．特解は $y = \frac{1}{1-2i}e^{ix} = \frac{1+2i}{5}(\cos x + i\sin x)$．(c) の特解を求めるには $(*)$ 両辺の実部に着目して $y = \mathrm{Re}\,\frac{1+2i}{5}(\cos x + i\sin x) = (\cos x - 2\sin x)/5$.

問　題

9.1　次の微分方程式の一般解を求めよ．

(a)　$y'' - 2y' + 2y = \sin x$　　(b)　$y'' - 2y' + 2y = e^{-x}\cos x$

例題 A.10 **非同次 2 階線形常微分方程式 — 特殊な場合 (1)**

微分方程式 $(*)$: $y'' - 2y' - 3y = e^{3x}$ の一般解を求めよ．

【解　答】 同次方程式 $y'' - 2y' - 3y = 0$ の一般解は $y = C_1e^{-x} + C_2e^{3x}$.

次に，特解の候補として $y = ae^{3x}$ を代入すると，$(*)$ の左辺は a をどのようにとっても 0 となり，e^{3x} にはならない．

この場合は次の候補として $y = axe^{3x}$ を仮定する．このとき

$$y' = a(3x+1)e^{3x}, \quad y'' = a(9x+6)e^{3x}$$

となるので，$(*)$ にこれらを代入して

$$y'' - 2y' - 3y = a(9x+6)e^{3x} - 2a(3x+1)e^{3x} - 3axe^{3x} = 4ae^{3x} = e^{3x}$$

よって $a = \dfrac{1}{4}$ より特解の 1 つは $y = \dfrac{1}{4}xe^{3x}$．よって一般解は

$$y = \frac{1}{4}xe^{3x} + C_1e^{-x} + C_2e^{3x}$$

【別　解】 微分方程式を $(y' - 3y)' + (y' - 3y) = e^{3x}$ と書き直して $z = y' - 3y$ とおく．すると $(*)$ は z についての 1 階線形微分方程式

$$z' + z = e^{3x}$$

である．両辺に積分因子 e^x を乗じて積分すると，

$$ze^x = \int e^{4x}dx + C_1 = \frac{1}{4}e^{4x} + C_1 \quad \text{よって} \quad z = \frac{1}{4}e^{3x} + C_1e^{-x}$$

続いて $y' - 3y = z = \frac{1}{4}e^{3x} + C_1e^{-x}$ の両辺に e^{-3x} を乗じて積分すると

$$ye^{-3x} = \int \left(\frac{e^{3x}}{4} + C_1e^{-x}\right)e^{-3x}dx + C_2 = \frac{x}{4} - \frac{C_1}{4}e^{-4x} + C_2$$

$$y = \frac{xe^{3x}}{4} + C_1e^{-x} + C_2e^{3x} \qquad \left(-\frac{C_1}{4}\text{を改めて}\, C_1\text{とおく.}\right)$$

計算上の注意 本例題のように微分方程式の特性方程式が $\lambda = \alpha$ を解にもち，かつ非同次項が $e^{\alpha x}$（の定数倍）を含む場合，特解の 1 つは $ax^ke^{\alpha x}$（k は解 α の重複度）の形で与えられる．

問　題

10.1 微分方程式 $y'' - 4y' + 4y = e^{2x}$ の一般解を求めよ．

例題 A.11 ―――― **非同次 2 階線形常微分方程式 — 特殊な場合 (2)**

次の微分方程式の一般解を求めよ．

(a)　$y'' + y = \cos x$　　　　(b)　$y'' + 2y' + 5y = e^{-x} \sin 2x$

【解　答】 (a)　同次方程式 $y'' + y = 0$ の一般解は，特性方程式 $\lambda^2 + 1 = 0$ を解いて $\lambda = \pm i$ より，$y = C_1 \cos x + C_2 \sin x$.

特解の候補として $y = a \cos x + b \sin x$ を代入すると $y'' + y = 0$ となる．

そこで次候補として $y = ax \cos x + bx \sin x$ を代入，整理すると，

$$y'' + y = -2a \sin x + 2b \cos x = \cos x.$$

したがって $a = 0,\ b = \dfrac{1}{2}$，特解は $y = \dfrac{1}{2} x \sin x$ である．よって一般解は

$$y = C_1 \cos x + C_2 \sin x + \frac{x}{2} \sin x.$$

(b)　同次方程式の一般解は $y = C_1 e^{-x} \cos 2x + C_2 e^{-x} \sin 2x$．オイラーの公式より

$$e^{(-1+2i)x} = e^{-x} \cos 2x + i e^{-x} \sin 2x \quad \cdots \quad (*)$$

であることに注意して，(b) の代わりに次の微分方程式を考える．

$$y'' + 2y' + 5y = e^{(-1+2i)x} \quad \cdots \quad (\mathrm{b})'$$

(b)$'$ の特解候補として $y = ae^{(-1+2i)x}$ を代入すると，$y'' + 2y' + 5y = 0$ となるので，次候補として $y = axe^{(-1+2i)x}$ を代入，整理すると

$$y'' + 2y' + 5y = 4iae^{(-1+2i)x} = e^{(-1+2i)x}$$ これを解いて $a = -\dfrac{i}{4}$

(b)$'$ の特解は　$y = \psi(x) := -\dfrac{i}{4} x e^{-x} (\cos 2x + i \sin 2x)$

(b) の特解は　$y = \mathrm{Im}\, \psi(x) = -\dfrac{x}{4} e^{-x} \cos 2x$

よって一般解は

$$y = -\frac{1}{4} x e^{-x} \cos 2x + C_1 e^{-x} \cos 2x + C_2 e^{-x} \sin 2x.$$

問　題

11.1　次の微分方程式の一般解を求めよ．

(a)　$y'' + 4y = \sin 2x$　　　　(b)　$y'' - 2y' + 2y = e^x \cos x$

B 極限，連続性の定義と微分積分学

ここでは数列や関数の極限に関して ε-N 法や ε-δ 法に基づくより精密な定義を行う．本節の内容はその抽象性ゆえ分かりにくく微分積分の講義でも扱わない大学が多くなった．しかし本節で扱う内容は数学を研究する上ではもちろん，数学を何らかの形で応用する上でも避けて通ることはできないので，最後に簡単に触れることにする．

B.1 極限の精密化*

ε-N 法による数列の極限の定義　数列 a_n が $n \to \infty$ で α に収束する，つまり $\lim_{n\to\infty} a_n = \alpha$ であることは，

$$(*)：n \text{ が限りなく大きくなるとき } a_n \text{ が } \alpha \text{ に限りなく近付く}$$

ことであった．

数列 $0, 1, 0, 1, 0, 1, \cdots$，つまり

$$a_n = \begin{cases} 1 & (n : \text{偶数}) \\ 0 & (n : \text{奇数}) \end{cases}$$

が収束しないのは明らかであろう．それでは数列

$$b_n = \begin{cases} 1 & (n : \text{平方数}) \\ 0 & (\text{平方数以外}) \end{cases}$$

は収束すると言えるだろうか? 数列を書いてみると

$$1, 0, 0, 1, 0, 0, 0, 0, 1, 0, 0, 0, 0, 0, 0, 1, 0, \cdots$$

のように先のほうではほとんど 0 になる．b_n は n が大きいところではほとんど 0 になるので限りなく 0 に近づくとも言えそうであるし，その一方でずっと先にも 1 はあるので 0 に近づかないとも言えそうである．

このように収束するともしないとも取れるような数列の例ができるのは，収束の定義，特に「限りなく近づく」という表現に曖昧さがあったためである．この曖昧さを排除するのが，次の ε-N 法と呼ばれる収束の定義である．

定義 B.1 $n \to \infty$ で a_n が α に**収束**するとは，

任意の $\varepsilon > 0$ に対してある $N = N(\varepsilon)$ が存在して，

$n \geq N \Rightarrow |a_n - \alpha| < \varepsilon$ が成立する

ことを意味する．

つまり，どんなに ε を小さくとっても，N を十分大きくとれば第 N 項以降は α との差を ε より小さくできる，言い換えれば α の **ε-近傍** $(\alpha - \varepsilon, \alpha + \varepsilon)$ に属するということである．

コメント **1.** 収束の定義 B.1 をしばしば次のように略記する．

$$^{\forall}\varepsilon > 0 \ \ ^{\exists}N = N(\varepsilon) \text{ s.t. } (n \geq N \Rightarrow |a_n - \alpha| < \varepsilon)$$

$^{\forall}$ は**全称記号**(「任意の」,「すべての」を意味) を，$^{\exists}$ は**存在記号**(「ある」,「存在する」を意味) を，s.t. は “such that” を表す．

2. “$n \geq N \Rightarrow |a_n - \alpha| < \varepsilon$”の部分を “$n > N \Rightarrow |a_n - \alpha| < \varepsilon$”, “$n \geq N \Rightarrow |a_n - \alpha| \leq \varepsilon$”, などとしてもよい．不等号に等号がつくかどうかは本質的ではない．

3. ε-N 法を用いて収束を証明する際，“$|a_n - \alpha| < \varepsilon$”の代わりに，$C$ を正定数として $|a_n - \alpha| < C\varepsilon$ を示してもよい．これは ε 同様，$C\varepsilon$ も任意に小さく取れるためである．

<u>**例 B.1**</u> この定義を用いれば先程の数列 $\{b_n\}$ は 0 に収束しないことが結論できる．これは上の定義の否定，

$$^{\exists}\varepsilon > 0 \ ^{\forall}N > 0 \ ^{\exists}n \text{ s.t. } (n \geq N \ \& \ |b_n - 0| \geq \varepsilon)$$

いいかえると，「ある $\varepsilon > 0$ に対して，どんなに大きな N をとっても，$n \geq N$ かつ $|b_n - 0| \geq \varepsilon$ を満たす n が存在する」ことを示せばよい．実際，例えば $\varepsilon = 0.1$ とおくと，N をどんなに大きくとっても N より大きい平方数 $n = m^2$ $(> N)$ をとることができる．このとき $b_n = b_{m^2} = 1$ なので $|b_n - 0| = 1 > \varepsilon$ である．

また無限大に発散する数列に関しても，「限りなく大きくなる」という言葉を使わないで次のように定義することができる．

定義 B.2 数列 a_n が $n \to \infty$ で無限大に**発散**するとは，

任意の $M > 0$ に対して，ある $N = N(M)$ が存在して，

$n \geq N \Rightarrow a_n > M$ が成立する

ことをいう．

言い換えればどんなに M を大きくとっても，うまく N をとれば第 N 項以降は M より大きくできる，つまりいくらでも大きくできるという意味である．

また収束の証明においては種々の不等式が用いられるが，その中でも基本的かつ重要な次の定理を挙げる．

定理 B.1 （三角不等式） $a, b \in \mathbb{R}$ に対して次の三角不等式が成立する．

$$|a+b| \leq |a| + |b|$$

上限と下限　数列 $\{a_n\}$ が与えられたとき，すべての n について $a_n \leq M$ となるような実数 M が存在するとき $\{a_n\}$ は**上に有界**であるといい，そのような M を**上界**という．逆に $a_n \geq L$ となる実数 L が存在するとき $\{a_n\}$ は**下に有界**であるといい，そのような L を**下界**というのであった（2.2 節参照）．

上界は 1 つ存在すれば無数に存在する．これらの上界のうち最小のものが存在する．これを $\sup\limits_n a_n$ と書き，**上限**と呼ぶ．

$\alpha = \sup\limits_n a_n$ とは ε がどんなに小さな正数であっても，

$$\alpha - \varepsilon < a_m \leq \alpha$$

となる $\{a_n\}$ の元 a_m があるということである．そのような a_m が存在しないとすれば，$\alpha - \varepsilon$ が 1 つの上界となって，α が最小上界であることに反するからである．上限あるいは下限の存在は微分積分学の基本となる実数の連続性の 1 つの表現である．

例 B.2　$a_n = 1 - \frac{1}{n}$ のとき，1 も 2 も上界であるが，上限は 1 である．1 より少しでも小さい実数は最早上界ではない．例えば 0.999 は上界ではない．実際，$n > 1000$ のとき $a_n > 0.999$ となる．

下界についても同様で，下界が存在すれば，そのうち最大のものを**下限**といって $\inf\limits_n a_n$ で表す．

例題 B.1 — **ε-N 法 (1)***

数列 $a_n = \dfrac{2n}{n+1}$ が $n \to \infty$ で 2 に収束することを示したい.

(a) $\varepsilon = 0.1$ のとき，$n \geq N$ ならば $|a_n - 2| < \varepsilon$ が成立するような N のうち最小のものを求めよ.

(b) $\varepsilon = 0.001$ のとき，$n \geq N$ ならば $|a_n - 2| < \varepsilon$ が成立するような N のうち最小のものを求めよ.

(c) ε-N 法によって $\displaystyle\lim_{n\to\infty} a_n = 2$ を示せ.

【解　答】 $|a_n - 2| = \left|\dfrac{2n}{n+1} - 2\right| = \dfrac{2}{n+1}$ である.

(a) $\dfrac{2}{n+1} < 0.1$ より $n > 19$. つまり $N = 20$ をとればよい.

(b) $\dfrac{2}{n+1} < 0.001$ より $n > 1999$ つまり $N = 2000$ をとればよい.

(c) $\dfrac{2}{n+1} < \varepsilon$ より $n > \frac{2}{\varepsilon} - 1$ つまり N として，$N = \left[\frac{2}{\varepsilon}\right]$ をとれば，$n \geq N$ なるすべての n について $|a_n - 2| < \varepsilon$ が成立する．これは $\displaystyle\lim_{n\to\infty} a_n = 2$ を意味する.

例題 B.2 — **ε-N 法 (2)***

$a_n = \dfrac{1}{n^3 + n + 3}$ が 0 に収束することを示せ.

任意の $\varepsilon > 0$ に対して，$|a_n - 0| = \dfrac{1}{n^3 + n + 3} < \varepsilon$ となる n の範囲は閉じた形で求められない．この場合 $0 < a_n < b_n$ で $b_n \to 0$ なる適当な数列を見つければよい.

【解　答】 新しい数列 $b_n = \dfrac{1}{n^3}$ を定義すると，$0 < a_n < b_n$ である.

任意の $\varepsilon > 0$ に対して，$N = N(\varepsilon)$ を $N = [1/\sqrt[3]{\varepsilon}] + 1$ にとれば，$n \geq N$ なる任意の n について $|b_n - 0| < \varepsilon$ が成り立つ．このとき $|a_n| < |b_n|$ より $n \geq N$ のとき $|a_n - 0| < \varepsilon$ も同時に成立する．したがって $\displaystyle\lim_{n\to\infty} a_n = 0$ が示された.

コメント ε-N 法を用いて数列の収束を証明する場合，$n \geq N \Rightarrow |a_n - \alpha| < \varepsilon$ なる N が存在する ことを示せばよく，N の具体形は必ずしも求めなくてもよい.

問　題

2.1 $|r| < 1$ のとき $a_n = r^n$ は $n \to \infty$ で 0 に収束することを示せ.

2.2 $|r| > 1$ のとき $a_n = r^n$ は $n \to \infty$ で発散することを示せ.

例題 B.3 **ε-N 法 (3)***

ε-N 法を用いて以下を証明せよ．

(a) $\lim_{n\to\infty} a_n = \alpha$ が存在するとき，$\{a_n\}$ は**有界**である．つまり正定数 M が存在して，任意の $n = 1, 2, \cdots$ について，$|a_n| \leq M$ が成り立つ．

(b) $\lim_{n\to\infty} a_n = \alpha$，$\lim_{n\to\infty} b_n = \beta$ が存在するならば，

$\lim_{n\to\infty} a_n b_n = \lim_{n\to\infty} a_n \cdot \lim_{n\to\infty} b_n = \alpha\beta$ が成り立つ．

ともに明らかと思われるが，ε-N 法を適用して証明できるようにしておきたい．

【解　答】 (a) 仮定より次が成り立つ．

$$\text{任意の } \varepsilon > 0 \text{ に対して } N = N(\varepsilon) \text{ が存在して，} \quad n \geq N \Rightarrow |a_n - \alpha| < \varepsilon$$

上で $\varepsilon = 1$ にとると，$n \geq N_0 \Rightarrow |a_n - \alpha| < 1$ なる N_0 が存在する．このとき三角不等式を用いて，

$$n \geq N_0 \Rightarrow |a_n| \leq |a_n - \alpha| + |\alpha| < 1 + |\alpha|$$

が成り立つので，$M = \max\{|a_1|, |a_2|, \cdots, |a_{N_0}|, |\alpha| + 1\}$ ととると，$n = 1, 2, \cdots$ に対して，$|a_n| \leq M$ が成り立つ．

(b) (a) の結果より $|a_n| \leq M$ を満たす正定数 M が存在する．

$$|a_n b_n - \alpha\beta| = |a_n(b_n - \beta) + \beta(a_n - \alpha)| \leq |a_n||b_n - \beta| + |\beta||a_n - \alpha| \quad \cdots \quad (*)$$

また仮定より任意の $\varepsilon > 0$ に対して，ある N_1, N_2 が存在して

$$n \geq N_1 \Rightarrow |a_n - \alpha| < \varepsilon \quad \text{および} \quad n \geq N_2 \Rightarrow |b_n - \beta| < \varepsilon \quad \cdots \quad (\#)$$

$N = \max\{N_1, N_2\}$ とおく．$n \geq N$ ならば $n \geq N_1$，$n \geq N_2$ が同時に成り立つので $(*)$，$(\#)$ より

$$n \geq N \Rightarrow |a_n b_n - \alpha\beta| \leq |a_n||b_n - \beta| + |\beta||a_n - \alpha| < (M + |\beta|)\varepsilon.$$

$M+|\beta|$ は有限なので $(M+|\beta|)\varepsilon$ はいくらでも小さくとれる．$\therefore \lim_{n\to\infty} a_n b_n = \alpha\beta.$

参考 $(\#)$ で ε を $\dfrac{\varepsilon}{M + |\beta|}$ で置き換えてもよい．この場合最終的に $|a_n b_n - \alpha\beta| < \varepsilon$ となる．

問　題

3.1* $a_n \leq c_n \leq b_n$ が成立し，$\lim_{n\to\infty} a_n = \lim_{n\to\infty} b_n = \alpha$ が存在すれば，$\lim_{n\to\infty} c_n$ も存在して α に等しいこと (**はさみうちの原理**) を ε-N 法で示せ．

3.2* 上に有界な単調増加数列 $\{a_n\}$ は収束すること (定理 4.3) を示せ．

B.2 関数の極限*

ε-δ 法による関数の極限，連続性の定義　前節では数列 a_n の極限を厳密に定義した．ここでは関数の極限 $\lim_{x\to\alpha} f(x)=\beta$ の定義から考察したい．

定義 B.3　$x\to\alpha$ で $f(x)$ が β に収束するとは，任意の $\varepsilon>0$ に対して $\delta=\delta(\varepsilon)>0$ が存在して，$0<|x-\alpha|<\delta \Rightarrow |f(x)-\beta|<\varepsilon$ が成立することをいう．

コメント　上の定義で $f(x)$ の $x=\alpha$ における値 $f(\alpha)$ は必ずしも定義される必要はない．

$f(\alpha)$ の値が定義され，$\lim_{x\to\alpha} f(x)=f(\alpha)$ が成り立つ場合，$f(x)$ は $x=\alpha$ で連続であるといった．これを上の流儀で言い換えると次のようになる．

定義 B.4　$f(x)$ が $x=\alpha$ で**連続**であるとは，次の (i), (ii) が成立することをいう．
(i)　$f(\alpha)$ の値が定義され，
(ii)　任意の $\varepsilon>0$ に対してある $\delta=\delta(\varepsilon)>0$ が存在して，$|x-\alpha|<\delta \Rightarrow |f(x)-f(\alpha)|<\varepsilon$ が成立する．

また区間 $I\subset\mathbb{R}$ において，$f(x)$ が**連続**であるとは区間内部の任意の点 $x=\alpha\in I$ に対して，$f(x)$ が連続である，つまり以下が成り立つことを意味する．

$$^{\forall}\alpha\in I\ ^{\forall}\varepsilon>0\ \ ^{\exists}\delta=\delta(\alpha,\varepsilon)\ \ \text{s.t.}\ \ (|x-\alpha|<\delta\Rightarrow|f(x)-f(\alpha)|<\varepsilon)$$

発展　区間 I における連続性の定義で δ は ε のみならず連続性に着目する点 α にも依存していたが，関数 $f(x)$ によっては α に依らない δ が取れる場合もある．この場合 $f(x)$ は区間 I で**一様連続**であるという．ε-δ 法を用いると，

$f(x)$ が区間 I で一様連続 $\Leftrightarrow$

$$^{\forall}\varepsilon>0\ \ ^{\exists}\delta=\delta(\varepsilon)\ \ \text{s.t.}\ \ (^{\forall}\alpha\in(a,b)\ \ |x-\alpha|<\delta\Rightarrow|f(x)-f(\alpha)|<\varepsilon)$$

例 B.3　関数 $y=\frac{1}{x}$ は区間 $(0,1]$ において連続であるが，一様連続ではない．

次の定理が成り立つ．

定理 B.2　閉区間 $[a,b]$ で連続な関数 $f(x)$ は $[a,b]$ において一様連続である．

関数列の収束　区間 $I\subset\mathbb{R}$ 上で定義された関数列 $f_1,f_2,\cdots,f_n,\cdots$ を考える．任意の $x\in I$ に対して，数列 $f_1(x),f_2(x),\cdots,f_n(x),\cdots$ が収束する場合，その極

限を $f(x)$ と書いて，関数列 $\{f_n\}$ は I において f に**各点収束**するという．ε-N 法を用いると，各点収束は次のように書ける．

$$^\forall\varepsilon > 0, {}^\forall x \in I,\ {}^\exists N \text{ s.t. } (n \geq N \Rightarrow |f_n(x) - f(x)| < \varepsilon)$$

この場合 N は ε, x を与えるごとに決まる，つまり $N = N(\varepsilon, x)$ であることに注意．

一方，関数列の収束を考えるにあたって次の**一様収束**も重要である．関数列 $\{f_n\}$ が I において f に一様収束するとは，次が成り立つことをいう．

$$^\forall\varepsilon > 0,\ {}^\exists N \text{ s.t. } (n \geq N \Rightarrow {}^\forall x \in I\ |f_n(x) - f(x)| < \varepsilon)$$

各点収束の場合と違って，N は x に関係なく ε のみによって決まる量である．グラフを描いて説明すると，一様収束するとは $y = f_n(x)$ $(n \geq N)$ のグラフが $y = f(x)$ のグラフの「幅 2ε の帯」の中に含まれることをいう．

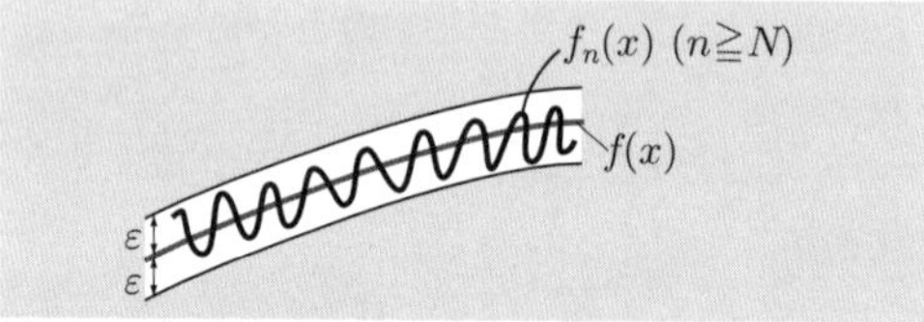

図 **B.1**

一様収束の定義は次のように書くこともできる．

$$\lim_{n\to\infty}\left(\sup_{x\in I}|f_n(x) - f(x)|\right) = 0$$

$$\Leftrightarrow\quad {}^\forall\varepsilon > 0,\ {}^\exists N \text{ s.t. } \left(n \geq N \Rightarrow \sup_{x\in I}|f_n(x) - f(x)| < \varepsilon\right)$$

ここで，$\sup_{x\in I} g(x)$ は $g(x)$ の上限，つまり $g(x) \leq M (x \in I)$ を満たす定数 M のうち最小のものを表す．$g(x)$ が I で最大値 $\max_{x\in I} g(x)$ をもてば，最大値と上限は等しい．

一様収束に関する次の 3 定理は重要である．

定理 B.3　(極限関数の連続性) $f_1, f_2, \cdots, f_n, \cdots$ を I において連続な関数の列とする．$\{f_n\}$ が I において f に一様収束するとき，f も I において連続である．

定理 B.4　(**lim** と積分の交換)　$f_1, f_2, \cdots, f_n, \cdots$ を I において連続な関数の列とする．$\{f_n\}$ が I において f に一様収束するとき，任意の $a, b \in I$ に対して，次式が成り立つ．

$$\int_a^b \left(\lim_{n\to\infty} f_n(x)\right)dx = \int_a^b f(x)dx = \lim_{n\to\infty}\int_a^b f_n(x)dx$$

定理 B.5 **(lim と微分の交換)** $f_1, f_2, \cdots, f_n, \cdots$ を I において連続微分可能な関数の列とする．$\{f_n\}$ が I において f に各点収束し，$\{f_n'\}$ が I において g に一様収束するとき，f も I において微分可能で次式が成り立つ．

$$f'(x) = \left(\lim_{n\to\infty} f_n(x)\right)' = \lim_{n\to\infty} f_n'(x) = g(x)$$

関数の級数　関数列 $\{f_n\}$ の部分和 $S_n = f_1 + f_2 + \cdots + f_n$ が I 上で f に一様収束するとき，級数 $\sum_{n=0}^{\infty} f_n(x)$ は I 上で $f(x)$ に一様収束するという．このとき，**項別積分**および**項別微分**に関する次の定理が成立する．

定理 B.6 **(項別積分)** $f_1, f_2, \cdots, f_n, \cdots$ を I において連続な関数の列とする．$\sum_{n=1}^{\infty} f_n(x)$ が I において $f(x)$ に一様収束するとき，$f(x)$ も I において連続であり，任意の $a, b \in I$ に対して，次式が成り立つ．

$$\int_a^b \left(\sum_{n=1}^{\infty} f_n(x)\right) dx = \int_a^b f(x)dx = \sum_{n=1}^{\infty} \left(\int_a^b f_n(x)dx\right)$$

定理 B.7 **(項別微分)** $f_1, f_2, \cdots, f_n, \cdots$ を I において連続微分可能な関数の列とする．$\sum_{n=1}^{\infty} f_n(x)$ が I において $f(x)$ に各点収束し，$\sum_{n=1}^{\infty} f_n'(x)$ が I において $g(x)$ に一様収束するとき，f も I において微分可能で次式が成り立つ．

$$f'(x) = \left(\sum_{n=1}^{\infty} f_n(x)\right)' = \sum_{n=1}^{\infty} f_n'(x) = g(x)$$

また一様収束性の判定に次の定理は有効である．

定理 B.8 **(M テスト)** I において定義された関数列 $f_1, f_2, \cdots, f_n, \cdots$ について，

$${}^{\forall}x \in I \quad |f_n(x)| \leq M_n, \ \sum_{n=1}^{\infty} M_n < \infty$$

を満たす数列 $\{M_n\}$ が存在すれば，級数 $\sum_{n=0}^{\infty} f_n(x)$ は I 上で一様収束する．

べき級数は収束半径内で何度でも項別微分や積分が可能である．それはべき級数は収束半径内の任意の閉区間で一様収束し，かつ項別微分をしても収束半径が変わらないからである．

例題 B.4 　　　　　　　　　　　　　　　　　　　　　　　　　　**ε-δ 法 ***

関数 $f(x), g(x)$ が $x=a$ で連続であると仮定する．このとき次の関数も $x=a$ で連続であることを，ε-δ 法を用いて証明せよ．

(a)　$f(x)+g(x)$　　(b)　$f(x)g(x)$　　(c)　$f(x)/g(x)$　$(g(a)\neq 0)$

「グラフを描いて明らか」というのは数学的証明とはいえない．ε-δ 法を用いて数学的に厳密な証明を与える．

【解　答】 はじめに仮定を ε-δ 法を用いて書くことにする．

$$(1)\ :\ {}^\forall\varepsilon>0\ {}^\exists\delta_1 \text{ s.t. } |x-a|<\delta_1 \Rightarrow |f(x)-f(a)|<\varepsilon$$
$$(2)\ :\ {}^\forall\varepsilon>0\ {}^\exists\delta_2 \text{ s.t. } |x-a|<\delta_2 \Rightarrow |g(x)-g(a)|<\varepsilon$$

以後 $\delta=\min\{\delta_1,\delta_2\}$ とおくことにする．

(a)　任意の $\varepsilon>0$ に対して，$|x-a|<\delta$ ならば (1), (2) と三角不等式より，

$$|(f(x)+g(x))-(f(a)+g(a))| \leq |f(x)-f(a)|+|g(x)-g(a)|<2\varepsilon$$

ここで右辺の 2ε は任意に小さく取れるので，$f(x)+g(x)$ は $x=a$ で連続である．

(b)　$|x-a|<\delta$ ならば

$$\begin{aligned}|f(x)g(x)-f(a)g(a)| &= |f(x)(g(x)-g(a))+g(a)(f(x)-f(a))| \\ &\leq |f(x)||g(x)-g(a)|+|g(a)||f(x)-f(a)|<(\varepsilon+|f(a)|+|g(a)|)\varepsilon\end{aligned}$$

最後の不等号は (1),(2) および不等式 $|f(x)|=|f(a)+f(x)-f(a)|\leq|f(a)|+|f(x)-f(a)|<|f(a)|+\varepsilon$ を用いた．右辺の $(\varepsilon+|f(a)|+|g(a)|)\varepsilon$ も任意に小さくとれるので，$f(x)g(x)$ は $x=a$ で連続である．

(c)　$|x-a|<\delta$ ならば

$$\begin{aligned}\left|\frac{f(x)}{g(x)}-\frac{f(a)}{g(a)}\right| &= \frac{|f(x)g(a)-f(a)g(x)|}{|g(x)g(a)|} \\ &= \frac{|(f(x)-f(a))g(a)+f(a)(g(a)-g(x))|}{|g(x)g(a)|} < \frac{|f(a)|+|g(a)|}{|g(a)|(|g(a)|-\varepsilon)}\varepsilon\end{aligned}$$

右辺は任意に小さくとれるので，$f(x)/g(x)$ の連続性が従う．

問　題

4.1* 上例題と同じ仮定の下で，以下の関数の $x=a$ での連続性を示せ．

(a)　$f(x)-g(x)$　　(b)　$|f(x)|$　　(c)　$\max\{f(x),g(x)\}$

例題 B.5 関数列の収束 *

区間 $[0,1]$ で定義された関数列 $\{f_n\}$

$$f_n(x) = \begin{cases} 2nx & (0 \leq x \leq \frac{1}{2n}) \\ 2 - 2nx & (\frac{1}{2n} \leq x \leq \frac{1}{n}) \\ 0 & (\frac{1}{n} \leq x \leq 1) \end{cases}$$

は各点収束するが一様収束しないことを示せ.

$f_n(x)$ のグラフは右の通り.

【解 答】 はじめに $f_n(x)$ が各点収束することを示す. $x \in [0,1]$ を任意に固定して, $f_n(x)$ の $n \to \infty$ での極限を調べる.

(i) $x = 0$ のときは $f_n(0)$ は常に 0 に等しいので 0 に収束する.

(ii) $x > 0$ の場合任意の $\varepsilon > 0$ に対して, $N = \left[\frac{1}{x}\right] + 1$ とおくと, $n \geq N$ に対して, $\frac{1}{n} < x$ となるので, $f_n(x) = 0$. つまり $|f_n(x) - 0| = 0 < \varepsilon$ である.

(i), (ii) より任意の $x \in [0,1]$ に対して $f_n(x)$ は $f(x) \equiv 0$ に各点収束する.

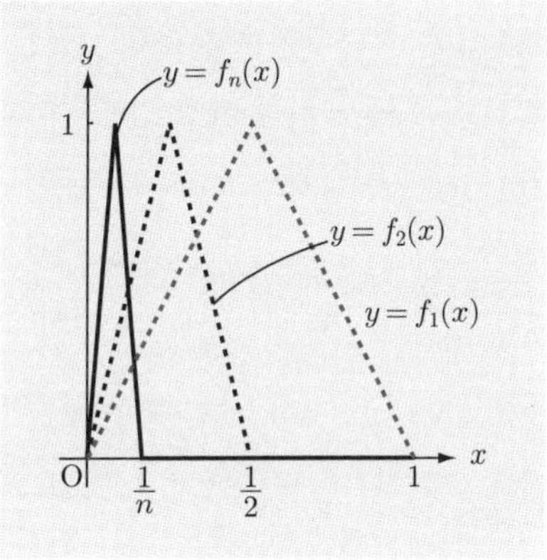

図 **B.2**

次に, この収束 $f_n(x) \to f(x) \equiv 0$ は一様収束でないことを示す.

$$\sup_{0 \leq x \leq 1} |f_n(x) - f(x)| = 1$$

であるので, ε として例えば $\varepsilon = \frac{1}{2}$ にとれば, n をどのようにとっても, 左辺を ε より小さくできない. よって $f_n(x)$ は $f(x) \equiv 0$ に一様収束しない.

問 題

5.1* 定理 B.4 は「一様収束」を「各点収束」に置き換えると成立するとは限らない. つまり $\{f_n\}$ が I において f に各点収束するが,

$$\lim_{n \to \infty} \int_a^b f_n(x)dx \neq \int_a^b \left(\lim_{n \to \infty} f_n(x)\right)dx$$

となるケースもある. そのような例を挙げよ.

ヒント 上の例題における $f_n(x)$ を参考にせよ. もちろんそれ以外にもさまざまな反例をあげることができる.

問題解答

第 1 章

1 章

1.1 (a) $f(2)=\dfrac{2}{3}$, $f\left(\dfrac{1}{x}\right)=\dfrac{1}{x+1}$, $g(-2)=12$, $g(-a+2)=3a^2-12a+12$

(b) $(f\circ g)(x)=\dfrac{3x^2}{3x^2+1}$, $(g\circ f)(x)=\dfrac{3x^2}{(x+1)^2}$ (c) $f^{-1}(x)=-\dfrac{x}{x-1}$

2.1 (a) $\dfrac{7}{2}$ (b) 2 (c) $\dfrac{16}{3}$ (d) $\dfrac{b}{a^2}$

3.1 (a) 0 (b) 288 (c) $\dfrac{5}{2}$ (d) $\dfrac{4}{25}$

4.1 (a) $\sec\dfrac{\pi}{3}=2$, $\operatorname{cosec}\dfrac{\pi}{3}=\dfrac{2}{\sqrt{3}}$, $\cot\dfrac{\pi}{3}=\dfrac{1}{\sqrt{3}}$

(b) $\sec\dfrac{3}{4}\pi=-\sqrt{2}$, $\operatorname{cosec}\dfrac{3}{4}\pi=\sqrt{2}$, $\cot\dfrac{3}{4}\pi=-1$

(c) $\sec\left(-\dfrac{5}{6}\pi\right)=-\dfrac{2}{\sqrt{3}}$, $\operatorname{cosec}\left(-\dfrac{5}{6}\pi\right)=-2$, $\cot\left(-\dfrac{5}{6}\pi\right)=\sqrt{3}$

6.1 $\sin\theta=\dfrac{2t}{1+t^2}$, $\cos\theta=\dfrac{1-t^2}{1+t^2}$ **7.1** (a) $\dfrac{\pi}{3}$ (b) 0 (c) $-\dfrac{\pi}{2}$

8.1 (a) $\dfrac{\pi}{6}$ (b) $\dfrac{\pi}{2}$ (c) π

8.2 $\operatorname{Arcsin}x+\operatorname{Arccos}x=\dfrac{\pi}{2}$. $\because$ $\operatorname{Arccos}x=\theta$ とおくと，$\cos\theta=x$, $\theta\in[0,\pi]$.
一方示したい式は $\operatorname{Arcsin}x=\dfrac{\pi}{2}-\theta \Leftrightarrow$ (i) $\sin\left(\dfrac{\pi}{2}-\theta\right)=x$, (ii) $\dfrac{\pi}{2}-\theta\in\left[-\dfrac{\pi}{2},\dfrac{\pi}{2}\right]$.
(ii) は θ の範囲より明らか，(i) も $\sin\left(\dfrac{\pi}{2}-\theta\right)=\cos\theta=x$ より示された.

9.1 (a) $\dfrac{\pi}{6}$ (b) 0 (c) $-\dfrac{\pi}{4}$

第 1 章演習問題

1. (a) $\dfrac{2}{\sqrt{3}}$ (b) $\dfrac{8}{3}$ (c) 3 (d) 6

2. (a) $\tan\theta<0$ より $\dfrac{\pi}{2}<\theta<\pi$. (i) $\cos\theta=-\dfrac{2}{5\sqrt{5}}$ (ii) $\sin\theta=\dfrac{11}{5\sqrt{5}}$

(iii) $\cos 2\theta=-\dfrac{117}{125}$ (iv) $\sin 2\theta=-\dfrac{44}{125}$.

(b) $\theta=\operatorname{Arcsin}\dfrac{5}{13}$ とおく．$\sin\theta=\dfrac{5}{13}$, $0<\theta<\dfrac{\pi}{2}$. このとき $x=\cos\theta=\dfrac{12}{13}$, $y=\tan\theta=\dfrac{5}{12}$.

(c) $\operatorname{Arccos}\left(-\dfrac{1}{5}\right)=\theta$ とおく．$\cos\theta=-\dfrac{1}{5}$, $\dfrac{\pi}{2}<\theta<\pi$. このとき $\sin\theta=\dfrac{2\sqrt{6}}{5}$.

$\cos(2\theta)=-\dfrac{23}{25}$, $\sin(2\theta)=-\dfrac{4\sqrt{6}}{25}$, $\cos\dfrac{\theta}{2}=\dfrac{\sqrt{2}}{\sqrt{5}}$

3. (a) 成立 ($\operatorname{Arcsin}x=\theta$ とおく．定義より $\sin\theta=x$). (b) 成立しない (反例 $x=\pi$).
(c) 成立しない (反例 $x=-1$). **コメント** $x\geq 0$ のとき (c) は成立. $x<0$ のときは
$\operatorname{Arcsin}x=-\operatorname{Arccos}\sqrt{1-x^2}$.

4. (a) $z_1 z_2 = (\cos\alpha\cos\beta - \sin\alpha\sin\beta) + i(\sin\alpha\cos\beta + \cos\alpha\sin\beta) = \cos(\alpha+\beta) + i\sin(\alpha+\beta)$.
$\dfrac{z_1}{z_2} = (\cos\alpha + i\sin\alpha)(\cos\beta - i\sin\beta) = \cos(\alpha-\beta) + i\sin(\alpha-\beta)$.

(b) (i) $\cos 6\theta + i\sin 6\theta = \cos\dfrac{\pi}{4} + i\sin\dfrac{\pi}{4} = \dfrac{1+i}{\sqrt{2}}$. (ii) $\cos 4\theta + i\sin 4\theta = \cos\dfrac{\pi}{6} + i\sin\dfrac{\pi}{6} = \dfrac{\sqrt{3}+i}{2}$. (iii) $\cos 12\theta + i\sin 12\theta = \cos\dfrac{\pi}{2} + i\sin\dfrac{\pi}{2} = i$.

5. (a) $\mathrm{Arctan}\, x_1 = \theta_1, \mathrm{Arctan}\, x_2 = \theta_2$ とおく．$\tan(\theta_1+\theta_2) = \dfrac{\tan\theta_1 + \tan\theta_2}{1 - \tan\theta_1\tan\theta_2} = \dfrac{x_1 + x_2}{1 - x_1 x_2}$.

(b) $\mathrm{Arctan}\, x = \theta$ とおく．$\cos\theta = \dfrac{1}{\sqrt{1+\tan^2\theta}} = \dfrac{1}{\sqrt{1+x^2}}$.

第 2 章

1.1 (a) $\dfrac{4}{7}$ (b) $\dfrac{1}{2}$ (c) $\dfrac{a-b}{2}$ (d) ∞ に発散

2.1 (a) $a = 0, b = -9$ (b) $a = 4, b = -8$

4.1 (a) $10x^9$ (b) $\dfrac{7}{4}x^{\frac{3}{4}} = \dfrac{7}{4}\sqrt[4]{x^3}$ (c) $\dfrac{3}{4}x^{-\frac{1}{4}} = \dfrac{3}{4\sqrt[4]{x}}$

5.1 (a) $2x-3$ (b) $4x^{\frac{1}{3}} = 4\sqrt[3]{x}$ (c) $1 + x^{-2} - 8x^{-3} = 1 + \dfrac{1}{x^2} - \dfrac{8}{x^3} = \dfrac{x^3+x-8}{x^3}$

(d) $\dfrac{3}{2}x^{\frac{1}{2}} + \dfrac{1}{2}x^{-\frac{1}{2}} - \dfrac{1}{2}x^{-\frac{3}{2}} = \dfrac{3\sqrt{x}}{2} + \dfrac{1}{2\sqrt{x}} - \dfrac{1}{2x\sqrt{x}} = \dfrac{3x^2+x-1}{2x\sqrt{x}}$ (どの表記も可)

6.1 (a) $\dfrac{-x^2+1}{(x^2+x+1)^2}$ (b) $\dfrac{1}{\sqrt{x}\,(\sqrt{x}+1)^2}$

6.2 $\{f(x)\,g(x)\,h(x)\}' = f'(x)g(x)h(x) + f(x)g'(x)h(x) + f(x)g(x)h'(x)$

7.1 (a) $7(x^2-x+3)^6(2x-1)$ (b) $\dfrac{2(x^2+1)}{\sqrt[3]{x^3+3x+1}}$

8.1 (a) $-e^{-x} - \dfrac{e}{x^{e+1}}$ (b) $e^{\frac{1}{x}}(2x-1)$ (c) $\dfrac{e^x(x-1)}{x^2}$

9.1 (b) $\dfrac{e^x - e^{-x}}{e^x + e^{-x}} (= \tanh x)$ (b) $\dfrac{3(\log x)^2}{x}$ (c) $\log x$ (d) $\dfrac{1}{x^2-1}$

11.1 (a) $x^{x^2}(x + 2x\log x) = x^{x^2+1}(1 + 2\log x)$ (b) $\dfrac{1}{(x+2)^2\sqrt{(x+1)(x+3)}}$

12.1 (a) $\displaystyle\lim_{x\to0}\frac{1}{\cos x}\,\frac{1-\cos x}{x^2}\,\frac{\sin x}{x} = \frac{1}{2}$

(b) $\displaystyle\lim_{x\to0}\frac{1-\cos 2x}{x^2} - \frac{1-\cos x}{x^2} = \lim_{x\to0}\frac{4(1-\cos 2x)}{(2x)^2} - \frac{1-\cos x}{x^2} = 2 - \frac{1}{2} = \frac{3}{2}$

(c) $\displaystyle\lim_{x\to0}\frac{a}{b}\,\frac{\frac{\sin(ax)}{ax}}{\frac{\sin(bx)}{bx}} = \frac{a}{b}$ (d) $\displaystyle\lim_{h\to0}\frac{2\sin x\sin h}{2h\cos(x+h)\cos(x-h)} = \frac{\sin x}{\cos^2 x}$

13.1 (a) $-\sqrt{2}\,\sin\sqrt{2}\,x$ (b) $-x\sin x$ (c) $-\dfrac{\sin\sqrt{x}}{2\sqrt{x}}$

(d) $-\dfrac{\sin x}{2\sqrt{\cos x}}$ (e) $\dfrac{\sin x}{\cos^2 x}$ (f) $\dfrac{1}{(\sin x + \cos x)^2} = \dfrac{1}{1+\sin 2x}$

14.1 (a) $ae^{ax}\sin(bx) + be^{ax}\cos(ax)$ (b) $\dfrac{ae^{\tan ax}}{\cos^2 ax}$

(c) $\dfrac{a\cos ax}{\sin ax} = a\cot ax$ (d) $\dfrac{(x+1)e^x}{\cos^2(xe^x)}$ (e) $2x\sin\dfrac{1}{x} - \cos\dfrac{1}{x}$

(f) $(\cos x)^{x^2}\left(2x\log(\cos x) - x^2\tan x\right)$

15.1 (a) $\dfrac{1}{2\sqrt{x-x^2}}$ (b) $\dfrac{2}{5-2x+x^2}$ (c) $\dfrac{2e^{2x}}{\sqrt{1-e^{4x}}}$ (d) $2x\mathrm{Arctan}\,x+1$

16.1 (a) $y' = 4x^3+9x^2-10x+1,\ y''=12x^2+18x-10,\ y'''=24x+18$

(b) $y' = \dfrac{e^x}{e^x+1},\ y''=\dfrac{e^x}{(e^x+1)^2},\ y'''=\dfrac{-e^{2x}+e^x}{(e^x+1)^3}$

(c) $y' = \dfrac{1}{2\sqrt{x}},\ y''=-\dfrac{1}{4x\sqrt{x}},\ y'''=\dfrac{3}{8x^2\sqrt{x}}$

(d) $y' = x+2x\log x,\ y''=3+2\log x,\ y'''=\dfrac{2}{x}$

17.1 (a) $y^{(n)} = a^n e^{ax}$ (b) $y^{(n)} = \cos\left(x+\dfrac{n\pi}{2}\right)$ (または $y^{(n)}=\cos x\ (n=4k)$, $-\sin x\ (n=4k+1),\ -\cos x\ (n=4k+2),\ \sin x\ (n=4k+3)$)

(c) $y^{(n)} = (-1)^n\dfrac{(2n-1)!!}{2^n}x^{-n-\frac{1}{2}} = \dfrac{(-1)^n(2n-1)!!}{(2x)^n\sqrt{x}}$ ($(2n-1)!! = 1\cdot3\cdot5\cdots(2n-1)$: 1 から $2n-1$ までの奇数をすべて掛け合わせたもの．$(2n)!!=2\cdot4\cdot6\cdots(2n)$: 2 から $2n$ までの偶数をすべて掛け合わせたもの．)

(d) $y^{(n)} = \begin{cases} k(k-1)\cdots(k-n+1)x^{k-n} & (n\le k) \\ 0 & (n\ge k+1)\end{cases}$

18.1 (a) $y^{(n)} = x\sin\left(x+\dfrac{n\pi}{2}\right)+n\sin\left(x+\dfrac{(n-1)\pi}{2}\right) = x\sin\left(x+\dfrac{n\pi}{2}\right)-n\cos\left(x+\dfrac{n\pi}{2}\right)$

(b) $y^{(n)} = e^x\{x^3+3nx^2+3n(n-1)x+n(n-1)(n-2)\}$

第 2 章演習問題

1. (a) $\dfrac{3}{2}$ (b) 1 (c) ∞ に発散 (d) 1 (e) -1 (f) 0

$\left(\text{(e) は } x<0 \text{ より } \sqrt{x^2+x+1} = \sqrt{x^2\left(1+\dfrac{1}{x}+\dfrac{1}{x^2}\right)} = -x\sqrt{1+\dfrac{1}{x}+\dfrac{1}{x^2}} \text{ に注意}\right)$

2. (a) $3x^2+2\sqrt{3}\,x-\log 2$

(b) $6x^{\frac{1}{2}}+2x^{-\frac{1}{2}}+x^{-2} = 6\sqrt{x}+\dfrac{2}{\sqrt{x}}+\dfrac{1}{x^2}$ (c) $28(4x-3)^6$

(d) $\dfrac{b(e^{ax}+1)\cos bx - ae^{ax}\sin bx}{(e^{ax}+1)^2}$ (e) $e^{3x}\left(\dfrac{1}{3}\tan^2 x+\dfrac{2\tan x}{\cos^2 x}\right)$

(f) $\dfrac{1}{x^2-a^2}$ (g) $\dfrac{2}{e^x+e^{-x}} = \dfrac{1}{\cosh x}$ (h) -1

3. (a) $y=\dfrac{1}{2}\{\log(1+\sin x)-\log(1-\sin x)\}$ と変形して微分．$y'=\dfrac{1}{\cos x}$

(b) 分母を有理化して $y=x^2-\sqrt{x^4-1}$．$y' = 2x-\dfrac{2x^3}{\sqrt{x^4-1}}$

(c) 対数微分して $y'=(\sin x)^{\cos x}\left\{-\sin x\log(\sin x)+\dfrac{\cos^2 x}{\sin x}\right\}$.

(b) 対数微分して

$$y' = \frac{(x+1)^2(x+2)^3}{(x+3)^4}\left(\frac{2}{x+1}+\frac{3}{x+2}-\frac{4}{x+3}\right) = \frac{(x+1)(x+2)^2(x^2+10x+13)}{(x+3)^5}$$

4. (a) $P_1(x) = x,\ P_2(x) = \dfrac{1}{2}(3x^2 - 1),\ P_3(x) = \dfrac{1}{2}(5x^3 - 3x).$

(b) $\dfrac{(2n)(2n-1)\cdots(n+1)}{2^n n!} = \dfrac{(2n)!}{2^n (n!)^2}.$

(c) ライプニッツの公式より $P_n(x) = \dfrac{1}{2^n n!}\displaystyle\sum_{k=0}^{n}\binom{n}{k}\{(x+1)^n\}^{(n-k)}\{(x-1)^n\}^{(k)}.$

$x = 1$ を代入すると 0 でない項は $k = n$ の項に限る．よって $P_n(1) = \dfrac{1}{2^n n!}2^n n! = 1.$

第 3 章

1.1 (a) 接線：$y = 9x - 15$， 法線：$y = -\dfrac{1}{9}x + \dfrac{29}{9}$

(b) 接線：$y = \dfrac{1}{4}x + 1$， 法線：$y = -4x + 18$

(c) 接線：$y = -\sqrt{3}\,x + \dfrac{\sqrt{3}\,\pi}{6} + \dfrac{1}{2}$， 法線：$y = \dfrac{1}{\sqrt{3}}x - \dfrac{\pi}{6\sqrt{3}} + \dfrac{1}{2}$

(d) 接線：$y = \dfrac{1}{2}x - \dfrac{1}{2} + \dfrac{\pi}{4}$， 法線：$y = -2x + 2 + \dfrac{\pi}{4}$

1.2 接点を (a, e^{2a}) とすると接線の式は $y = 2e^{2a}(x-a) + e^{2a}$．これが $(-1, 0)$ を通るので $0 = -e^{2a}(2a+1)$．よって $a = -\dfrac{1}{2}$．接線の式は $y = \dfrac{2}{e}x + \dfrac{2}{e}$．

2.1 (a) $x = 0$ で極大値 0，$x = \pm 2$ で極小値 -16，変曲点 $\left(\pm\dfrac{2}{\sqrt{3}}, -\dfrac{80}{9}\right)$.

(b) $x = 0$ で極大値 1，変曲点 $\left(\pm\dfrac{1}{\sqrt{2}}, \dfrac{1}{\sqrt{e}}\right)$.

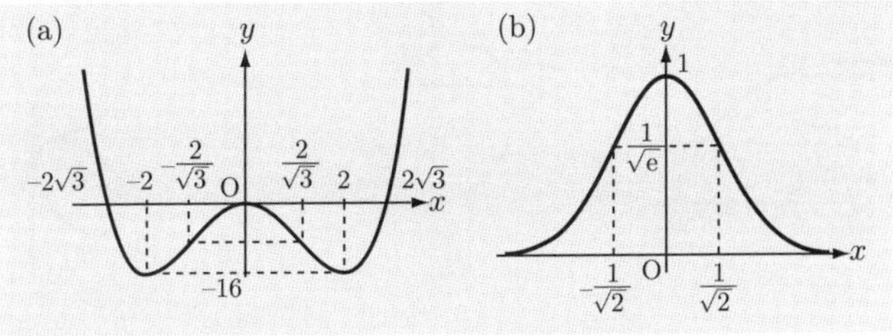

3.1 (a) $x = \dfrac{\pi}{6}$ で極小値 $-\dfrac{\sqrt{3}}{2} + \dfrac{\pi}{6}$，$x = \dfrac{5\pi}{6}$ で極大値 $\dfrac{\sqrt{3}}{2} + \dfrac{5\pi}{6}$，変曲点 $(0,0)$, $\left(\dfrac{\pi}{2}, \dfrac{\pi}{2}\right)$, (π, π)(端点 $(0,0)$, (π,π) は変曲点に含めなくてもよい). (b) $x = -\dfrac{1}{2}$ で極小値 $\dfrac{3}{4}$，変曲点 $\left(\dfrac{1}{\sqrt[3]{4}}, 0\right)$.

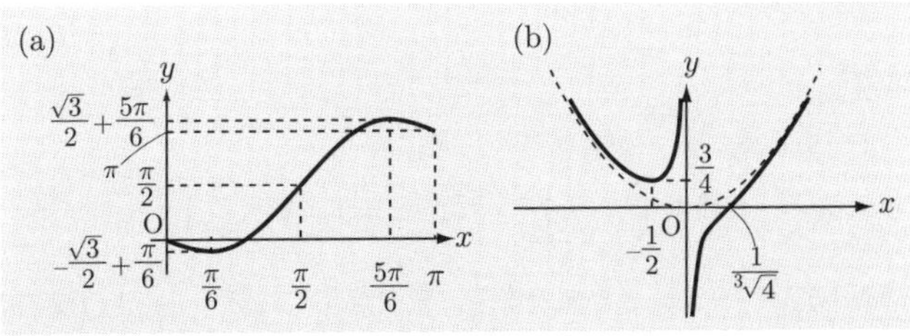

4.1 (a) $f(x) = (1+x)^a - 1 - ax$ とおく．$f'(x) = a\{(1+x)^{a-1} - 1\} \geq 0$ $(\because\ 1+x \geq 1,\ a-1>0)$ なので $f(x)$ は $x \geq 0$ で単調増加．$f(x) \geq f(0) = 0$．

(b) $f(x) = (1+x^2)\mathrm{Arctan}\,x - x$ とおく．$f'(x) = 2x\mathrm{Arctan}\,x \geq 0$ より $f(x)$ は $x \geq 0$ で単調増加．$f(x) \geq f(0) = \mathrm{Arctan}\,0 - 0 = 0$．

(c) $f(x) = \log x - 1 + \dfrac{1}{x}$ とおく．$f'(x) = \dfrac{x-1}{x^2}$ より，$f(x)$ は $x=1$ で最小値 $f(1)=0$ をとる．よって $f(x) \geq 0$．次に $g(x) = x - 1 - \log x$ とおく．$g'(x) = \dfrac{x-1}{x}$ より，$g(x)$ は $x=1$ で最小値 $g(1)=0$ をとる．よって $g(x) \geq 0$．

5.1 速度 $v_x = -a\omega\sin(\omega t+\alpha)$，$v_y = a\omega\cos(\omega t+\alpha)$，
加速度 $a_x = -a\omega^2\cos(\omega t+\alpha)$，$a_y = -a\omega^2\sin(\omega t+\alpha)$

6.1 (a) 1 (b) $-\dfrac{1}{3}$ (c) $\displaystyle\lim_{x\to0}\frac{\sin x - x}{x^2\sin x} = \lim_{x\to0}\frac{\sin x - x}{x^3}\cdot\frac{x}{\sin x} = -\frac{1}{6}$

(d) $\displaystyle\lim_{x\to\infty}\frac{\log(x+a)-\log(x-a)}{\frac{1}{x}} = \lim_{x\to\infty}\frac{\frac{1}{x+a}-\frac{1}{x-a}}{-\frac{1}{x^2}} = 2a$

7.1 (a) $\displaystyle\lim_{x\to1}\frac{\log x}{1-x} = -1$ より $\displaystyle\lim_{x\to1}x^{\frac{1}{1-x}} = \frac{1}{e}$ (b) $\displaystyle\lim_{x\to+0}x\log\sin x = 0$ より $\displaystyle\lim_{x\to+0}(\sin x)^x = 1$

(c) $\displaystyle\lim_{x\to\infty}\frac{\log x}{x} = 0$ より $\displaystyle\lim_{x\to\infty}x^{\frac{1}{x}} = 1$

8.1 $\dfrac{dy}{dx} = \dfrac{\sin t}{1-\cos t}$

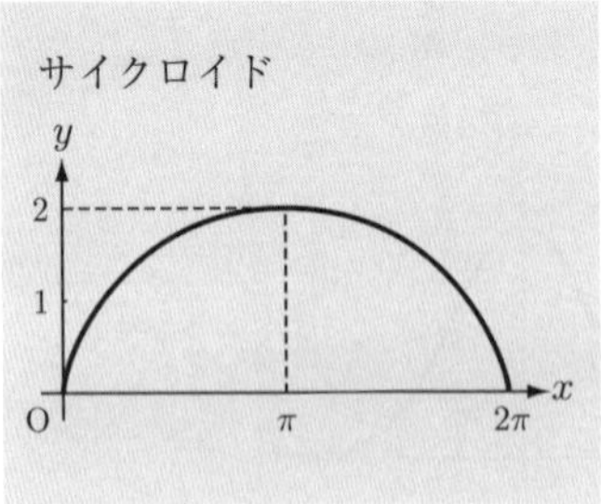

9.1

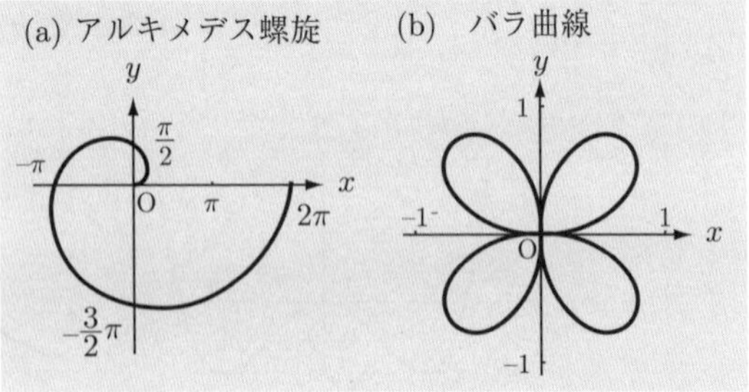

10.1 (a) $\dfrac{dy}{dx} = -\tan t$ より $t = \dfrac{\pi}{6}$ として，求める接線は $(x,y) = \left(\dfrac{3\sqrt{3}}{8}, \dfrac{1}{8}\right)$ を通る傾き $-\dfrac{1}{\sqrt{3}}$ の直線．$\therefore\ y = -\dfrac{1}{\sqrt{3}}x + \dfrac{1}{2}$．

(b) $\dfrac{dy}{dx} = \dfrac{\sin t}{1-\cos t}$ より $t = \dfrac{\pi}{2}$ として，求める接線は $(x,y) = \left(\dfrac{\pi}{2}-1, 1\right)$ を通る傾き 1 の直線．$\therefore\ y = x - \dfrac{\pi}{2} + 2$．

第 3 章演習問題

1. (a) $x=-3$ で極小値 -24，変曲点 $(-2,-13)$, $(0,3)$

(b) $x=2$ で極大値 $\dfrac{2}{e}$，変曲点 $\left(4, \dfrac{4}{e^2}\right)$ (c) $x=1$ で極大値 1

(d) $x=-2$ で極小値 $-\dfrac{1}{2}$，$x=2$ で極大値 $\dfrac{1}{2}$，変曲点 $\left(-2\sqrt{3}, -\dfrac{\sqrt{3}}{4}\right)$, $\left(2\sqrt{3}, \dfrac{\sqrt{3}}{4}\right)$．

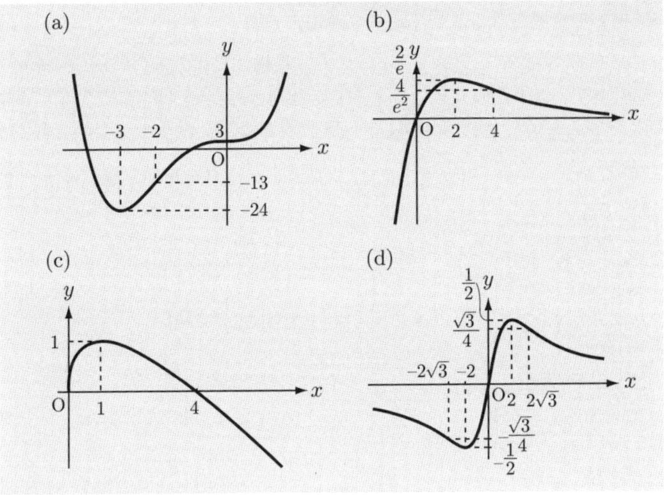

2. (a) 3 (b) $\dfrac{a^2}{b^2}$ (c) 0

(d) $\dfrac{1}{6}$ $\left(\text{Arcsin}\, x = y \text{ とおくと } \lim \text{ の中身は} \dfrac{y - \sin y}{y^3} \cdot \dfrac{y^3}{\sin^3 y}\right)$ (e) $\dfrac{1}{e^2}$ (f) 1

3. 断面の台形の面積 $f(\theta) = a^2\left(\sin\theta + \dfrac{1}{2}\sin 2\theta\right)$ の $0 \leq \theta \leq \dfrac{\pi}{2}$ における最大値を求める．

$f'(\theta) = a^2(2\cos\theta - 1)(\cos\theta + 1)$ より $\cos\theta = \dfrac{1}{2}$，つまり $\theta = \dfrac{\pi}{3}$ のとき最大値 $\dfrac{3\sqrt{3}}{4}a^2$.

4. (a) $f'(x) = \dfrac{a\sinh(ax)\cosh x - \cosh(ax)\sinh x}{\cosh^2 x}$

(b) $f'(x)$ の分子 $g(x) = a\sinh(ax)\cosh x - \cosh(ax)\sinh x \geq 0$ を示す．

$g'(x) = (a^2 - 1)\cosh(ax)\cosh x > 0$ より $g(x)$ は単調増加．よって $x \geq 0$ のとき $g(x) \geq g(0) = 0$.

(c) $\dfrac{A}{B} = \dfrac{C}{D} = a\ (>1)$ として $\dfrac{\cosh(aB)}{\cosh B}, \dfrac{\cosh(aD)}{\cosh D}$ を比較．(b) より $f(x)$ は単調増加．$B < D$ より $f(B) < f(D)$．したがって $\dfrac{\cosh A}{\cosh B} < \dfrac{\cosh C}{\cosh D}$.

5. 時刻 t での深さを x として，$\dfrac{dx}{dt}$ を求めればよい．深さ x のときの水面の半径は $\dfrac{ax}{h}$ なので，水量 $V = \dfrac{\pi a^2 x^3}{3h^2}$．ここで $\dfrac{dV}{dt} = v$ より，$\dfrac{\pi a^2 x^2}{h^2}\dfrac{dx}{dt} = v$． $\therefore$ $\dfrac{dx}{dt} = \dfrac{vh^2}{\pi a^2 x^2}$.

第 4 章

1.1 (a) $-\dfrac{1}{3}$ (b) $\dfrac{1}{9}$ (分子分母を $3^{2n} = 9^n$ で割る)

(c) $\dfrac{1}{3}$ $\left(\text{分子分母を有理化して，} \quad a_n = \dfrac{\sqrt{n+2} + \sqrt{n-1}}{3(\sqrt{n+1} + \sqrt{n})} = \dfrac{\sqrt{1 + \frac{2}{n}} + \sqrt{1 - \frac{1}{n}}}{3\sqrt{1 + \frac{1}{n}} + 1}\right)$

(d) $0 \leq r < 1$ のとき 0，$r = 1$ のとき $\dfrac{\pi}{4}$，$r > 1$ のとき $\dfrac{\pi}{2}$.

4章

2.1 $x_n = \dfrac{f_{n+1}}{f_n}$ で定義される数列 $\{x_n\}$ は漸化式 $x_{n+1} = 1 + \dfrac{1}{x_n}$, $x_1 = 1$ を満たす.
$1 = x_1 < x_3\ (= 3/2) < x_4\ (= 5/3) < x_2 = 2$ で，帰納法により $x_1 < x_3 < x_5 < \cdots < 2$ および $x_2 > x_4 > x_6 > \cdots > 1$ が成り立つ．よって奇数列 $\{x_{2n+1}\}$ は上に有界な単調増加数列なので収束し (極限を p とおく)，偶数列 $\{x_{2n}\}$ は下に有界な単調減少数列なので収束する (極限を q とおく)．このとき $p = 1 + \dfrac{1}{q}$, $q = 1 + \dfrac{1}{p}$ が成立し，これを解いて極限は $p = q = \dfrac{1+\sqrt{5}}{2}$ ($p, q > 0$ に注意する).

3.1 (a) $a_n = \left(\dfrac{1}{2}\right)^n + \left(-\dfrac{3}{4}\right)^n$ より $\displaystyle\sum_n a_n = \frac{\frac{1}{2}}{1-\frac{1}{2}} + \frac{-\frac{3}{4}}{1+\frac{3}{4}} = \frac{4}{7}$

(b) $a_n = \sqrt{n+1} - \sqrt{n}$ より $S_n = \sqrt{n+1} - 1 \to \infty\ (n \to \infty)$

4.1 (a) 2 (b) 1

5.1 $-\dfrac{\pi}{4} + \dfrac{1}{2}(x+1) + \dfrac{1}{4}(x+1)^2 + \dfrac{1}{12}(x+1)^3 + \cdots$

6.1 (a) $1 + ax + \dfrac{a^2}{2}x^2 + \cdots + \dfrac{a^n}{n!}x^n + \cdots$

(b) $\dfrac{1}{a} - \dfrac{b}{a^2}x + \dfrac{b^2}{a^3}x^2 - \cdots + (-1)^n \dfrac{b^n}{a^{n+1}}x^n + \cdots$

(c) $\cos^2 x = \dfrac{1}{2}(1 + \cos 2x) = 1 - x^2 + \dfrac{2^3}{4!}x^4 - \cdots + \dfrac{(-1)^n 2^{2n-1}}{(2n)!}x^{2n} + \cdots$

7.1 (a) $2\sqrt[3]{1 + 0.005} \fallingdotseq 2\left(1 + \dfrac{1}{3} \cdot 0.005\right) \fallingdotseq 2.003$

(b) $e^{\frac{1}{20}} \fallingdotseq 1 + \dfrac{1}{20} + \dfrac{1}{2}\left(\dfrac{1}{20}\right)^2 \fallingdotseq 1.051$

(c) $\cos\left(\dfrac{\pi}{4} - \dfrac{\pi}{60}\right) = \cos\dfrac{\pi}{4}\cos\dfrac{\pi}{60} + \sin\dfrac{\pi}{4}\sin\dfrac{\pi}{60} \fallingdotseq \dfrac{1}{\sqrt{2}}\left(1 - \dfrac{1}{2}\left(\dfrac{\pi}{60}\right)^2 + \dfrac{\pi}{60}\right) \fallingdotseq 0.743$

7.2 (a) $\dfrac{1}{\sqrt{1+x+x^2}} = 1 - \dfrac{x}{2} - \dfrac{x^2}{8} + \cdots$ より $\displaystyle\lim_{x\to 0} \frac{1 - \frac{x}{2} - \frac{x^2}{8} + \cdots - 1 + \frac{x}{2}}{x^2} = -\frac{1}{8}$.

(b) $\log(1+x)\log(1+x^2) = \left(x - \dfrac{x^2}{2} + \cdots\right)\left(x^2 - \dfrac{x^4}{2} + \cdots\right) = x^3 - \dfrac{x^4}{2} + \cdots$,

$\sin^3 x = x^3 - \dfrac{x^4}{2} + \cdots$ より $\displaystyle\lim_{x\to 0} \frac{x^3 - \frac{x^4}{2} + \cdots}{x^3 - \frac{x^4}{2} + \cdots} = 1$.

第 4 章演習問題

1. (a) ∞ に発散 (b) 0 (c) 3

(d) $0 < \theta < \dfrac{\pi}{4}$ のとき 0 に収束，$\theta = \dfrac{\pi}{4}$ のとき 1 に収束，$\dfrac{\pi}{4} < \theta < \dfrac{\pi}{2}$ のとき ∞ に発散

(e) $\log 2$ (f) $|\alpha| > 1$ のとき 1 に収束，$|\alpha| < 1$ のとき -1 に収束，$\alpha = 1$ のとき $-\dfrac{1}{3}$ に収束，$\alpha = -1$ のとき発散 (振動).

(g) ∞ に発散 $\left(a_n = \dfrac{1}{3} \cdot \dfrac{2}{3} \cdot \dfrac{3}{3} \cdot \dfrac{4}{3} \cdots \dfrac{n}{3} > \dfrac{2}{9}\left(\dfrac{4}{3}\right)^{n-3} \to \infty\right)$

(h) $\max(\alpha, \beta)$ (α と β の小さくない方)

$\Big(\alpha \geq \beta$ のとき，$a_n = \dfrac{1}{n}\{\log e^{\alpha n} + \log(1+e^{-(\alpha-\beta)n})\}$

$= \alpha + \dfrac{1}{n}\log(1+e^{-(\alpha-\beta)n}) \to \alpha$．$\alpha \leq \beta$ の場合も同様に β に収束$\Big)$

2. (a) $-\dfrac{8}{11}$ (b) $\dfrac{1}{4}$ $\left(\dfrac{1}{n(n+1)(n+2)} = \dfrac{1}{2}\left(\dfrac{1}{n(n+1)} - \dfrac{1}{(n+1)(n+2)}\right)\right.$ と変形して

$\left.S_n = \dfrac{1}{4} - \dfrac{1}{2(n+1)(n+2)}\right)$ (c) 1 $\left(S_{2n+1} = 1,\ S_{2n} = 1 - \dfrac{1}{n+1}\right)$

(d) 2 $\left(S_n = \sum \dfrac{2}{n(n+1)} = 2 - \dfrac{2}{n+1}\right)$

3. (a) $\dfrac{1}{(2+3x)^2} = \dfrac{1}{4} - \dfrac{3}{4}x + \dfrac{27}{16}x^2 - \dfrac{27}{8}x^3 + \cdots$ (b) $\tan x = x + \dfrac{1}{3}x^3 + \cdots$

(c) $\sin\dfrac{x}{2} = \dfrac{1}{2}x - \dfrac{1}{48}x^3 + \cdots$ (d) $\mathrm{Arctan}\, x = x - \dfrac{1}{3}x^3 + \cdots$

(e) $\log(1+\sin x) = x - \dfrac{1}{2}x^2 + \dfrac{1}{6}x^3 + \cdots$

(f) $\sqrt{4+x} = 2 + \dfrac{1}{4}x - \dfrac{1}{64}x^2 + \dfrac{1}{512}x^3 + \cdots$

4. $f(x) = \left(\dfrac{\sin x}{x}\right)^x$ とおく．$\log f(x) = x\log\dfrac{\sin x}{x}$ をテイラー展開して，

$\log f(x) = x\log\left(1 - \dfrac{x^2}{6} + \dfrac{x^4}{120} - \cdots\right) = x\left(-\dfrac{x^2}{6} - \dfrac{x^4}{180} - \cdots\right)$．したがって

$f(x) = \exp(\log f(x)) = \exp\left(-\dfrac{x^3}{6} - \dfrac{x^5}{180} - \cdots\right) = 1 - \dfrac{x^3}{6} - \dfrac{x^5}{180} + \cdots$ なので求める極限は

$\displaystyle\lim_{x\to 0}\frac{f(x)-1}{x^3} = \lim_{x\to 0}\left(-\frac{1}{6} - \frac{x^2}{180} + \cdots\right) = -\frac{1}{6}$.

第 5 章

不定積分の計算において以後“$+C$”を省略する．

1.1 (a) $\dfrac{1}{2}y^2 - \dfrac{3}{4}y\sqrt[3]{y} + \sqrt{3}\,y$ (b) $2x^3 - \dfrac{1}{2}x^2 - x$ (c) $\dfrac{4}{3}x\sqrt{x} - \dfrac{2}{\sqrt{x}}$

(d) $-\cot\theta - \theta$ $\left(= -\dfrac{1}{\tan\theta} - x\right)$ (e) $\mathrm{Arcsin}\, s - s$ (f) $\dfrac{9^x}{2\log 3} + \dfrac{2\cdot 3^x}{\log 3} + x$

2.1 (a) $\sqrt[3]{3x+5}$ (b) $\displaystyle\int(1+\sin 2x)dx = x - \frac{1}{2}\cos 2x$

(c) $\displaystyle\int\frac{dx}{1+(3x+1)^2} = \frac{1}{3}\mathrm{Arctan}\,(3x+1)$

3.1 (a) $t = x^2 - 1$ とおく．$\displaystyle\frac{1}{2}\int t^{\frac{1}{2}}dt = \frac{1}{3}t^{\frac{3}{2}} = \frac{1}{3}(x^2-1)^{\frac{3}{2}}$

(b) $t = \cos x$ とおく．$\displaystyle\int t^4(-dt) = -\frac{1}{5}t^5 = -\frac{1}{5}\cos^5 x$

(c) $t = x^3$ とおく．$\displaystyle\frac{1}{3}\int\frac{dt}{1+t^2} = \frac{1}{3}\mathrm{Arctan}\, t = \frac{1}{3}\mathrm{Arctan}\, x^3$

(d) $\displaystyle\int\frac{(e^x+e^{-x})'}{e^x+e^{-x}}dx = \log(e^x+e^{-x})$

(e) $\displaystyle\int\frac{\frac{1}{x}}{\log x}dx = \int\frac{(\log x)'}{\log x}dx = \log|\log x|$

(f) $\displaystyle\int \frac{\cos x}{\sin x}dx = \int \frac{(\sin x)'}{\sin x}dx = \log|\sin\ x|$

4.1 (a) $\displaystyle\int x(-e^{-x})'dx = -xe^{-x} - e^{-x}$

(b) $\displaystyle\int \left(\frac{1}{3}x^3\right)' \log x dx = \frac{1}{3}x^3 \log x - \frac{1}{9}x^3$

(c) $\displaystyle\int x' \log x dx = x\log x - x$ (d) $\dfrac{1}{2}e^x(\sin x + \cos x)$

5.1 (a) $\displaystyle\int \left(-\frac{1}{x+1} + \frac{1}{x-1} + \frac{1}{(x-1)^2}\right)dx = \log\left|\frac{x-1}{x+1}\right| - \frac{1}{x-1}$

(b) $\displaystyle\frac{1}{4}\int \left(\frac{x}{x^2-2x+2} - \frac{x}{x^2+2x+2}\right)dx = \frac{1}{8}\int \left(\frac{(2x-2)+2}{x^2-2x+2} - \frac{(2x+2)-2}{x^2+2x+2}\right)dx$

$\displaystyle= \frac{1}{8}\log\left|\frac{x^2-2x+2}{x^2+2x+2}\right| + \frac{1}{4}\mathrm{Arctan}\,(x+1) + \frac{1}{4}\mathrm{Arctan}\,(x-1)$

5.2 (a) 解を $x = \alpha, \beta$ として

$$\int \frac{dx}{(x-\alpha)(x-\beta)} = \frac{1}{\alpha-\beta}\log\left|\frac{x-\alpha}{x-\beta}\right| = \frac{1}{2\sqrt{b^2-c}}\log\left|\frac{x-b-\sqrt{b^2-c}}{x-b+\sqrt{b^2-c}}\right|$$

(b) $-\dfrac{1}{x+b}$ (c) $\displaystyle\int \frac{dx}{(x+b)^2+c-b^2} = \frac{1}{\sqrt{c-b^2}}\mathrm{Arctan}\,\frac{x+b}{\sqrt{c-b^2}}$

6.1 (a) $\displaystyle\frac{1}{4}\int \sin^2(2ax)dx = \frac{1}{8}\int (1-\cos(4ax))dx = \frac{x}{8} - \frac{1}{32a}\sin(4ax)$

(b) $t = \sin x$ とおく．$\displaystyle\int \frac{1-t^2}{t^4}dt = -\frac{1}{3t^3} + \frac{1}{t} = -\frac{1}{3\sin^3 x} + \frac{1}{\sin x}$

(c) $t = \tan x$ とおく．$\displaystyle\int \frac{dt}{(t+1)(t^2+1)} = \frac{1}{2}\int \left(\frac{1}{t+1} + \frac{1}{t^2+1} - \frac{t}{t^2+1}\right)dt$

$\displaystyle= \frac{1}{2}\log|t+1| - \frac{1}{4}\log(t^2+1) + \frac{1}{2}\mathrm{Arctan}\,t$

$\displaystyle= \frac{1}{4}\log\left|\frac{(\tan x+1)^2}{1+\tan^2 x}\right| + \frac{1}{2}x = \frac{1}{2}\log|\cos\ x + \sin x| + \frac{1}{2}x$

(d) $t = \tan\dfrac{x}{2}$ とおく．$\displaystyle\int \frac{dt}{4+t^2} = \frac{1}{2}\mathrm{Arctan}\,\frac{t}{2} = \frac{1}{2}\mathrm{Arctan}\left(\frac{1}{2}\tan\frac{x}{2}\right).$

7.1 (a) $-\dfrac{\sqrt{1+x^2}}{x}$ (b) $\dfrac{1}{2}x\sqrt{x^2+a} + \dfrac{a}{2}\log(x+\sqrt{x^2+a})$

第 5 章演習問題

1. (a) $\dfrac{1}{4}x^4 - \dfrac{1}{3}x^3 + 2\sqrt{2}\,x^2 + \dfrac{1}{3}x$ (b) $\sin 2x + 9\cos\dfrac{x}{3}$

(c) $x^2 + 4x - \log|x|$ (d) $\dfrac{x}{2} + \dfrac{1}{2}\sin x$ (e) $\dfrac{1}{\sqrt{3}+1}x^{\sqrt{3}+1} - \dfrac{1}{3^x\log 3}$

(f) $t = x^3+1$ とおく．$-\dfrac{1}{6(x^3+1)^2}$. (g) $t = \log x$ とおく．$\dfrac{1}{3}(\log x)^3$.

(h) $\tanh 3x = \dfrac{1}{3}\cdot\dfrac{(e^{3x}+e^{-3x})'}{e^{3x}+e^{-3x}}$ より $\dfrac{1}{3}\log(e^{3x}+e^{-3x})$ $\left(\text{または}\dfrac{1}{3}\log(\cosh 3x)\right)$.

(i) $\displaystyle\int \frac{(\mathrm{Arcsin}\,x)'}{\mathrm{Arcsin}\,x} = \log|\mathrm{Arcsin}\,x|.$ (j) $\displaystyle\int x'\mathrm{Arcsin}\,x dx = x\mathrm{Arcsin}\,x + \sqrt{1-x^2}$

(k) $\displaystyle\int x(\tan x)'dx = x\tan x + \log|\cos\ x|$

(l) $\displaystyle\int \left(\frac{1}{2}x^2\right)' \mathrm{Arctan}\, x dx = \frac{1}{2}x^2 \mathrm{Arctan}\, x - \frac{1}{2}\int \frac{x^2}{1+x^2}dx = \frac{1}{2}(x^2+1)\mathrm{Arctan}\, x - \frac{1}{2}x$

(m) $\displaystyle\int \left(\frac{1}{x-2} + \frac{2}{x+3}\right) dx = \log|x-2| + 2\log|x+3|$

(n) $\displaystyle\int \left(\frac{1}{x+1} - \frac{1}{x+2} - \frac{1}{(x+2)^2}\right) dx = \log\left|\frac{x+1}{x+2}\right| + \frac{1}{x+2}$

(o) $\displaystyle\frac{1}{12}\int \frac{dx}{x+2} + \frac{1}{12}\int \frac{-x+4}{x^2-2x+4}dx = \frac{1}{12}\int \frac{dx}{x+2} - \frac{1}{24}\int \frac{2x-2}{x^2-2x+4}dx$
$\displaystyle+\frac{1}{4}\int \frac{dx}{(x-1)^2+3} = \frac{1}{12}\log|x+2| - \frac{1}{24}\log(x^2-2x+4) + \frac{1}{4\sqrt{3}}\mathrm{Arctan}\,\frac{x-1}{\sqrt{3}}$

(p) $a \neq b$: $\displaystyle -\frac{1}{2(a+b)}\cos((a+b)x) - \frac{1}{2(a-b)}\cos((a-b)x)$, $a = b$: $\displaystyle -\frac{1}{4}\cos(2ax)$

(q) $t = \sin x$ とおくと $\displaystyle\int (1-t^2)^2 dt = t - \frac{2}{3}t^3 + \frac{1}{5}t^5 = \sin x - \frac{2}{3}\sin^3 x + \frac{1}{5}\sin^5 x$

(r) $\displaystyle\int \frac{\sin x}{\sin^2 x}dx = \int \frac{\sin x}{1-\cos^2 x}dx \overset{t=\cos x}{=} \int \frac{dt}{t^2-1} = \frac{1}{2}\log\left|\frac{t-1}{t+1}\right| = \frac{1}{2}\log\left|\frac{1-\cos x}{1+\cos x}\right|$

別解 $t = \tan\dfrac{x}{2}$ とおいて，$\log\left|\tan\dfrac{x}{2}\right|$

2. (a) $\displaystyle -\frac{1}{2}x\sqrt{1-x^2} + \frac{1}{2}\mathrm{Arcsin}\, x$

(b) $\displaystyle\int \frac{4t^2}{(t^2+1)^2}dt = 2\mathrm{Arctan}\, t - \frac{2t}{t^2+1} = 2\mathrm{Arctan}\sqrt{\frac{1+x}{1-x}} - \sqrt{1-x^2}$

(c) $t = \tan\dfrac{x}{2}$ とおいて，$\displaystyle\int \frac{1}{5+4\frac{1-t^2}{1+t^2}+3\frac{2t}{1+t^2}} \cdot \frac{2}{1+t^2}dt = \int \frac{2dt}{(t+3)^2} = -\frac{2}{\tan\frac{x}{2}+3}$

3. (a) $t = \sqrt{\dfrac{x-a}{b-x}}$ とおくと，$x = \dfrac{a+bt^2}{1+t^2}$，$dx = \dfrac{2(b-a)t}{(t^2+1)^2}dt$ より $\displaystyle\int \frac{1}{x-a}\sqrt{\frac{x-a}{b-x}}\,dx$
$\displaystyle= \int \frac{t^2+1}{(b-a)t^2} \cdot t \cdot \frac{2(b-a)t}{(t^2+1)^2}dt = \int \frac{2dt}{1+t^2} = 2\mathrm{Arctan}\, t = 2\mathrm{Arctan}\sqrt{\frac{x-a}{b-x}}.$

(b) (a) に $a = -1, b = 1$ を代入．$\displaystyle\int \frac{dx}{\sqrt{1-x^2}} = 2\mathrm{Arctan}\sqrt{\frac{1+x}{1-x}}$．一方，(左辺) $= \mathrm{Arcsin}\, x$ より，$2\mathrm{Arctan}\sqrt{\dfrac{1+x}{1-x}} - \mathrm{Arcsin}\, x = C$ (C は定数)．$x = 0$ を代入して $C = \dfrac{\pi}{2}$.

第 6 章

1.1 (a) $\dfrac{40}{3}$ (b) $\dfrac{\pi}{12}$ (c) $\log\dfrac{3}{2}$ (d) $\dfrac{\pi}{4}$

1.2 $\dfrac{\sqrt{3}}{2} + \dfrac{4}{3}\pi$ ($y = \sqrt{4-x^2}$ は半円 $x^2 + y^2 = 4, y \geq 0$ を表す)

2.1 (a) $t = x^2 + 9$ とおく．$\displaystyle\frac{1}{2}\int_9^{25} \frac{dt}{\sqrt{t}} = 2$

(b) $t = \cos x$ とおく．$\displaystyle\int_0^1 (1-t^2)t^2 dt = \frac{2}{15}$

3.1 (a) $\displaystyle\int_0^1 \left(\frac{x^2+1}{2}\right)' \log(x^2+1)dx = \log 2 - \frac{1}{2}$

(b) $\displaystyle\int_0^{\frac{\sqrt{3}}{2}} \left(-\sqrt{1-x^2}\right)' \operatorname{Arcsin} x dx = -\frac{\pi}{6} + \frac{\sqrt{3}}{2}$

4.1 $\displaystyle I_n = \int_0^{\frac{\pi}{2}} \sin^n x dx = \int_0^{\frac{\pi}{2}} \sin^{n-1} x(-\cos x)' dx$

$\displaystyle = \Big[-\sin^{n-1} x \cos x\Big]_0^{\frac{\pi}{2}} + (n-1)\int_0^{\frac{\pi}{2}} \sin^{n-2} x \cos^2 x dx = (n-1)I_{n-2} - (n-1)I_n$

移項して $I_n = \dfrac{n-1}{n} I_{n-2}$．この漸化式から公式 (*) が従う．

次に $I_{10} = \dfrac{9}{10}\cdot\dfrac{7}{8}\cdot\dfrac{5}{6}\cdot\dfrac{3}{4}\cdot\dfrac{1}{2} I_0 = \dfrac{63\pi}{512}$

5.1 $0<a<1$ とき $\dfrac{1}{1-a}$ ($a \geq 1$ のとき存在しない)

6.1 $a>1$ のとき $\dfrac{1}{a-1}$ ($0<a \leq 1$ のとき存在しない)

6.2 (a) $\Gamma(1)=1,\ \Gamma(2)=1,\ \Gamma(3)=2$ (b) $\displaystyle\Gamma(a+1) = \lim_{M\to\infty}\int_0^M x^a e^{-x} dx$

$\displaystyle = \lim_{M\to\infty}\left\{\Big[-x^a e^{-x}\Big]_0^M + \int_0^M a x^{a-1} e^{-x}\right\} = \lim_{M\to\infty} -\frac{M^a}{e^M} + a\int_0^M x^{a-1}e^{-x} dx = a\Gamma(a),$

$\Gamma(n) = (n-1)\Gamma(n-1) = \cdots = (n-1)(n-2)\cdots 1\Gamma(1) = (n-1)!$

7.1 (a) $\displaystyle\int_0^\pi |\cos x - \sin x| dx = \int_0^{\frac{\pi}{4}} (\cos x - \sin x) dx + \int_{\frac{\pi}{4}}^\pi (-\cos x + \sin x) dx = 2\sqrt{2}$

(b) $\displaystyle\int y dx = \int_0^{2\pi} y \frac{dx}{dt} dt = \int_0^{2\pi} (1-\cos t)^2 dt = 3\pi$

8.1 $\displaystyle V = \pi\int_{-a}^a y^2 dx = \pi b^2 \int_{-a}^a \left(1 - \frac{x^2}{a^2}\right) dx = \frac{4}{3}\pi a b^2$

9.1 (a) $\displaystyle l = \int_0^1 \sqrt{1 + \left(\frac{3}{2}x^{1/2}\right)^2}\, dx = \frac{-8+13\sqrt{13}}{27}$

(b) $\displaystyle l = \int_0^{2\pi} a\sqrt{(1-\cos t)^2 + \sin^2 t}\ dt = 2a\int_0^{2\pi} \left|\sin\frac{t}{2}\right| dt = 8a$

10.1 (a) $\displaystyle\int_0^\pi e^{-t}\sin t dt = \left[-\frac{1}{2}e^{-t}(\cos t + \sin t)\right]_0^\pi = \frac{1+e^{-\pi}}{2}$

(b) $\displaystyle\int_0^\infty |e^{-t}\sin t| dt = \sum_{n=0}^\infty \int_{n\pi}^{(n+1)\pi} |e^{-t}\sin t| dt = \frac{1+e^{-\pi}}{2}\sum_{n=0}^\infty e^{-n\pi} = \frac{1+e^{-\pi}}{2(1-e^{-\pi})}$

11.1 lim の中身を I_n とおく． (a) $\displaystyle\lim_{n\to\infty} I_n = \int_0^1 \frac{dx}{1+x^2} = \frac{\pi}{4}$

(b) $\displaystyle\lim_{n\to\infty} \log I_n = \int_0^1 \log(1+x) dx = 2\log 2 - 1 = \log\frac{4}{e}$ より $\displaystyle\lim_{n\to\infty} I_n = \frac{4}{e}$

第 6 章演習問題

1. (a) $\dfrac{12}{5}$ (b) $\dfrac{1}{6}(b-a)^3$ (c) $\dfrac{2\sqrt{2}-1}{3}$ (d) $\dfrac{1}{4}$ (e) $\log 2$

(f) $\dfrac{1+2e^3}{9}$ (g) $\pi^2 - 4$ (h) $\dfrac{\pi}{2} - 1$ (i) $\dfrac{\pi + 2\log 2}{4}$ (j) $\dfrac{1}{2}\log 2$

2. (a) $\cos(mx)\cos(nx) = \dfrac{1}{2}(\cos(m+n)x + \cos(m-n)x)$ と変形して積分する．$m \neq n$ の

とき 0，$m=n$ のとき π．　(b)　$m \neq n$ のとき 0，$m=n$ のとき π．　(c)　0

3.　(a)　$\displaystyle\int_0^2 \left(\frac{16}{x^2+4}-x\right)dx = \left[8\mathrm{Arctan}\,\frac{x}{2}-\frac{x^2}{2}\right]_0^2 = 2\pi-2$

(b)　$\displaystyle\int_0^a b\left(1-2\sqrt{\frac{x}{a}}+\frac{x}{a}\right)dx = \frac{ab}{6}$　　(c)　$\displaystyle\frac{1}{2}\int_0^\pi ((1+\sin\theta)^2-1^2)d\theta = 2+\frac{\pi}{4}$

4.　(a)　$\displaystyle\pi\int_0^1 \cosh^2 x dx = \frac{\pi}{8}(4+e^2-e^{-2})$　　(b)　$\displaystyle\pi\int_0^1 (\sqrt{x}^2-(x^2)^2)dx = \frac{3\pi}{10}$

(c)　$\displaystyle V_x = \pi\int_{-\frac{\pi}{2}}^{\frac{\pi}{2}} \sin^2 x dx = \frac{\pi^2}{2}$,

$\displaystyle V_y = \pi\int_{-1}^1 (\mathrm{Arcsin}\,y)^2 dy = \pi\Big[y(\mathrm{Arcsin}\,y)^2+2\sqrt{1-y^2}\ \mathrm{Arcsin}\,y-2y\Big]_{-1}^1 = \frac{\pi}{2}(\pi^2-8)$

(d)　$\displaystyle\pi\int y^2 dx = \pi\int_0^{2\pi} y^2\frac{dx}{dt}dt = \pi a^3\int_0^{2\pi}(1-\cos t)^3 dt = 5\pi^2 a^3$

5.　(a)　$\displaystyle\int_0^1 \sqrt{1+(y')^2}\ dx = \int_0^1 \frac{4+x^2}{4-x^2}dx = 2\log 3-1$

(b)　$\displaystyle\int_0^{2\pi}\sqrt{\left(\frac{dx}{dt}\right)^2+\left(\frac{dy}{dt}\right)^2}\ dt = \sqrt{2}\int_0^{2\pi} e^t dt = \sqrt{2}\ (e^{2\pi}-1)$

(c)　$\displaystyle 2\int_0^\pi \sqrt{r^2+\left(\frac{dr}{d\theta}\right)^2}\ d\theta = 2a\int_0^\pi \sqrt{2(1+\cos\theta)}\ d\theta = 4a\int_0^\pi \cos\frac{\theta}{2}d\theta = 8a$

6.　(a)　$\displaystyle\bar{I} = \frac{2I_0}{\pi}$，$\displaystyle I_{\mathrm{eff}} = \frac{I_0}{\sqrt{2}}$，　(b)　$\displaystyle\bar{I} = \frac{I_0}{2}$，$\displaystyle I_{\mathrm{eff}} = \frac{I_0}{\sqrt{3}}$.

7.　$\displaystyle I_n = \lim_{\varepsilon\to+0}\int_\varepsilon^1 x^a(\log x)^n dx \overset{x=e^{-t}}{=} \lim_{\varepsilon\to+0}\int_0^{\log\frac{1}{\varepsilon}} e^{-(a+1)t}(-t)^n dt$

$\displaystyle\overset{(a+1)t=s}{=} \frac{(-1)^n}{(a+1)^{n+1}}\lim_{\varepsilon\to+0}\int_0^{(a+1)\log\frac{1}{\varepsilon}} e^{-s}s^n ds = \frac{(-1)^n\Gamma(n+1)}{(a+1)^{n+1}} = \frac{(-1)^n n!}{(a+1)^{n+1}}$

8.　$\displaystyle S_n = \sum_{k=1}^n \frac{1}{k}$ とおくと，グラフより $\displaystyle S_n > \int_1^{n+1}\frac{1}{x}dx = \log(n+1)$．右辺は $n\to\infty$ で ∞ に発散するので，比較判定法 (定理 4.5) によって S_n も ∞ に発散する．

第 7 章

1.1　(a)　$z_x = -5x^4+6xy^2$，$z_y = 6x^2y+3y^2$

(b)　$z_x = (3x^2+3xy+2x+y)e^{3x-y}$，$z_y = (-x^2-xy+x)e^{3x-y}$

(c)　$z_x = -\tan(x+y^2)$，$z_y = -2y\tan(x+y^2)$

(d)　$\displaystyle z_x = -\frac{y}{x^2+y^2}$，$\displaystyle z_y = \frac{x}{x^2+y^2}$

2.1　(a)　$z_x = 2xy^2+3y+1$，$z_y = 2x^2y+3x-1$，$z_{xx} = 2y^2$，$z_{xy} = 4xy+3$，$z_{yy} = 2x^2$

(b)　$z_x = -\sin(x+y^2)$，$z_y = -2y\sin(x+y^2)$，$z_{xx} = -\cos(x+y^2)$，$z_{xy} = -2y\cos(x+y^2)$，$z_{yy} = -2\sin(x+y^2)-4y^2\cos(x+y^2)$　　(c)　$z_x = 2xe^{x^2-y^2}$，$z_y = -2ye^{x^2-y^2}$，$z_{xx} = (4x^2+2)e^{x^2-y^2}$，$z_{xy} = -4xye^{x^2-y^2}$，$z_{yy} = (4y^2-2)e^{x^2-y^2}$　　(d)　$\displaystyle z_x = \frac{3}{3x+y}$，

$\displaystyle z_y = \frac{1}{3x+y}$，$\displaystyle z_{xx} = -\frac{9}{(3x+y)^2}$，$\displaystyle z_{xy} = -\frac{3}{(3x+y)^2}$，$\displaystyle z_{yy} = -\frac{1}{(3x+y)^2}$

3.1 $\dfrac{dz}{dt} = (2x+y)(2t+1) + 3(x-2y)t^2$ **3.2** $\dfrac{\partial z}{\partial u} = \dfrac{-2yu + xv}{x^2 \cos^2 \frac{y}{x}}$, $\dfrac{\partial z}{\partial v} = \dfrac{-2yv + xu}{x^2 \cos^2 \frac{y}{x}}$

4.1 $z_{xx} = \dfrac{\partial z_x}{\partial x} = \cos\theta \dfrac{\partial z_x}{\partial r} - \dfrac{\sin\theta}{r}\dfrac{\partial z_x}{\partial \theta}$

$= \cos\theta \dfrac{\partial}{\partial r}\left(\cos\theta \dfrac{\partial z}{\partial r} - \dfrac{\sin\theta}{r}\dfrac{\partial z}{\partial \theta}\right) - \dfrac{\sin\theta}{r}\dfrac{\partial}{\partial \theta}\left(\cos\theta \dfrac{\partial z}{\partial r} - \dfrac{\sin\theta}{r}\dfrac{\partial z}{\partial \theta}\right)$

$= \cos^2\theta \dfrac{\partial^2 z}{\partial r^2} - \dfrac{2}{r}\sin\theta\cos\theta \dfrac{\partial^2 z}{\partial r \partial \theta} + \dfrac{2}{r^2}\sin\theta\cos\theta\dfrac{\partial z}{\partial \theta} + \dfrac{\sin^2\theta}{r}\dfrac{\partial z}{\partial r} + \dfrac{\sin^2\theta}{r^2}\dfrac{\partial^2 z}{\partial \theta^2}$.

同様に $z_{yy} = \sin^2\theta \dfrac{\partial^2 z}{\partial r^2} + \dfrac{2}{r}\sin\theta\cos\theta\dfrac{\partial^2 z}{\partial r\partial\theta} - \dfrac{2}{r^2}\sin\theta\cos\theta\dfrac{\partial z}{\partial\theta} + \dfrac{\cos^2\theta}{r}\dfrac{\partial z}{\partial r} + \dfrac{\cos^2\theta}{r^2}\dfrac{\partial^2 z}{\partial\theta^2}$.
辺々加えて求める式を得る.

5.1 (a) $(x, y) = (1, -3)$ のとき極小値 -7.

(b) $(x, y) = (\pm 1, \mp 1)$ のとき極小値 -2 (複号同順). ($(x, y) = (0, 0)$ では極値をとらない)

6.1 $x = \dfrac{1}{2\sqrt{2}}$ のとき極大値 $y = -\dfrac{1}{\sqrt{2}}$, $x = -\dfrac{1}{2\sqrt{2}}$ のとき極小値 $y = \dfrac{1}{\sqrt{2}}$.

7.1 $f(0, \pm\sqrt{3}) = 3$, $f(\pm 1, 0) = 1$.

8.1 $z(r, h) = \pi r^2 h$ として, 体積の変化分は $z(1.02, 1.97) - z(1, 2) \fallingdotseq z_r(1, 2) \times 0.02 + z_h(1, 2) \times (-0.03) = \pi \cdot 2 \cdot 1 \cdot 2 \cdot 0.02 - \pi \cdot 1^2 \cdot 0.03 = 0.05\pi$. 体積は約 0.157 増える.

8.2 $z = f(x, y) = \sqrt{1 - x^2 - y^2}$ より, 接平面の方程式は

$z = f_x\left(\dfrac{1}{3}, -\dfrac{2}{3}\right)\left(x - \dfrac{1}{3}\right) + f_y\left(\dfrac{1}{3}, -\dfrac{2}{3}\right)\left(y + \dfrac{2}{3}\right) + \dfrac{2}{3} \Leftrightarrow z = -\dfrac{1}{2}x + y + \dfrac{3}{2}$.

9.1 (a) $1 + 2x - y + \dfrac{3}{2}x^2 - 2xy + \cdots$

(b) $1 + \left(x - \dfrac{\pi}{2}\right) - 2\left(y - \dfrac{\pi}{2}\right) - 2\left(x - \dfrac{\pi}{2}\right)\left(y - \dfrac{\pi}{2}\right) + \dfrac{3}{2}\left(y - \dfrac{\pi}{2}\right)^2 + \cdots$

第 7 章演習問題

1. (a) $z_x = 4x^3y - y^4$, $z_y = x^4 - 4xy^3$, $z_{xx} = 12x^2y$, $z_{xy} = 4x^3 - 4y^3$, $z_{yy} = -12xy^2$

(b) $z_x = \dfrac{1}{2\sqrt{x - 2y}}$, $z_y = -\dfrac{1}{\sqrt{x - 2y}}$, $z_{xx} = -\dfrac{1}{4(x - 2y)^{3/2}}$, $z_{xy} = \dfrac{1}{2(x - 2y)^{3/2}}$,
$z_{yy} = -\dfrac{1}{(x - 2y)^{3/2}}$

(c) $z_x = \cos(x - y) - y\sin(xy)$, $z_y = -\cos(x - y) - x\sin(xy)$, $z_{xx} = -\sin(x - y) - y^2\cos(xy)$,
$z_{xy} = \sin(x - y) - xy\cos(xy) - \sin(xy)$, $z_{yy} = -\sin(x - y) - x^2\cos(xy)$

(d) $z_x = \dfrac{2y}{(x + y)^2}$, $z_y = -\dfrac{2x}{(x + y)^2}$, $z_{xx} = -\dfrac{4y}{(x + y)^3}$, $z_{xy} = \dfrac{2(x - y)}{(x + y)^3}$, $z_{yy} = \dfrac{4x}{(x + y)^3}$

(e) $z_x = yx^{y-1}$, $z_y = x^y\log y$, $z_{xx} = y(y - 1)x^{y-2}$, $z_{xy} = x^{y-1} + yx^{y-1}\log y$,
$z_{yy} = x^y(\log x)^2$ (f) $z_x = \dfrac{2}{x}$, $z_y = -\dfrac{1}{y}$, $z_{xx} = -\dfrac{2}{x^2}$, $z_{xy} = 0$, $z_{yy} = \dfrac{1}{y^2}$

2. (a) $z_{xx} + z_{yy} = -\dfrac{2(x^2 - y^2)}{(x^2 + y^2)^2} + \dfrac{2(x^2 - y^2)}{(x^2 + y^2)^2} = 0$ $\therefore$ 調和関数

(b) $z_{xx} + z_{yy} = a^2e^{ax}\sin(by) - b^2e^{ax}\sin(by)$. $a^2 - b^2 = 0$ のとき調和関数, $a^2 - b^2 \neq 0$ のとき調和関数ではない.

3. (a) $(x, y) = (2, -1)$ で極小値 -4

(b) $(x, y) = (0, -4)$ で極大値 32 ($(x, y) = (0, 0)$ では極値をとらない)

(c) $(x,y)=\left(2,\dfrac{1}{2}\right)$ で極小値 6

(d) $(x,y)=(0,0)$ で極小値 0 ($(x,y)=(-1,1)$ では極値をとらない)

4. (a) $\dfrac{dz}{dt}=\left\{2(2t+1)xy+\dfrac{x^2}{t}\right\}e^{x^2y}$ (b) $\dfrac{dz}{dt}=2t(3x^2-y)+3t^2(3y^2-x)$

(c) $\dfrac{\partial z}{\partial u}=\dfrac{-2uye^{-u^2-v^2}+vx\cos(uv)}{\sqrt{1-x^2y^2}},\ \dfrac{\partial z}{\partial v}=\dfrac{-2vye^{-u^2-v^2}+ux\cos(uv)}{\sqrt{1-x^2y^2}}$

(d) $\dfrac{\partial z}{\partial u}=-\dfrac{\cos v}{x^2}+\dfrac{\sin v}{y^2},\ \dfrac{\partial z}{\partial v}=\dfrac{u\sin v}{x^2}+\dfrac{u\cos v}{y^2}$

5. $T=T(k,m)$ の全微分をとると，$dT=\dfrac{\partial T}{\partial k}dk+\dfrac{\partial T}{\partial m}dm.$

したがって $\Delta T=\dfrac{\pi}{\sqrt{mk}}\Delta l-\dfrac{\pi\sqrt{k}}{g\sqrt{m}}\Delta g$. 両辺を $T=2\pi\sqrt{m/k}$ で割ると求める近似式を得る．

次に $T(1.03,3.92)\fallingdotseq T(1,4)\left(1+\dfrac{1}{2}\left(\dfrac{0.03}{1}-\dfrac{-0.08}{4}\right)\right)=\pi\times 1.025\fallingdotseq 3.22.$

6. (a) 3 辺の長さを $x,y,2a-x-y$ とおくと，ヘロンの公式より面積 $S=\sqrt{a(a-x)(a-y)(x+y-a)}$ を最大にすればよい．ここで $z=(a-x)(a-y)(x+y-a)$ とおくと $z_x=z_y=0$, および $0<x,y<a$ に注意すると，$(x,y)=\left(\dfrac{2}{3}a,\dfrac{2}{3}a\right)$ で極大値 $z=\dfrac{1}{27}a^3$ をとる．よって面積は正三角形のとき最大値 $\dfrac{1}{3\sqrt{3}}a^2$.

(b) 3 辺の長さは $x,y,\sqrt{a^2-x^2-y^2}$ と書けるので，体積 $V=xy\sqrt{a^2-x^2-y^2}$. ここで $z=V^2=x^2y^2(a^2-x^2-y^2)$ の極値を求める．$z_x=z_y=0$，および $x,y>0$ に注意すると $(x,y)=\left(\dfrac{a}{\sqrt{3}},\dfrac{a}{\sqrt{3}}\right)$ で極大値 $z=\dfrac{a^6}{27}$ をとる．よって体積は立方体のとき最大値 $\dfrac{a^3}{3\sqrt{3}}$.

7. 断面の面積は $z(x,\theta)=x\sin\theta(a-2x+x\cos\theta)$. $z_x=\sin\theta(a-4x+2x\cos\theta)=0$, $z_\theta=x(a\cos\theta-2x\cos\theta+x\cos 2\theta)=0$ を解いて，$(x,\theta)=\left(\dfrac{a}{3},\dfrac{\pi}{3}\right)$ のとき極値（最大値）$\dfrac{\sqrt{3}}{12}a^2$ をとる (これは第 3 章演習問題 3 の結果と本質的に一致する).

8. $\dfrac{\partial S}{\partial a}=2\sum_{i=1}^{n}(a+bx_i-y_i)=2\left\{an+b\sum_{i=1}^{n}x_i-\sum_{i=1}^{n}y_i\right\}=0,$

$\dfrac{\partial S}{\partial b}=2\sum_{i=1}^{n}x_i(a+bx_i-y_i)=2\left\{a\sum_{i=1}^{n}x_i+b\sum_{i=1}^{n}x_i^2-\sum_{i=1}^{n}x_iy_i\right\}=0$ より正規方程式を得る．

第 8 章

1.1 (a) $\dfrac{3+\sqrt{3}}{4}$ (b) $\dfrac{8(2\sqrt{2}-1)}{15}$

2.1 (a) $\displaystyle\int_0^1\int_0^x \frac{e^x}{x}dydx=e-1$ (b) $\displaystyle\int_0^1\int_y^1 \frac{1}{y^2-2y+3}dxdy=\frac{1}{2}\log\frac{3}{2}$

3.1 (a) $\dfrac{2(\sqrt{3}-1)}{3}$ (b) $\dfrac{3}{4}\pi$ (c) $\dfrac{\pi}{2}-1$

4.1 (a) $u=2x+y, v=x-2y$ とおく．$J=-\dfrac{1}{5}$ より，

$$\iint_D (x+y)dxdy = \int_{-1}^{1}\int_0^1 \left(\frac{2u+v}{5} + \frac{u-2v}{5}\right)\frac{1}{5}dudv = \frac{3}{25}$$

(b) $u=\sqrt{x},\ v=\sqrt{y}$ とおく．$J=4uv$ より，$\displaystyle\iint_D xdxdy = \int_0^1\int_0^{1-v} u^2\cdot 4uvdudv = \frac{1}{30}$

5.1 極座標変換によって，$\displaystyle\int_0^{\frac{\pi}{4}}\int_0^1 \sqrt{1-r^2\cos^2\theta - r^2\sin^2\theta}\ rdrd\theta = \frac{\pi}{12}$

6.1 極座標変換によって，$\displaystyle\int_0^{2\pi}\int_0^1 r^{1-2a}drd\theta = \begin{cases} \dfrac{\pi}{1-a} & (0<a<1) \\ \text{存在しない} & (a \geq 1) \end{cases}$

7.1 極座標変換によって，$\displaystyle\int_0^{2\pi}\int_0^{\infty} \frac{1}{(1+r^2)^a} rdrd\theta = \begin{cases} \text{存在しない} & (0<a\leq 1) \\ \dfrac{\pi}{a-1} & (a>1) \end{cases}$

8.1 $D=\{(x,y)\mid x^2+y^2\leq a^2, x\geq 0, y\geq 0\}$ として，求める体積は

$$8\iint_D \sqrt{a^2-x^2}\ dxdy = 8\int_0^a\int_0^{\sqrt{a^2-x^2}} \sqrt{a^2-x^2}\ dydx = 8\int_0^a (a^2-x^2)dx = \frac{16}{3}a^3$$

9.1 $z=xy,\ D=\{(x,y)\mid x^2+y^2\leq 1\}$ として，$\displaystyle S=\iint_D \sqrt{1+z_x^2+z_y^2}\ dxdy$

$$= \iint_D \sqrt{1+y^2+x^2}\ dxdy = \int_0^{2\pi}\int_0^1 \sqrt{1+r^2}\ rdrd\theta = \frac{2\pi(2\sqrt{2}-1)}{3}$$

10.1 3 次元極座標 $(x,y,z)=(r\sin\theta\cos\varphi, r\sin\theta\sin\varphi, r\cos\theta)$ によって，$J=r^2\sin\theta$ より求める体積は $\displaystyle\int_0^{2\pi}\int_0^{\pi}\int_0^a r^2\sin\theta drd\theta d\varphi = \frac{4}{3}\pi a^3$

11.1 $\displaystyle I_x = \frac{m}{\pi ab}\iint_D y^2dxdy$. $(x,y)=(ar\cos\theta, br\sin\theta)$ とおくと $J=abr$ より，

$$I_x = \frac{m}{\pi ab}\int_0^{2\pi}\int_0^1 b^2r^2\sin^2\theta\cdot abrdrd\theta = \frac{1}{4}mb^2.$$ 同様に $I_y = \dfrac{1}{4}ma^2$

第 8 章演習問題

1. (a) 30 (b) $\dfrac{\pi}{2}$

(c) $\displaystyle\int_1^3\int_1^y \frac{1}{(x+y)^2}dxdy = \log 2 - \frac{1}{2}\log 3 = \frac{1}{2}\log\frac{4}{3}$

(d) $\displaystyle\int_0^1\int_{x^2}^{\sqrt{x}} xydydx = \frac{1}{12}$ (e) $\displaystyle\int_0^1\int_0^x xe^{x^3}dydx = \frac{e-1}{3}$

2. (a) $u=x+y,\ v=u-v$ として，$\displaystyle\int_{-1}^1\int_0^2 \frac{u^2-v^2}{4}\cdot\frac{1}{2}dudv = \frac{1}{2}$

(b) $\displaystyle\int_0^{\pi}\int_0^2 r^2\sin^2\theta rdrd\theta = 2\pi$ (c) $\displaystyle\int_{-\frac{\pi}{2}}^{\frac{\pi}{2}}\int_1^3 r\log rdrd\theta = \pi\left(\frac{9}{2}\log 3 - 2\right)$

(d) $\displaystyle\int_0^{\frac{\pi}{4}}\int_1^3 \theta rdrd\theta = \frac{\pi^2}{8}$

3. (a) $\displaystyle\int_0^2\int_0^{2-x}\int_0^{2-x-y}(x+y)dzdydx = \frac{4}{3}$

(b) $\displaystyle\int_0^{2\pi}\int_0^{\pi}\int_0^a r^2\sin^2\theta\sin^2\varphi\cdot r^2\sin\theta drd\theta d\varphi = \frac{4\pi a^5}{15}$

(c) $(x,y,z)=(au,bv,cw)$ とおく．

$$abc\iiint_{u^2+v^2+w^2\leq 1}(a^2u^2+b^2v^2+c^2w^2)dudvdw$$
$$=abc\int_0^{2\pi}\int_0^{\pi}\int_0^1(a^2r^2\sin^2\theta\cos^2\varphi+b^2r^2\sin^2\theta\sin^2\varphi+c^2r^2\cos^2\theta)r^2\sin\theta drd\theta d\varphi$$
$$=\frac{4\pi}{15}abc(a^2+b^2+c^2)$$

4. x_4 を一定にしたときの 4 次元球の切り口は半径 $\sqrt{R^2-x_4^2}$ の 3 次元球なので切り口の断面積 (体積) は $\frac{4}{3}\pi(R^2-x_4^2)^{\frac{3}{2}}$ これを $-R\leq x_4\leq R$ で積分して，求める体積は

$$\frac{4}{3}\pi\int_{-R}^{R}(R^2-x_4^2)^{\frac{3}{2}}dx_4 \overset{x_4=R\sin t}{=} \frac{4}{3}\pi\int_{-\frac{\pi}{2}}^{\frac{\pi}{2}}R^4\cos^4 tdt=\frac{\pi^2}{2}R^4.$$

5. (a) $(x,y)=(r\cos\theta,r\sin\theta)$ とおく．$\iint_D xdxdy=\int_0^{\pi}\int_0^a r\cos\theta\cdot rdrd\theta=0$,

$\iint_D ydxdy=\int_0^{\pi}\int_0^a r\sin\theta\cdot rdrd\theta=\frac{2a^3}{3}$，$S=\frac{\pi a^2}{2}$ より重心 $(\overline{x},\ \overline{y})=\left(0,\ \frac{4a}{3\pi}\right)$

(b) $(x,y)=(r\cos^4\theta,r\sin^4\theta)$ とおく．$|J|=4r\sin^3\theta\cos^3\theta$ より，

$S=\int_0^{\frac{\pi}{2}}\int_0^a 4r\sin^3\theta\cos^3\theta drd\theta=\frac{a^2}{6}$, $\iint_D xdxdy=\int_0^{\frac{\pi}{2}}\int_0^a 4r^2\sin^3\theta\cos^7\theta drd\theta=\frac{a^3}{30}$,

$\iint_D ydxdy=\int_0^{\frac{\pi}{2}}\int_0^a 4r^2\sin^7\theta\cos^3\theta drd\theta=\frac{a^3}{30}$．$(\overline{x},\overline{y})=\left(\frac{a}{5},\frac{a}{5}\right)$

6. (a) $\int_0^1\frac{2dx}{\sqrt{1-(2x-1)^2}}=\left[\mathrm{Arcsin}\,(2x-1)\right]_0^1=\pi$

(b) 積分を順序変更して $\frac{1}{\pi}\int_0^x\frac{1}{\sqrt{x-y}}\int_0^y\frac{1}{\sqrt{y-t}}f(t)dtdy=\frac{1}{\pi}\int_0^x f(t)\int_t^x\frac{1}{\sqrt{(x-y)(y-t)}}dydt.$

置換積分 $z=\frac{y-t}{x-t}$ によって内側の積分は $\int_t^x\frac{1}{\sqrt{(x-y)(y-t)}}dy=\int_0^1\frac{dz}{\sqrt{z(1-z)}}=\pi.$

付録 A

2.1 (a) $y=\mathrm{Arctan}\,x-\frac{\pi}{4}$ (b) $y=x^4+3x^3+3x^2+x$

3.1 (a) $y=\sin(2x^{\frac{3}{2}}-1)$ (b) $y=\frac{3x^2-1}{3x^2+1}$

4.1 (a) $y=1+\frac{1}{x}+Ce^{\frac{1}{x}}$ (b) $y=x\cos x+C\cos x$

5.1 (a) $y=\frac{1}{2}xe^{-x}+\frac{1}{4}e^x+Ce^{-x}$ (b) $y=\frac{1}{3}(1+x^2)+\frac{C}{\sqrt{1+x^2}}$

6.1 (a) $y^2-x^2+x=0$ (b) $\cot\frac{y}{x}-\log x=1$

7.1 $a<9$ のとき $y=C_1\exp((-3+\sqrt{9-a}\,)x)+C_2\exp((-3-\sqrt{9-a})x)$,
$a=9$ のとき $y=C_1xe^{-3x}+C_2e^{-3x}$,
$a>9$ のとき $y=C_1e^{-3x}\cos(\sqrt{a-9}\,x)+C_2e^{-3x}\sin(\sqrt{a-9}\,x)$.

8.1 (a) $y=x^2+2x+2+C_1xe^x+C_2e^x$ (b) $y=\frac{1}{2}x^2+x+C_1e^{-3x}+C_2$

9.1 (a) $y=\frac{2}{5}\cos x+\frac{1}{5}\sin x+C_1e^x\cos x+C_2e^x\sin x$

(b) $y=\frac{1}{8}e^{-x}\cos x-\frac{1}{8}e^{-x}\sin x+C_1e^x\cos x+C_2e^x\sin x$

10.1 $y=\frac{1}{2}x^2e^{2x}+C_1xe^{2x}+C_2e^{2x}$

11.1 (a) $y=-\frac{x}{4}\cos 2x+C_1\cos 2x+C_2\sin 2x$

(b) $y=\frac{x}{2}e^x\sin x+C_1e^x\cos x+C_2e^x\sin x$

付録 B

2.1 任意の $\varepsilon>0$ に対して，$N=[\log_{|r|}\varepsilon]+1$ とおく．$n\geq N$ のとき，$n>\log_{|r|}\varepsilon\Leftrightarrow|r^n|<\varepsilon$ が成立する．したがって $\lim_{n\to\infty}r^n=0$.

2.2 任意の $M>0$ に対して，$N=[\log_{|r|}M]+1$ とおく．$n\geq N$ のとき，$n>\log_{|r|}M\Leftrightarrow|r^n|>M$ が成立する．したがって $\lim_{n\to\infty}|r^n|=\infty$.

3.1 任意の $\varepsilon>0$ に対して，ある N_1,N_2 が存在して，$n\geq N_1\Rightarrow|a_n-\alpha|<\varepsilon$, $n\geq N_2\Rightarrow|b_n-\alpha|<\varepsilon$ が成立する．このとき $N=\max\{N_1,n_2\}$ とすれば，$n\geq N$ に対して，$|a_n-\alpha|<\varepsilon$, $|b_n-\alpha|<\varepsilon$ が同時に成り立つので，仮定によって $\alpha-\varepsilon<a_n\leq c_n\leq b_n<\alpha+\varepsilon$. よって $|c_n-\alpha|<\varepsilon$ が成立し，これは $\lim_{n\to\infty}c_n=\alpha$ を意味する．

3.2 $\{a_n\}$ の上限を α とすると，任意の $\varepsilon>0$ に対して，$\alpha-\varepsilon<a_N\leq\alpha$ なる N が存在する．したがって $n\geq N$ ならばやはり $\alpha-\varepsilon<a_n\leq\alpha$. これは $a_n\to\alpha$ であることを示す．

5.1 例題 A.5 と同じ仮定の下で，

(a) $|(f(x)-g(x))-(f(a)-g(a))|=|(f(x)-f(a))+(g(a)-g(x))|$
$\leq|f(x)-f(a)|+|g(a)-g(x)|<2\varepsilon$ より $f(x)-g(x)$ は連続.

(b) $|f(x)|=|f(x)-f(a)+f(a)|\leq|f(x)-f(a)|+|f(a)|$ より $|f(x)|-|f(a)|$
$\leq|f(x)-f(a)|<\varepsilon$. x と a を入れ替えて，$|f(a)|-|f(x)|\leq|f(a)-f(x)|<\varepsilon$.
よって $||f(x)|-|f(a)||<\varepsilon$ より $|f(x)|$ は連続.

(c) $\max\{f(x),g(x)\}=\frac{1}{2}(f(x)+g(x)+|f(x)-g(x)|)$ と書けるので，例題 A.5 (a) と本問 (a), (b) より連続.

6.1 $I=[0,1]$ 上で定義された関数列 $f_n(x)=\begin{cases}4n^2x & \left(0\leq x\leq\frac{1}{2n}\right)\\ 4n-4n^2x & \left(\frac{1}{2n}\leq x\leq\frac{1}{n}\right)\\ 0 & \left(\frac{1}{n}\leq x\leq 1\right)\end{cases}$ は $f(x)\equiv 0$ に各点収束する．一方任意の n について $\int_0^1 f_n(x)dx=1$ なので，$n\to\infty$ の極限においても 1 になる．一方 $\int_0^1\lim f_n(x)dx=\int_0^1 0dx=0$ なので，左辺と右辺は等しくならない．

索　引

あ　行

か　行

さ　行

た 行

な 行

は 行

ま　行

や　行

ら　行

わ　行

欧 数 字

著者略歴

及川 正行 (おいかわ まさゆき)

1974年　京都大学大学院工学研究科博士課程修了
現　在　九州大学教授（応用力学研究所）
　　　　工学博士

永井 　敦 (ながい あつし)

1996年　東京大学大学院数理科学研究科博士課程修了
現　在　日本大学生産工学部准教授
　　　　博士（数理科学）

矢嶋 　徹 (やじま てつ)

1990年　東京大学大学院理学系研究科博士課程
　　　　中途退学
現　在　宇都宮大学工学部准教授
　　　　博士（理学）

Key Point & Seminar-2

Key Point & Seminar
工学基礎 微分積分

2009 年 11 月 25 日© 　初 版 発 行

著　者　及 川 正 行　　発行者　木 下 敏 孝
　　　　永 井 　 敦　　印刷者　小宮山恒敏
　　　　矢 嶋 　 徹

発行所　株式会社 サイエンス社

〒 151–0051　東京都渋谷区千駄ヶ谷1丁目3番25号
営 業 ☎ (03)5474–8500(代)　振替 00170–7–2387
編 集 ☎ (03)5474–8600(代)
FAX ☎ (03)5474–8900

印刷・製本　小宮山印刷工業（株）

≪検印省略≫

ISBN 978-4-7819-1239-4

PRINTED IN JAPAN

サイエンス社のホームページのご案内
http://www.saiensu.co.jp
ご意見・ご要望は
rikei@saiensu.co.jp　まで．

不定形の極限とロピタルの定理

$$\lim_{x \to a} f(x) = 0,\ \lim_{x \to a} g(x) = 0 \text{ で } \lim_{x \to a} \frac{f'(x)}{g'(x)} \text{ が存在} \Rightarrow \lim_{x \to a} \frac{f(x)}{g(x)} = \lim_{x \to a} \frac{f'(x)}{g'(x)}$$

テイラー級数

$$f(x) = f(0) + f'(0)x + \frac{f''(0)}{2}x^2 + \frac{f'''(0)}{6}x^3 + \cdots + \frac{f^{(n)}(0)}{n!}x^n + \cdots$$

主要な初等関数のテイラー級数

$$e^x = 1 + x + \frac{1}{2}x^2 + \frac{1}{6}x^3 + \cdots + \frac{1}{n!}x^n + \cdots$$

$$\cos x = 1 - \frac{1}{2}x^2 + \frac{1}{24}x^4 - \frac{1}{720}x^6 + \cdots + \frac{(-1)^n}{(2n)!}x^{2n} + \cdots$$

$$\sin x = x - \frac{1}{6}x^3 + \frac{1}{120}x^5 - \frac{1}{5040}x^7 + \cdots + \frac{(-1)^n}{(2n+1)!}x^{2n+1} + \cdots$$

$$\begin{aligned}(1+x)^a = 1 + ax + \frac{a(a-1)}{2}x^2 + \frac{a(a-1)(a-2)}{6}x^3 \\ + \cdots + \frac{a(a-1)\cdots(a-n+1)}{n!}x^n + \cdots \qquad (|x| < 1)\end{aligned}$$

初等関数の不定積分　(積分定数 “$+C$” は省略)

$$\int x^a dx = \begin{cases} \dfrac{1}{a+1}x^{a+1} & (a \neq -1 \text{ のとき}), \\ \log|x| & (a = -1 \text{ のとき}), \end{cases}$$

$$\int \sin x dx = -\cos x, \quad \int \cos x dx = \sin x, \quad \int \frac{dx}{\cos^2 x} = \tan x$$

$$\int e^x dx = e^x, \quad \int \frac{dx}{\sqrt{1-x^2}} = \mathrm{Arcsin}\, x, \quad \int \frac{dx}{1+x^2} = \mathrm{Arctan}\, x$$

積分公式

1. $\displaystyle\int f(x)dx = F(x)$ のとき $\displaystyle\int f(ax+b)dx = \frac{1}{a}F(ax+b) \quad (a \neq 0)$

2. 置換積分：$\displaystyle\int f(x)dx = \int f(g(t))g'(t)dt \quad (x = g(t))$

$$\int f(g(x))g'(x)dx = \int f(t)dt \quad (t = g(x))$$

特に $\displaystyle\int \frac{f'(x)}{f(x)}dx = \log|f(x)|$